DEUTSCHE AKADEMIE DER WISSENSCHAFTEN ZU BERLIN

FORSCHUNGSSTELLE FÜR LIMNOLOGIE

LIMNOLOGICA

HERAUSGEGEBEN VON THEODOR SCHRÄDER

UNTER MITWIRKUNG VON ALFRED RIETH

BAND 1 · HEFT 5

AKADEMIE-VERLAG · BERLIN

1963

INHALTSVERZEICHNIS

Band 1 · Heft 5
(Schlußheft des Bandes)

Band 2, Heft 1 wird folgende Arbeiten enthalten:

SCHRÄDER, THEODOR: Tätigkeitsbericht 1962 der Forschungsstelle für Limnologie

BABENZIEN, HANS-DIETRICH: Hydrobakteriologische Untersuchungen im Stechlinsee

FLÖSSNER, DIETRICH: Zur Cladocerenfauna des Stechlinsee-Gebietes II. Ökologische Untersuchungen über die litoralen Arten

SCHÖNBORN, WILFRIED: Bodenbewohnende Testaceen aus Deutschland I. Untersuchungen im Naturschutzgebiet Serrahn (Mecklenburg)

SPURIS, ZANDIS: Die lettländische limnologische Literatur 1949—1962

Buchbesprechungen

Die LIMNOLOGICA erscheinen in zwangloser Folge als Schriftenreihe der Forschungsstelle für Limnologie der Forschungsgemeinschaft der naturwissenschaftlichen, technischen und medizinischen Institute der Deutschen Akademie der Wissenschaften zu Berlin. Vorgesehen sind jährlich 2 bis 3 Hefte wechselnden Umfangs. Je etwa 30 Druckbogen (480 Seiten) werden einen Band bilden.

Die LIMNOLOGICA veröffentlichen Originalarbeiten aus allen Gebieten der wissenschaftlichen Erforschung der Binnengewässer aller Art und der benachbarten Lebensräume, mit Vorrang die Forschungsergebnisse der Mitarbeiter der Forschungsstelle für Limnologie und der in den Einrichtungen der Forschungsstelle als Gäste arbeitenden Wissenschaftler. Neben diesen Originalarbeiten sind Sammelberichte, Tagungsberichte und Literaturbesprechungen vorgesehen.

Anschrift des Herausgebers:
Dozent Dr. habil. THEODOR SCHRÄDER, Direktor der Forschungsstelle für Limnologie der Deutschen Akademie der Wissenschaften zu Berlin, Jena-Lobeda, Alte Landstraße 3

Erschienen im Akademie-Verlag GmbH, Berlin W 8, Leipziger Straße 3—4

Lizenznummer: 202 · 100/427/63
Gesamtherstellung: VEB Druckerei „Thomas Müntzer" Bad Langensalza
Bestellnummer: 2111/1/5 · ES 18 E 4/18 G 1, 2, 3 · Preis: DM 37,00

Limnologica (Berlin)	1	5	1963	356–373

Aus der Zoologischen Forschungsstelle im Berliner Tierpark
der Deutschen Akademie der Wissenschaften zu Berlin

Leiter: Prof. Dr. H. DATHE

KLAUS ODENING

Das Exkretionssystem monostomer Cercarien (Trematoda: Notocotylidae) aus Gewässern von Berlin und Umgebung

Mit 12 Abbildungen

(Eingegangen am 29. November 1962)

Bei der trematodologischen Untersuchung von Mollusken aus Gewässern des Raums Berlin wurden bisher mindestens 4 (möglicherweise 7) Arten von Cercarien der Familie Notocotylidae LÜHE, 1909 festgestellt. Jede dieser Arten ist spezifisch für je eine bestimmte Familie, Gattung oder möglicherweise sogar Art von Süßwasserschnecken. Die Schnecke ist für die Notocotylidae der einzige obligatorische Zwischenwirt. Als Endwirte dienen vor allem Wasservögel, seltener Säugetiere; wobei wiederum eine gewisse Spezifität gegenüber einzelnen Wirtsgruppen zu verzeichnen ist. Die reifen Cercarien schwärmen zu bestimmten Zeiten aus der Schnecke aus und schwimmen einige Stunden im Wasser umher. Schließlich erfolgt eine Encystierung an den Gehäusen von Mollusken (selten innerhalb der Mollusken selbst) oder an anderen, meist harten und glatten Gegenständen (seltener an Wasserpflanzen). Die Cysten sind offenbar bei einigen Arten sogleich infektiv (DÖNGES 1961, 1962). Der Begriff „Monostome Cercarien" umfaßte lange Zeit die Larven völlig verschiedener Trematodengruppen; heute versteht man darunter nur die Cercarien der Unterordnung Notocotylata. Entsprechende moderne Definitionen dieser Gruppen finden sich bei ROTHSCHILD (1938) und WIKGREN (1956). Die Artbestimmung (insbesondere die Festlegung der Definition von „*Cercaria monostomi* v. LINSTOW, 1896" und „*Cercaria imbricata* LOOSS, 1893") der Cercarien ist sehr schwierig; in der einschlägigen Literatur sind widersprüchliche Angaben zu finden (vgl. hierzu HARPER 1929, WESENBERG-LUND 1934, ROTHSCHILD 1940, DUBOIS 1929, 1951, WIKGREN 1956, DÖNGES 1962). Der Feinbau des Exkretionssystems der europäischen monostomen Cercarien und seine Entwicklung sind bis heute ungenügend bekannt; der vorliegende Beitrag soll in erster Linie hierzu weitere Erkenntnisse vermitteln. Die eigenen Arbeiten zur Biologie sind noch nicht abgeschlossen; es soll daher hier die spezielle Problematik der Identifizierung der Arten nur angedeutet werden.

Ausreichendes Material und damit die Voraussetzungen für Messungen und morphologische Studien liegen bisher nur für drei der von mir gefundenen Arten vor: *Cercaria* sp. aus *Lymnaea stagnalis* L., *Cercaria fennica* I WIKGREN, 1956 aus *Bithynia tentaculata* (L.) und *Cercaria ephemera* NITZSCH, 1807 aus *Planor-*

barius corneus (L.). Dazu kommen andere, noch nicht genügend bearbeitete Arten aus *Anisus vortex* (L.) (Wernsdorfer See südöstlich Berlins und Herrensee bei Strausberg), *Bathyomphalus contortus* (L.) (Wernsdorfer See), *Planorbis planorbis* (L.) (Hohenschöpping nordwestlich Berlins), *Planorbis carinatus* O. F. MÜLLER (Fasanenparkteiche und -Fließ südöstlich von Strausberg) und *Physa fontinalis* (L.) (Hohenschöpping). Zu der letztgenannten Cercarie ist zu bemerken, daß sie möglicherweise mit der von HARPER (1929) in *Physa fontinalis* gefundenen Form identisch ist. HARPER rechnete diese Form zu einer in *Radix peregra* gefundenen, mit „*Cercaria monostomi* v. LINSTOW" vergleichbaren Cercarie, die unter der Voraussetzung, daß HARPER wohl hauptsächlich mit der häufigeren Form aus *Radix* experimentiert hat, die Larve von *Notocotylus seineti* FUHRMANN wäre. Auf der anderen Seite scheint es mir aber durchaus nicht sicher, daß „*Cercaria monostomi* v. LINSTOW" und „*Cercaria vaga* L. & U. SZIDAT" verschiedene Arten darstellen! Träfe die Identität von *Cercaria monostomi* und *C. vaga*, der Larve von *Notocotylus attenuatus* (= *N. triserialis*) zu, so müßte die Cercarie aus *Physa fontinalis* als Larve von *Notocotylus seineti* angesehen werden. Aus *Bathyomphalus contortus* lag mir bisher nur unreifes Material vor, an dem die Entwicklung des Exkretionssystems untersucht werden konnte (Abb. 12). Die Extensität des Befalls jeder Schneckenart je Biotop liegt zwischen 0,3 bis 3% (Jahre 1961/1962).

Cercaria sp. (Abb. 1—4)

Wirt und Biotop: *Lymnaea stagnalis* L., Hohenschöpping (Altarm der Havel nordwestlich von Berlin). Redien (Abb. 1) in der Mitteldarmdrüse, durchsichtig

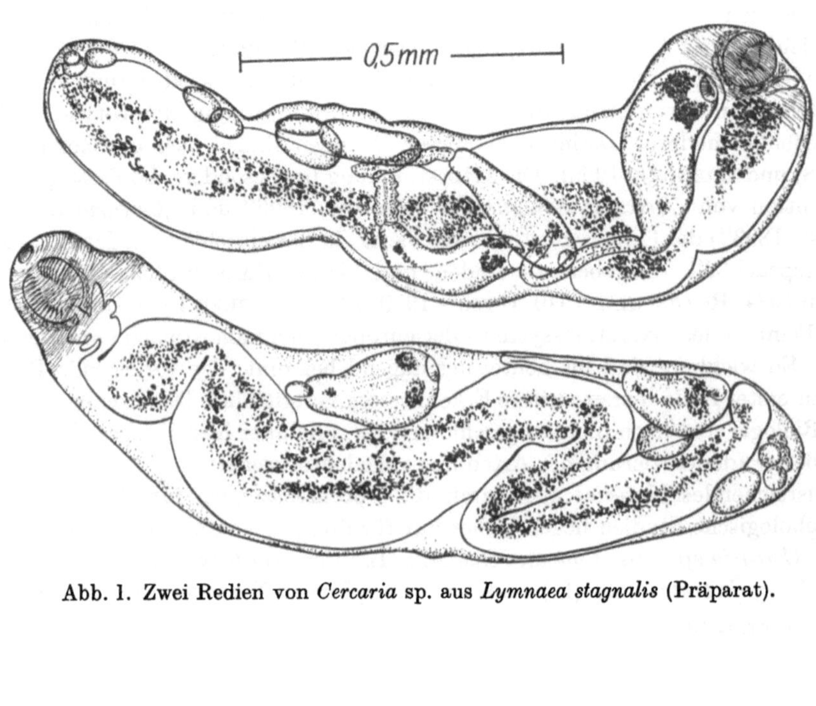

Abb. 1. Zwei Redien von *Cercaria* sp. aus *Lymnaea stagnalis* (Präparat).

LIMNOLOGICA

BAND 1 · 1962/1963

DEUTSCHE AKADEMIE DER WISSENSCHAFTEN ZU BERLIN
FORSCHUNGSSTELLE FÜR LIMNOLOGIE

LIMNOLOGICA

HERAUSGEGEBEN VON THEODOR SCHRÄDER
UNTER MITWIRKUNG VON ALFRED RIETH

BAND 1

AKADEMIE-VERLAG · BERLIN
1962/1963

Band 1

Mit 8 Tafeln, 218 Abbildungen und 74 Tabellen

Heft 1, Juli	1962, Seite	1 – 92
Heft 2, Oktober	1962, Seite	93 – 196
Heft 3, Dezember	1962, Seite	197 – 268
Heft 4, April	1963, Seite	269 – 364
Heft 5, Oktober	1963, Seite	365 – 560

Die LIMNOLOGICA erscheinen in zwangloser Folge als Schriftenreihe der Forschungsstelle für Limnologie der Forschungsgemeinschaft der naturwissenschaftlichen, technischen und medizinischen Institute der Deutschen Akademie der Wissenschaften zu Berlin. Vorgesehen sind jährlich 2 bis 3 Hefte wechselnden Umfangs. Je etwa 30 Druckbogen (480 Seiten) werden einen Band bilden.

Die LIMNOLOGICA veröffentlichen Originalarbeiten aus allen Gebieten der wissenschaftlichen Erforschung der Binnengewässer aller Art und der benachbarten Lebensräume, mit Vorrang die Forschungsergebnisse der Mitarbeiter der Forschungsstelle für Limnologie und der in den Einrichtungen der Forschungsstelle als Gäste arbeitenden Wissenschaftler. Neben diesen Originalarbeiten sind Sammelberichte, Tagungsberichte und Literaturbesprechungen vorgesehen.

Anschrift des Herausgebers:

Dozent Dr. habil. THEODOR SCHRÄDER, Direktor der Forschungsstelle für Limnologie der Deutschen Akademie der Wissenschaften zu Berlin, Jena-Lobeda, Alte Landstraße 3

Erschienen im Akademie-Verlag GmbH, Berlin W 8, Leipziger Straße 3–4

Lizenznummer: 202 · 100/427/63

Gesamtherstellung: VEB Druckerei „Thomas Müntzer" Bad Langensalza

Bestellnummer: 2111/1/1–5 · ES 18 E 4/18 G 1, 2, 3

INHALTSVERZEICHNIS

Forschungsstelle für Limnologie

Originalarbeiten

Nachrufe

Literaturübersichten

Buchbesprechungen

Verzeichnis der in Band 1 der LIMNOLOGICA neu beschriebenen Formen

Neue Arten, Unterarten und Varietäten

RHIZOPODA TESTACEA

ROTATORIA

Vermutlich neue und fragliche Arten

ROTATORIA

Ergänzende Beschreibungen

ROTATORIA

CLADOCERA

weißlich bis grau mit gelblichgrünem bis bräunlichem, außerordentlich langem Darm. Maximale Länge der Redien 1,833 mm, maximale Breite 0,367 mm (fixiertes Material).

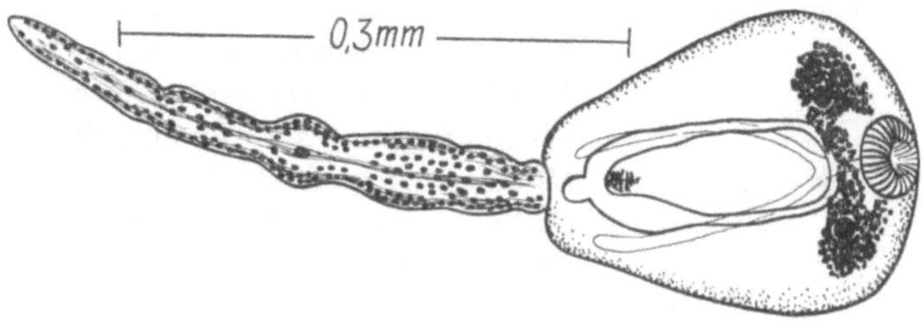

Abb. 2. *Cercaria* sp. aus *Lymnaea stagnalis.* Unreife, aus der Redie entwichene Cercarie (Präparat).

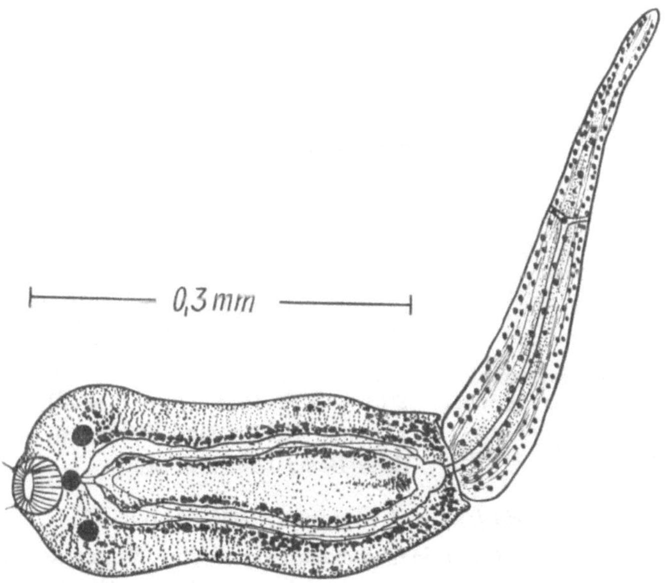

Abb. 3. Reife Form von *Cercaria* sp. aus *Lymnaea stagnalis* (Präparat).

Maße reifer Cercarien nach fixiertem Material in μ:

	Minimum	Maximum	Durchschnitt
Körperlänge	293	367	323
Körperbreite	117	183	161
Schwanzlänge	264	469	359
Schwanzbreite	66	81	73
Mundsaugnapf ⌀	41	47	45
Laterale Ocellen ⌀	14	20	16

Die reife Cercarie (Abb. 3) weist drei tief dunkelbraun pigmentierte Ocellen auf. Die beiden lateralen Ocellen sind schon bei den unreifen, in der Redie liegenden und aus der Redie geschlüpften Cercarien vorhanden (Abb. 2), während sich der mediane Augenfleck meist erst in der Reifephase außerhalb der Redie entwickelt. Die von mir gefundene *Cercaria* sp. unterscheidet sich von den unter der Bezeichnung „*Cercaria monostomi* v. LINSTOW, 1896" von verschiedenen Autoren beschriebenen Formen aus Lymnaeidae sowie von *Cercaria vaga* L. & U. SZIDAT, 1933 aus *Galba palustris* durch das Vorhandensein eines kleinen fingerartigen medialen Fortsatzes an der vorderen Ringverbindung der sekundären Exkretionsblase sowie durch die geringere Körpergröße. Die Art gehört infolgedessen zur ‚*yenchingensis*'-Gruppe von ROTHSCHILD (1938) und nicht zur ‚*monostomi*'-Gruppe von ROTHSCHILD, wie *Cercaria monostomi* v. LINSTOW. Exkretionssystem der reifen Cercarie (Abb. 4): Exkretionsblase mit kleinem vorderen fingerförmigem Blindfortsatz. Kurze Ansatzstücke auf jeder Seite etwas vor der Mitte der Exkretionsblasenschenkel. In die Ansatzstücke mündet jederseits je ein vorderes und ein hinteres Hauptgefäß. Jedes Hauptgefäß nimmt, bei den nichtterminalen Gruppen durch Vermittlung kurzer Nebengefäße, je 3 Dreierkapillarensysteme auf. Protonephridienformel $2[(3 + 3 + 3) + (3 + 3 + 3)] = 36$. Die Flimmertrichter sind 0,008 mm lang und an ihrer Basis 0,002 mm breit.

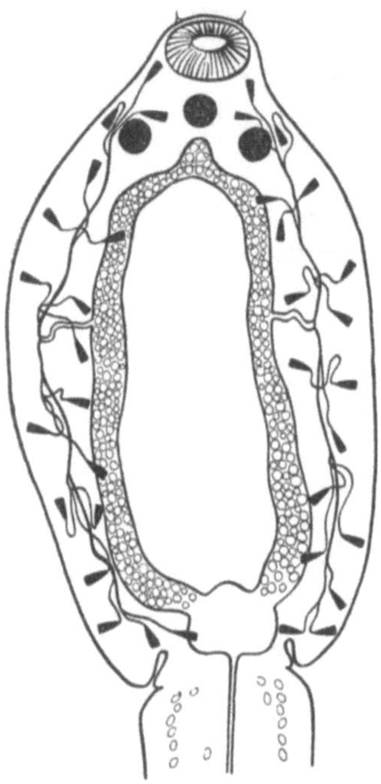

Abb. 4. Exkretionssystem der reifen *Cercaria* sp. aus *Lymnaea stagnalis* (nach zahlreichen Skizzen von lebenden Tieren kombiniert).

Cercaria fennica I WIKGREN, 1956 (Abb. 5—7)

Wirt und Biotope: *Bithynia tentaculata* (L.); Berlin: Müggelsee, Kreis Strausberg: Bötzsee, Herrensee, Fasanenparkteiche und -Fließ. Die Redien (Abb. 5) sind weißlich-durchsichtig. Der lange Darm erscheint gelbbraun. Maximale Länge der Redien 1,070 mm, maximale Breite 0,191 mm (fixiertes Material). Maße reifer Cercarien nach fixiertem Material (Abb. 6b) in μ:

	Minimum	Maximum	Durchschnitt
Körperlänge	147	323	213
Körperbreite	88	139	117
Schwanzlänge	220	381	308
Schwanzbreite	29	51	40
Mundsaugnapf ⌀	23	34	30
Laterale Ocellen ⌀	14	18	15

Exkretionssystem der Cercarie (Abb. 7): Sekundäre Exkretionsblase mit ziemlich langem, den mittleren Augenfleck überlagernden und fast bis an den Hinterrand des Mundsaugnapfs reichenden medianen Blindfortsatz. Feinbau des Exkretionssystems der reifen Cercarie wie bei *Cercaria* sp. aus *Lymnaea stagnalis*. Protonephridienformel 2[(3 + 3 + 3) + (3 + 3 + 3)] = 36. Flimmertrichter

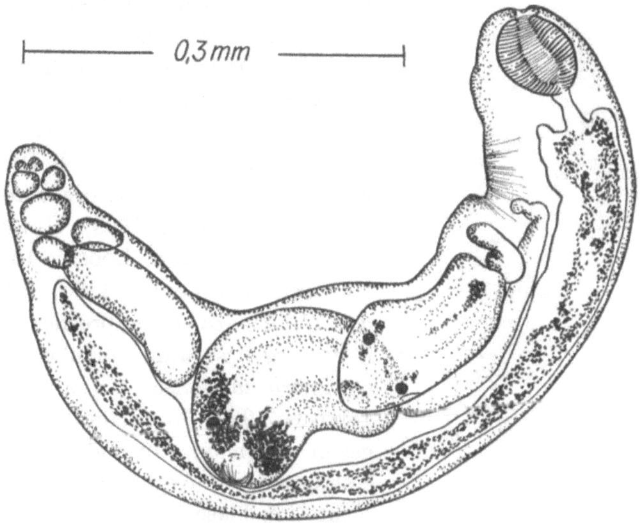

Abb. 5. Redie von *Cercaria fennica* I WIKGREN aus *Bithynia tentaculata* (Präparat).

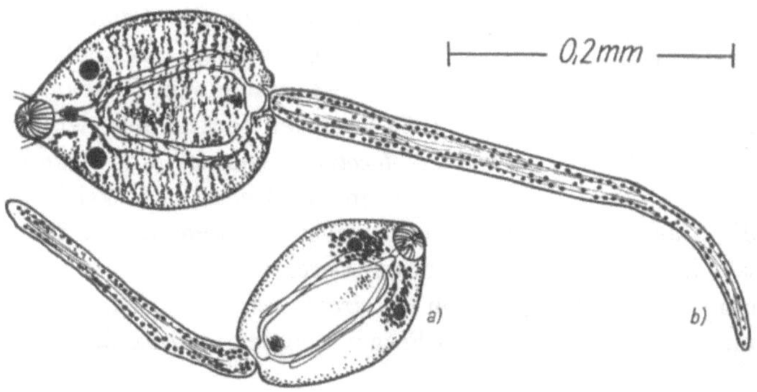

Abb. 6. a) unreife, b) reife *Cercaria fennica* I WIKGREN aus *Bithynia tentaculata* (Präparat).

0,006–0,007 mm lang und 0,002 mm breit. Bei unreifen Cercarien wurde die Protonephridienformel 2[(3) + (3)] = 12 festgestellt, entsprechend gleichen Stadien aus *Bathyomphalus contortus* (vgl. Abb. 12) und *Planorbarius corneus* (*Cercaria ephemera*). Bei jüngeren Keimballen liegen 2[(1) + (1)] = 4 Flimmertrichter vor. Die Entwicklung des Exkretionssystems wird also bei *Cercaria fennica* I, *C. ephemera*, der Cercarie aus *Bathyomphalus contortus* und wahrscheinlich auch bei *Cercaria* sp. aus *Lymnaea stagnalis* und *Cercaria* sp. aus *Physa fontinalis* durch den Teilungsfaktor ‚3' bestimmt.

Bemerkungen. Ob die von EMMEL (1943) in Berlin bei *Bithynia tentaculata* gefundene monostome Cercarie mit *Cercaria fennica* I identisch ist, kann nicht entschieden werden, da EMMEL keinerlei Angaben über das Vorliegen oder Fehlen eines vorderen Diverticulums an der Ringverbindung der sekundären Exkretionsblase macht. Entsprechende Angaben fehlen auch für *Cercaria helvetica* I DUBOIS, 1929 und *Cercaria imbricata* LOOSS, 1893 nec LOOSS, 1896 nec LÜHE, 1909 nach der Beschreibung von U. SZIDAT (1935). Nach DÖNGES (1962) würde jedoch die Cercarie von *Notocotylus imbricatus* (LOOSS, 1893) U. SZIDAT, 1935 (? = *C. imbricata* LOOSS, 1893 nomen nudum, nec LOOSS, 1896) morphologisch der *C. fennica* I entsprechen. Das heißt, *C. fennica* I ist wahrscheinlich identisch mit *C. imbricata* sensu U. SZIDAT, 1935 und DÖNGES, 1962. Zweifelhaft scheint mir dagegen wegen ungenügender bzw. nicht übereinstimmender Angaben über die sekundäre Exkretionsblase die Identität von *Cercaria imbricata* sensu LOOSS, 1893, sensu WESENBERG-LUND, 1934 und von *C. helvetica* I DUBOIS, 1929 sowie der Cercarie von EMMEL, 1943 mit *C. fennica* I. Schließlich muß man noch die Befunde von ERKINA in SKRJABIN 1953 über das Vorkommen der Cercarien von „*Notocotylus chionis*" und *Catatropis verrucosa* in *Bithynia* berücksichtigen, wobei wiederum die Darstellung des Exkretionssystems ungenügend ist. Die Maße aller in diesem Zusammenhang genannten Cercarien liegen etwa in der gleichen Größenordnung; nur die Cercarie von *Catatropis verrucosa* ist nach ERKINA deutlich größer und damit leicht aus dem Fragenkomplex auszuschließen.

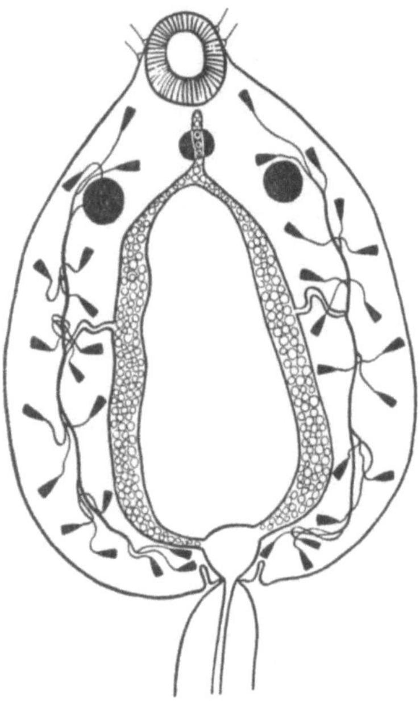

Abb. 7. Exkretionssystem der reifen *Cercaria fennica* I WIKGREN aus *Bithynia tentaculata* (nach zahlreichen Skizzen von lebenden Tieren kombiniert).

Cercaria ephemera NITZSCH, 1807 (Abb. 8—11)

Synonyme: *Cercaria flava* LA VALETTE, 1855; Monostome *Cercaria* (n. sp. ?) AHMED, 1959; die Cercarie ist nach den Befunden von L. & U. SZIDAT (1933) die Larve von *Notocotylus ephemera* (NITZSCH, 1807) (Syn. *N. thienemanni* L. & U. SZIDAT, 1933), eines Parasiten von Anatidae. Wirt und Biotope: *Planorbarius corneus* (L.); Hohenschöpping (Altarme der Havel und Teiche am Nordwestrand Berlins), Fasanenparkteiche und -Fließ sowie Herrensee bei Strausberg,

Wernsdorfer See (Südostrand von Berlin). Redien (Abb. 8) gelblich, mit langem Darm, maximale Länge 1,136 mm, maximale Breite 0,176 mm (nach fixiertem Material). Maße reifer Cercarien (Abb. 10) nach fixiertem Material in μ:

	Minimum	Maximum	Durchschnitt
Körperlänge	308	418	359
Körperbreite	183	242	213
Schwanzlänge	660	733	682
Schwanzbreite	44	73	59
Mundsaugnapf ⌀	41	50	47
Laterale Ocellen ⌀	16	18	17

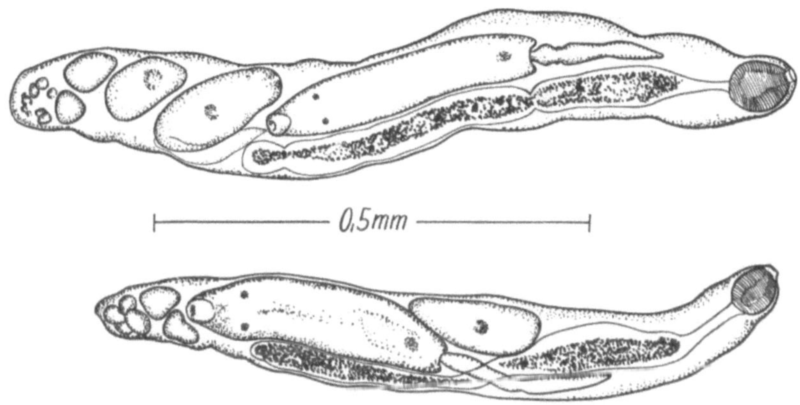

Abb. 8. Zwei Redien von *Cercaria ephemera* NITZSCH aus *Planorbarius corneus* (Präparat).

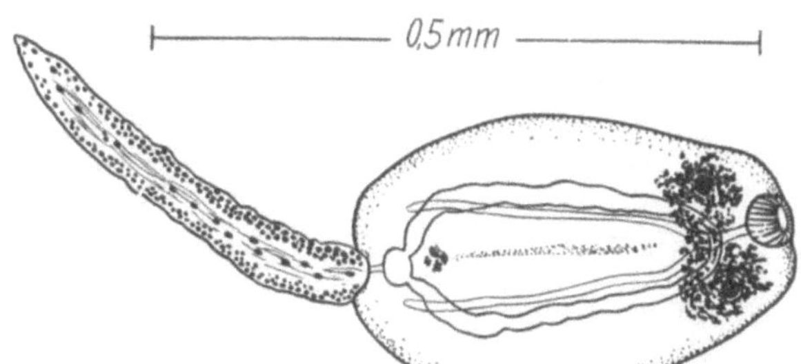

Abb. 9. *Cercaria ephemera* NITZSCH aus *Planorbarius corneus*. Unreife, aus der Redie entwichene Form (Präparat).

Exkretionssystem der Cercarie: Feinbau bei der reifen Cercarie (Abb. 11) wie bei *Cercaria* sp. aus *Lymnaea stagnalis*. Sekundäre Exkretionsblase ohne vorderen Blindfortsatz, Vorderteil einen glatt verlaufenden Halbring bildend. Protonephridienformel $2[(3 + 3 + 3) + (3 + 3 + 3)] = 36$. Flimmertrichter

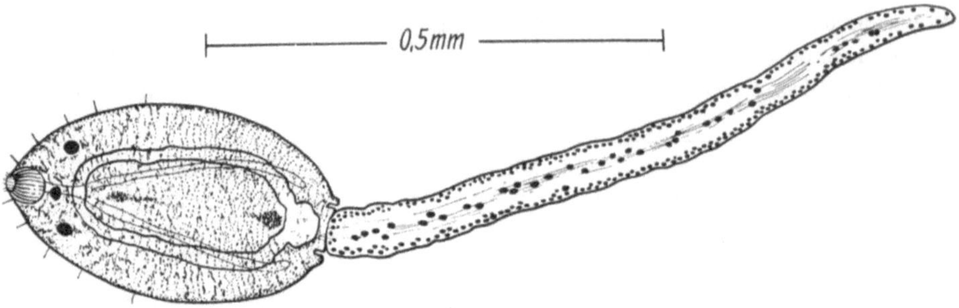

Abb. 10. Reife Form von *Cercaria ephemera* NITZSCH aus *Planorbarius corneus* (Präparat).

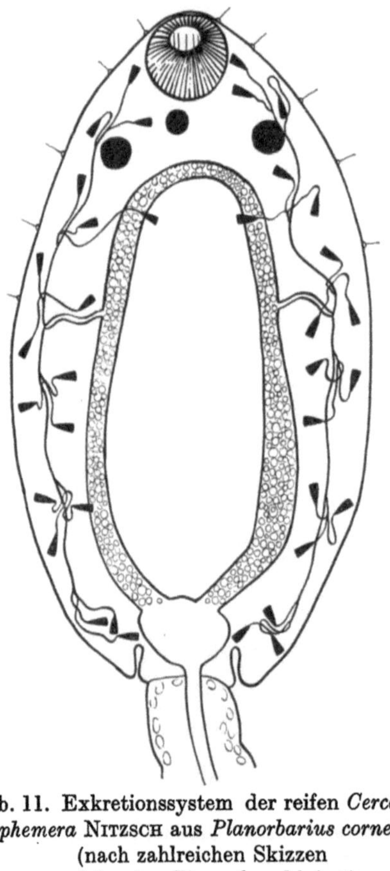

Abb. 11. Exkretionssystem der reifen *Cercaria ephemera* NITZSCH aus *Planorbarius corneus* (nach zahlreichen Skizzen von lebenden Tieren kombiniert).

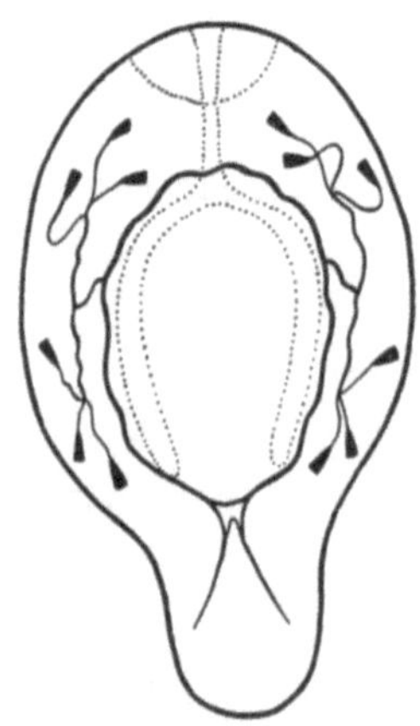

Abb. 12. Exkretionssystem eines älteren Keimballens von *Cercaria* sp. aus *Bathyomphalus contortus* (nach Skizzen von lebendem Material).

0,007—0,008 mm lang und 0,002 mm breit. Protonephridienformel älterer Keimballen $2[(3) + (3)] = 12$.

Die Zeichnungen wurden von Herrn REINER ZIEGER nach Präparaten bzw. nach meinen kombinierten Skizzen angefertigt.

Literatur

AHMED, Z., 1959: Die Cercarienfauna der Umgebung von Münster (Westf.) und der experimentell ermittelte Individualcyclus von *Echinoparyphium spiniferum* LA VALETTE (Trematoda). Z. Parasitenk. **19**, 67–99.

DÖNGES, J., 1961: Der Entwicklungscyclus von *Notocotylus ralli* BAYLIS 1936 (Trematoda: Notocotylidae). Verhandl. dtsch. zool. Ges. Saarbrücken, S. 487–494.

— 1962: Entwicklungsgeschichtliche und morphologische Untersuchungen an Notocotyliden (Trematoda). Z. Parasitenk. **22**, 43–67.

DUBOIS, G., 1929: Les cercaires de la région de Neuchâtel. Bull. Soc. neuchâtel. Sci. natur. **53**, 1–177, 8 fig., 17 pl.

— 1951: Étude des trématodes nord-américains de la collection E. L. SCHILLER et revision du genre *Notocotylus* DIESING, 1839. Bull. Soc. neuchâtel. Sci. natur. **74**, 41–76.

EMMEL, L., 1943: Die Cercarien von *Bithynia tentaculata* L. und *B. leachi* LEACH aus einem Berliner Standort, ihre jahreszeitliche Verteilung und die Spezifität ihrer Anpassung an den Zwischenwirt. Zbl. Bakt., 1. Abt. Orig. **149**, 81–98.

HARPER, W. F., 1929: On the structure and life-histories of British fresh-water larval trematodes. Parasitology **21**, 189–219.

LA VALETTE ST. GEORGE, A. DE, 1855: Symbolae ad trematodum evolutionis historiam. Diss. Phil. Fak. Univ. Berlin.

ROTHSCHILD, M., 1938: Notes on the classification of cercariae of the superfamily Notocotyloidea (Trematoda), with special reference to the excretory system. Novitat. zool. (London) **41**, 75–83.

— 1940: *Cercaria imbricata* LOOSS 1896, nec 1893 – a note on nomenclature. Novitat. zool. (London) **42**, 215–216.

SKRJABIN, K. I., 1953: Die Trematoden der Tiere und des Menschen. Grundlagen der Trematodologie. Bd. 8. Moskau, Verl. Akad. Wiss. UdSSR.

SZIDAT, L., & U. SZIDAT, 1933: Beiträge zur Kenntnis der Trematoden der Monostomidengattung *Notocotylus* DIES. Zbl. Bakt., 1. Abt. Orig. **129**, 411–422.

SZIDAT, U., 1935: Weitere Beiträge zur Kenntnis der Trematoden der Monostomidengattung *Notocotylus* DIESING. Zbl. Bakt., 1. Abt. Orig. **133**, 265–270.

WESENBERG-LUND, C., 1934: Contributions to the development of the Trematoda Digenea. Part II. The biology of the freshwater cercariae in Danish freshwaters. Mém. Acad. roy. Sci. Lettr. Danemark, Sect. Sci., 9me Sér. **5** (3), 1–223.

WIKGREN, B.-J., 1956: Studies on Finnish larval flukes with a list of known Finnish adult flukes. Acta zool. fenn. **91**, 1–106.

Anschrift des Verfassers:
Dr. rer. nat. KLAUS ODENING
Berlin-Friedrichsfelde
Zoologische Forschungsstelle im Berliner
Tierpark, Am Tierpark 41

Limnologica (Berlin)	1	5	1963	375–456

Aus der Forschungsstelle für Limnologie
der Deutschen Akademie der Wissenschaften zu Berlin, Jena-Lobeda

Direktor: Dozent Dr. habil. TH. SCHRÄDER

BRIGITTE KOCH-ALTHAUS

Systematische und ökologische Studien an Rotatorien des Stechlinsees

Mit 60 Abbildungen und 3 Tabellen

(Eingegangen am 21. September 1962)

Inhaltsverzeichnis

A. Einleitung

Im Rahmen des umfangreichen Forschungsprogramms, das die Forschungsstelle für Limnologie der Deutschen Akademie der Wissenschaften zu Berlin im Zusammenhang mit der Errichtung des Atomkraftwerks im Raume des Stechlinsees in Nordbrandenburg durchführt, fiel der Verfasserin die Aufgabe zu, die Tiergruppe der Rotatorien zu bearbeiten. In zwei früheren Mitteilungen (KOCH-ALTHAUS 1961, 1962a) wurden bereits neben einer kurzen Charakteristik des Untersuchungsgebiets und einer Darstellung der Untersuchungsmethodik die Beschreibungen von im Stechlinsee aufgefundenen fünf neuen Arten, drei vermutlich neuen Arten und einer neuen Unterart gegeben. Die vorliegende Arbeit bildet den ersten Teil der angekündigten Darstellung der Gesamtergebnisse der faunistisch-ökologischen Bestandsaufnahme der Rotatorien im Gebiete des Stechlinsees vor der bevorstehenden thermischen Veränderung der Gewässer durch die Abwärme des Atomkraftwerks. Die Arbeit enthält die Ergebnisse der faunistisch-ökologischen Untersuchung der Rotatorien des Planktons und des Litorals des Großen Stechlinsees; jedoch ist die Rotatorienfauna im Psammal des Sees noch nicht abschließend bearbeitet und ihre Darstellung muß für eine spätere Veröffentlichung zurückgestellt werden. Im Rahmen der vorliegenden Arbeit werden die Neubeschreibungen von weiteren zwei Arten und weiteren zwei Unterarten aus dem Stechlinsee mitgeteilt; zwei Formen, die möglicherweise ebenfalls neue Arten darstellen, konnten noch nicht endgültig bestimmt werden.

Die Stationen der Probenentnahme für das Oberflächenplankton und für die Litoralproben wurden bereits in einer früheren Veröffentlichung angegeben (KOCH-ALTHAUS 1962a, Kartenskizze Abb.1), auf die hier verwiesen werden kann. Im Profundal des Stechlinsees wurden keine Rotatorien angetroffen.

Die im ökologischen Teil der vorliegenden Arbeit gemachten Häufigkeitsangaben wurden bei der Untersuchung der Proben geschätzt. Folgende Begriffe und Häufigkeitsziffern werden verwendet:

1 = selten,
2 = vereinzelt,
3 = mehrfach,
4 = häufig,
5 = massenhaft,
? = Häufigkeitsangabe unsicher.

Herrn K. WULFERT (Bad Lauchstädt) bin ich wiederum für wertvollen Rat in systematischen Fragen zu Dank verpflichtet. Frl. H. KLITZ danke ich für die von ihr mit großer Sorgfalt durchgeführten Messungen an planktischen Rotatorien.

B. Ökologischer Teil

1. Die Rotatorien des Planktons

In 91 Proben des Oberflächenplanktons des Stechlinsees fanden sich 30 euplanktische und 6 tychoplanktische Arten (vgl. die Gesamtliste der Rotatorien des Stechlinsees am Ende des systematischen Teils, S. 449ff.). Die Untersuchung der Vertikalverteilung der planktischen Rotatorien mußte zunächst zurückgestellt werden. Da sich kaltstenotherme Formen während der Sommerstagnation in die Schichten des Hypolimnions zurückziehen können, bedeutet dies einen Mangel insofern, als die folgenden Angaben über das jahreszeitliche Vorkommen bestimmter Arten im Stechlinsee nur mit Vorbehalt zu betrachten sind. Die horizontale Verteilung der Rotatorien des Oberflächenplanktons des Stechlinsees zeigte so wenig ausgeprägte Unterschiede, daß sie in der folgenden Darstellung nicht hervorgehoben werden konnten. Das Fehlen einzelner Arten in einer Bucht des Sees ist von vielen Zufälligkeiten der Strömung, der Windeinwirkung und der allgemeinen Verteilung der Planktonwolken abhängig, so daß für die folgende Übersicht die Teilergebnisse der Einzeluntersuchungen an den verschiedenen Probenstellen zusammenzufassen waren.

In der Tabelle 1 sind die jahreszeitliche Verteilung der 30 euplanktischen Rotatorienarten des Stechlinsees und ihre relativen Häufigkeiten zu den einzelnen Terminen für den Zeitraum vom Hochsommer 1959 bis Ende 1961 wiedergegeben.

Hauptvertreter der Rotarien im Plankton des Stechlinsees sind die 5 Arten *Ascomorpha ecaudis, Gastropus stylifer, Kellicottia longispina, Keratella cochlearis* und *Polyarthra vulgaris*; im Winterhalbjahr kommen 2 *Synchaeta*-Arten, *S. grandis* und *S. pectinata*, hinzu. Von diesen Rotatorien perennieren *Kellicottia longispina, Keratella cochlearis* und wahrscheinlich auch *Gastropus stylifer. Gastropus* wurde im März und April 1960 vermutlich wegen seiner Seltenheit übersehen; in den entsprechenden Monaten des Jahres 1961 wurden vereinzelte Exemplare dieser Art gefunden. Ähnlich liegen die Verhältnisse bei *Polyarthra vulgaris* und *Ascomorpha ecaudis*, die während der ganzen Untersuchungszeit beobachtet werden konnten.

Häufig sind im Plankton des Stechlinsees *Asplanchna priodonta* und *Conochilus unicornis*; auch *Filinia maior* und *Ascomorpha saltans* bestimmen das Bild des Planktons mit.

Die beiden *Synchaeta*-Arten zeigen ihre Hauptentfaltung in der kalten Jahreszeit: *S. pectinata* im Dezember, *S. grandis* im März/April. *S. grandis* war 1961 sogar bis in den Juli hinein zu beobachten, wenn sie auch im Juni und Juli als selten zu bezeichnen war. In anderen Gewässern wurde *S. pectinata* perennierend angetroffen. Es muß daher späteren Untersuchungen vorbehalten bleiben, nachzuprüfen, ob die Synchaeten im Stechlinsee der sommerlichen Erwärmung des Epilimnions ausweichen und sich in tiefere Horizonte zurückziehen. Möglicherweise wird sich das jahreszeitliche Auftreten der Synchaeten sowie ihre Vertikalverteilung nach der Zuführung der Abwärme des Atomkraftwerks in den Stechlinsee ändern.

Literatur über die Rotatorienfauna eines anderen mitteleuropäischen oligotrophen Sees des Flachlandes ist mir nicht bekannt; ich vergleiche daher die Befunde im Stechlinsee mit den Ergebnissen von Untersuchungen in alpinen und finnischen Gewässern, Talsperren, Gebirgs- und Moorseen. Daß hier nur mit großer Vorsicht Schlußfolgerungen gezogen werden dürfen, ist selbstverständlich.

Kellicottia longispina, Keratella cochlearis, Conochilus unicornis, Asplanchna priodonta, Gastropus stylifer und *Synchaeta pectinata* werden häufig als Bewohner alpiner Wasserbecken angeführt (Pesta 1929, Ruttner 1930, Zschokke 1908). Diese Arten sind euryök und daher weit verbreitet. Ihr Einzelvorkommen besagt offenbar wenig, aber ihr gemeinsames Auftreten in oligotrophen Gewässern scheint bemerkenswert zu sein. Bei der Durchsicht der Arbeiten über die alpinen und subalpinen Seen fällt es auf, daß diese Arten hier einen großen Teil des Planktons ausmachen. Es scheint, daß für das Plankton oligotropher Seen eine ganz bestimmte, aus den oben genannten Arten bestehende Kombination von Rotatorien charakteristisch ist, zu der sich dann weitere Arten gesellen. Die sonst so verbreiteten Brachioniden, von denen einige Arten auch eulimnoplanktisch vorkommen, fehlen ganz.

TABELLE 1

Jahreszeitliche Verteilung und relative Häufigkeit
(Zeitraum Hochsommer 1959

	1959 23. 08.	15. 09.	29. 09.	13. 10. 16. 10.	10. 11.	08. 12.	1960 22. 03.	20. 04. 29. 04.	14. 06.	13. 07.	18. 07.	25. 07.
Argonotholca foliacea	.	.	.	.	.	.	.	.	.	1	.	.
Ascomorpha ecaudis	2	2	1	2	.	.	2 E	4 E	.	.	.	1
Ascomorpha saltans	4 ?	1 ?	1 ?	3 ?	.	.	.	.	.	3	5	1
Asplanchna priodonta	.	1	.	.	3 ?	3	1	.	4	2	.	3
Chromogaster ovalis	.	.	.	.	1	1	.	.	.	.	.	.
Collotheca libera	4	.	.	.	2	.	.	.	.	.	.	.
Collotheca mutabilis	.	2 E	.	.	.	.	.	.	.	.	.	2 E
Conochilus unicornis	.	.	.	.	1	.	.	?	4	.		.
Euchlanis dilatata var. *lucksiana*	.	.	.	.	.	.	.	.	.	.		3
Filinia maior	.	.	.	.	3	2 E	2 E	.	.	.	.	.
Gastropus hyptopus	.	.	.	.	.	.	.	.	.	.	.	.
Gastropus stylifer	4	3	1	1	3	2	.	.	4	3	3	3
Kellicottia longispina	3	2	2	1	2	3	4 E	3 E	5 E	3	1	4
Keratella cochlearis	.	2	1	2	5	5	4 E	3	1	3 E	3	2 E
Keratella quadrata	.	.	.	2	2	2	2	.	.	.	.	.
Notholca acuminata	.	.	.	.	.	.	.	1	.	.	.	.
Ploesoma hudsoni	.	.	.	.	1	.	.	.	.	.	.	.
Polyarthra dolichoptera	2 ?	.	1 ?	4 ?	3 ?	4 ? E	3	.	.	1 ?	.	.
Polyarthra dolichoptera f. *aptera*	.	.	.	.	.	.	.	.	.		.	.
Polyarthra vulgaris	2 ?	.	1 ?	4 ?	3 ?	4 ? E	3 ?	.		1 ?	4 E	3
Sinantherina socialis	.	.	.	.	.	.	2	.		.	.	.
Synchaeta asymmetrica	.	.	.	.	.	1	.	.		.	.	.
Synchaeta grandis	.	.	.	1	1	3	3	3		.	.	.
Synchaeta oblonga	.	.	.	.	.	.	.	.		.	.	.
Synchaeta pectinata	.	.	.	.	.	.	4 ? E	.		.	.	
Synchaeta tavina	.	.	.	.	.	.	.	.		.	.	
Synchaeta tremula	.	.	.	.	.	.	.	2 ?		.	.	
Synchaeta A	.	.	.	.	.	.	1	.		.	.	.
Trichocerca pusilla	.	1	.	1	.	1	.	.		.	.	.
Trichocerca rousseleti	.	.	.	.	.	.	.	.		.	.	.

Zeichenerklärung:

1 bis 5 = Häufigkeitsziffern
? = Häufigkeitsangabe unsicher
E = mit Ei
+ = totes Exemplar

Im Folgenden möchte ich zunächst die Periodizität der wichtigsten Rotatorien des Planktons des Stechlinsees mit den Resultaten anderer Autoren vergleichen. *Kellicottia longispina* kommt im Stechlinsee perennierend vor mit einem im Juni liegenden Maximum. Die Art erreichte 1960 schon im März, 1961 dagegen erst im Mai größere Häufigkeit. Zum Herbst nimmt ihre Abundanz ab und im Oktober/November ist die Art verhältnismäßig selten. HAUER-EICHARD (1953) stellte in den Schwarzwaldseen fest, daß „die größten Schwankungen im Auftreten der Formen und in der Lage der Maxima sich bei den perennierenden Rotatorien

TABELLE 1

der Rotatorien im Plankton des Stechlinsees
bis Ende 1961)

13.09. 17.09.	19.10.	08.11. 10.11.	06.12.	1961 10.01. 12.01.	07.02. 13.02.	09.03. 14.03.	11.04.	16.05.	13.06. 14.06.	11.07.	08.08.	24.09.	22.10.	09.11. 16.11.	19.12.
.	.	.	.	.	.	1	1	.	1	.	.	.	.	.	.
3	1	.	3	4	3 E	2 E	2 E	.	4	2	.	1	3	2	1
.	.	.	.	.	.	.	.	.	.	4	.	1	.	2	.
.	3	1	1	1	1	2	.	2	4	.	2	.	.	1	.
.	3	1	.	.	.	.	.	.	.	2	4	3	.	.	.
.	1 E	.	.	.	.	.	.	.	.	.	.	.	.	.	.
.	.	2	1	2	.	1	2 E	.	2	.	.	.	.	.	1
.	2	.	.	1	1	2	1	3	4	.	2	.	.	.	1
.	.	.	.	.	.	.	.	.	.	.	2	.	.	.	.
.	3	3	1	2 E	2 +	1	1	1	.	.		.	.	4 E	2
.	.	.	.	.	.	.	.	.	.	.	.	.	.	3	1
4	3	1	3	1	3	1	1	4	3	3	1	2	3	2	1
3	3 E	1 E	3	2	2	2 E	1 E	3 E	5 E	4 E	4 E	2 E	1	3	1 E
2 E	4 E	4 E	4 E	4 E	3 E	3 E	3 E	4 E	2 E	3	2	4	3	4 E	3 E
.	1	3 E	2 E	2	3 E	1 E	.	1	.	.	.	.	.	2	2
.	.	1	.	.	.	1	1	.	.	.	.	.	.	.	.
.	.	.	.	1	1	1 +	.	.	.	.	.	.	.	.	.
.	.	1	.	.	.	3 E	.	3 E	.	.	.	.	.	.	.
.	.	.	.	.	1	2	1	.	.	.	.	.	.	.	.
1	1	1	4	1	1 E		1	3	3 E	3	2	3	2	3 E	3
.	.	.	.	.	.	.	.	.	.	.	.	.	.	.	.
.	.	.	.	.	.	3	?	.	.	.	.	.	.	.	1
.	.	.	3	3	2	4	4	2	1	1	.	.	.	.	1
.	.	.	.	.	1 E	?	?	.	.	.	.	.	.	.	.
.	1	1	5	1	3	4 E	1	.	1	.	.	.	.	3	4
.	.	.	.	1 ?	.	.	.	.	.	.	.	.	.	.	.
.	.	.	.	.	.	.	1	3	1 ?	1	.	?	.	.	.
.	.	.	.	.	.	.	.	.	.	.	.	.	.	.	.
.	.	.	.	.	.	.	.	.	.	.	.	.	.	.	.
.	.	.	.	.	.	.	.	.	.	1	.	2	.	.	.

finden". Die Maxima haben sich bei *Kellicottia longispina* nicht verschoben, doch sind die Frequenzen des Auftretens in den einzelnen Jahren unterschiedlich. HAUER-EICHARD (1953) gibt für diese Art an, daß sie in den Monaten April, Oktober und November häufig war. RUTTNER (1930) fand im Lunzer Untersee ein Maximum im Sommer angedeutet und „im Winter starke Volksdichte", die „nicht ganz deutlich in der Gesetzmäßigkeit des Auftretens" war. Die *Kellicottia* des Lunzer Untersees verhält sich im Sommer ähnlich der *Kellicottia* des Stechlinsees. Auch ZSCHOKKE (1908) fand diese Art hauptsächlich im Juli bis Oktober, zitiert aber auch Lauterborns Beobachtung der Zunahme der Häufigkeit im Winter. Es ist schwer, im Auftreten der Rotatorien allgemeine Regelmäßigkeiten aufzuzeigen, da in den verschiedenen Gewässern viele bedingende Faktoren mitspielen. Die Temperatur und das produktionsbiologische Geschehen im See wirken entscheidend auf das Erscheinen einer Art und ihre Abundanz.

Für *Keratella cochlearis* konnte Ruttner (1930) keine regelmäßige Periodizität feststellen. Im Stechlinsee liegt ein verstärktes Auftreten, sogar offenbar ein Maximum, zum November/Dezember vor; aber auch im Mai wurde *Keratella cochlearis* eitragend häufig im See beobachtet.

Conochilus unicornis zeigt im Juni ein deutlich verstärktes Vorkommen. Zum Herbst und Winter wird er im Stechlinsee selten; erst im späten Frühjahr nimmt seine Anzahl wieder zu. Hauer-Eichard (1953) stellte für *Conochilus unicornis* in den flacheren Schwarzwaldseen ebenfalls einen Anstieg zum Sommer hin fest. Die Art zeigte im Juni eine Massenentwicklung, außerdem ein zweites Maximum im September. Auch Zschokke (1908) beobachtete ein Maximum im Juni. Im Stechlinsee verschwindet *Conochilus unicornis* im Herbst.

Für *Asplanchna priodonta* liegen in der Literatur sehr widerspruchsvolle Angaben vor. Im Stechlinsee war die Art im Juni häufig, zeigte zum Winter hin einen zweiten kurzen und schwächeren Anstieg, war jedoch in den übrigen Monaten nur selten oder vereinzelt anzutreffen. Ruttner (1930) und Hauer-Eichard (1953) beobachteten eine Zunahme der Population zu Beginn der zweiten Jahreshälfte, die bei den tieferen Schwarzwaldseen bis November anhielt; im Lunzer Untersee erstreckte sich das Abklingen der Population bis in die Wintermonate hinein.

Gastropus stylifer kommt fast regelmäßig im Plankton des Stechlinsees vor. Seine Abundanz steigt im Mai/Juni an und in den folgenden Monaten bis zum November ist er stets mehrfach im Plankton anzutreffen. Voigt (1957) rechnet die Art zu den Sommerformen; *Gastropus* kann aber auch perennierend auftreten, wie es im Stechlinsee der Fall zu sein scheint.

Synchaeta pectinata besitzt ein deutliches Maximum im Dezember. Im März tritt sie noch einmal stark auf; in den Sommermonaten ist die Art verschwunden. Hauer-Eichard (1953) stellte in den tiefen Schwarzwaldseen eine Massenentwicklung im März fest, die bis zum Mai anhielt. Zschokke (1908) nennt für das Auftreten der Art in den Alpenseen das Frühjahr, fand sie aber auch häufig im August. Er zitiert die Feststellung Apsteins, daß *Synchaeta pectinata* in Norddeutschland zu perennieren und im Frühjahr eine herrschende Stellung zu gewinnen scheint. Ob die Art auch im Stechlinsee perenniert, werden erst Untersuchungen der Vertikalverteilung des Planktons zeigen können.

Ein unregelmäßiges Auftreten, das sich mit Unterbrechungen über das ganze Jahr erstreckt, zeigt *Ascomorpha ecaudis*. Hauer-Eichard (1953) registrierte in den tiefen Schwarzwaldseen nur ein vereinzeltes Auftreten der Art im Mai und im November. Zusammen mit dieser Species erscheint dort *Ascomorpha saltans*, die im Stechlinsee im Juli häufig bis massenhaft angetroffen wurde, dann aber wieder für längere Zeit aus dem Plankton verschwinden kann.

Filinia maior fehlt im Sommerplankton des Stechlinsees. Die Art zeigte ihre höchste Frequenz im Oktober/November, wo sie mit mehrfach bzw. häufig zu bewerten war; bis zum Mai trat sie dann mit den Häufigkeitsstufen vereinzelt und selten auf.

Zum Stamm der Planktonrotatorien des Stechlinsees scheint auch *Polyarthra dolichoptera* zu gehören. Zwar wurde diese Art bisher nur in größeren Zeitabständen eindeutig festgestellt; es ist jedoch möglich, daß bei der Durchsicht der Planktonproben diese oder eine andere Art der Gattung übersehen wurde, da die Bestimmung der Polyarthren sehr schwierig ist. Eine spezielle Untersuchung der Gattung *Polyarthra* würde sich lohnen. In diesen Fragenkreis gehört auch die Beobachtung der ersten flossenlosen Generation, der forma *aptera*, von *Polyarthra dolichoptera* (oder *P. vulgaris*?), die mit der Häufigkeit vereinzelt bzw. selten in der Zeit von Februar bis April im Stechlinsee vorkam. Im systematischen Teil der vorliegenden Arbeit wird eine ausführliche Beschreibung dieser Form gegeben.

Chromogaster ovalis wurde im Winter und im Sommer im Stechlinsee gefunden. Im August war er häufig; das sommerliche Auftreten scheint ausgeprägter zu sein als das winterliche. RUTTNER (1930) fand die Art im Lunzer Untersee nur in den Sommermonaten; das Maximum lag hier in der zweiten August- bzw. Septemberhälfte. Dies stimmt mit den Befunden im Stechlinsee überein.

Keratella quadrata ist eine weit verbreitete Art, die jedoch im Stechlinsee nur eine untergeordnete Stellung einnimmt. Im Sommer verschwindet sie ganz aus dem Plankton. RUTTNER (1930) bemerkt zu dieser Art, daß sie spärlich im Lunzer Untersee vorkommt. Einmal konnte er ein Maximum im Mai erkennen; er vermutet, daß sich *Keratella quadrata* im Sommer in die Tiefe zurückzieht. Diese Vermutung könnte auch für den Stechlinsee zutreffen. Im November und im Februar war *Keratella quadrata* im Stechlinsee häufiger. ZSCHOKKE (1908) gibt an, daß die Art in den Alpen im Herbst hervortritt. In den norddeutschen Seen soll sie mehr eine Sommerform sein; APSTEIN (nach ZSCHOKKE 1908) fand sie im Plöner See im Mai bis Juli in ansteigender Entwicklung. Es drängt sich die Vermutung auf, daß das jahreszeitliche Auftreten der *Keratella quadrata* auch vom Trophiegrad des Gewässers abhängt; im oligotrophen See haben wir ein verstärktes Auftreten im Winter, im eutrophen See eine stärkere Ausbildung der Sommerform.

Die Arten der Gattung *Synchaeta* sind besonders schwierig zu bestimmen; die Angaben über ihr Vorkommen sind daher nicht immer gesichert. Dies betrifft vor allem die Arten *Synchaeta oblonga, S. tavina, S. tremula* und *S. asymmetrica.* Im Verlauf der vorliegenden Untersuchungen wurden diese Arten einem speziellen Studium unterzogen; ihre ausführliche Besprechung folgt im systematischen Teil dieser Arbeit. *Synchaeta tremula,* ein verbreitetes Rotator, fand sich in den Frühjahrs- und Sommermonaten. Im Winterhalbjahr erscheint *Synchaeta asymmetrica,* eine bisher unbekannte Art, die weiter unten im systematischen Teil neu beschrieben wird. Dem Winterplankton gehören ebenfalls *Synchaeta oblonga* und *S. tavina* an.

Gastropus hyptopus wurde erstmalig in den letzten beiden Monaten des Untersuchungszeitraums, November und Dezember 1961, im Plankton des Stechlinsees beobachtet. Für den benachbarten Nehmitzsee liegt eine gesicherte Angabe für Januar 1961 vor; in einem Protokoll vom Oktober 1959 habe ich die Art mit dem Vermerk „vermutlich" angeführt. Es ist möglich, daß diese Art neuerdings vom Nehmitzsee in den Stechlinsee eingewandert ist.

Argonotholca foliacea ist ein selten und unregelmäßig im Plankton auftretendes Rotator. *Collotheca libera* war nur einmal (August 1959) häufig; später wurde sie nur noch vereinzelt bzw. selten angetroffen, das letzte Mal im Oktober 1960. Spätere Beobachtungen müssen zeigen, ob die Art wieder auftauchen wird oder für immer aus dem Plankton des Stechlinsees verschwunden ist. Von *Collotheca mutabilis* konnten zu verschiedenen Jahreszeiten vereinzelte Exemplare beobachtet werden. V. DADAY fand (zitiert nach ZSCHOKKE 1908) die Art in der Hohen Tatra und BRUTSCHY (1912) nennt sie für den Zugersee.

Euchlanis dilatata var. *lucksiana* wurde in nur zwei Planktonproben festgestellt. *Notholca acuminata* und *Ploesoma hudsoni* waren ebenfalls selten anzutreffen; selten bzw. vereinzelt traten auch *Sinantherina socialis*, *Trichocerca rousseleti* und *Trichocerca pusilla* auf.

Zu den Euplanktern gesellen sich natürlich auch im Stechlinsee ab und zu Gäste aus dem Litoral. Genannt seien *Lecane bulla* (VIII 61), *Lecane luna* (VII 60), *Lecane lunaris* (XI und XII 60), *Lophocharis oxysternon* (XII 60 und III 61), *Notholca labis* (I 61) und *Trichotria pocillum* (II 61). Diese tychoplanktisch auftretenden Arten wurden in die Tabelle 1 nicht mit aufgenommen.

Eine getrennte Untersuchung des Tag- und des Nachtplanktons ergab einen deutlichen Unterschied der relativen Häufigkeiten der einzelnen Arten im Oberflächenplankton. Die am Tage (17. 9. 1960) in der Nordbucht des Stechlinsees entnommene Oberflächenprobe erbrachte folgende Häufigkeitswerte: *Ascomorpha ecaudis* 3, *Gastropus stylifer* 4, *Kellicottia longispina* 3, *Keratella cochlearis* 2, *Polyarthra vulgaris* 3. Das in den darauffolgenden Nachtstunden gesammelte Oberflächenplankton setzte sich dagegen wie folgt zusammen: *Gastropus stylifer* 2, *Kellicottia longispina* 2, *Polyarthra vulgaris* 2. Der größte Teil der Rotatorien befand sich also in den Nachtstunden in tieferen Schichten.

Ein viel diskutiertes Problem ist das der Zyklomorphose. Für die perennierenden lorikaten Rotatorien im Plankton des Stechlinsees sollte zunächst nur geklärt werden, ob im Verlaufe des Jahres eine Veränderung der Länge der Dornen und Schwebefortsätze stattfindet und ob eine solche Zyklomorphose einen regelmäßigen Rhythmus erkennen läßt. Es wurden daher möglichst im monatlichen Turnus, soweit in den Planktonproben vorhanden, je 20 Exemplare von *Keratella cochlearis* und *Kellicottia longispina* gemessen. Die Ergebnisse sind für *Keratella cochlearis* in Abbildung 1 und für *Kellicottia longispina* in Abbildung 2 wiedergegeben. Auf der Ordinate wurde der Quotient D/G aus Dornenlänge D und Gesamtlänge G der Tiere aufgetragen. Bei *Keratella cochlearis* wurde nur der Hinterdorn gemessen; bei *Kellicottia longispina* ergibt sich die Dornenlänge als Summe der Längen des Haupt-Vorderdorns und des Hinterdorns.

Die Kurve für *Keratella cochlearis* (Abb. 1) zeigt eine Zunahme der Dornenlänge im Mai/Juni, während der Anteil der Dornenlänge an der Gesamtlänge des Tieres im September/Oktober am kleinsten ist. Ein winterliches Maximum im

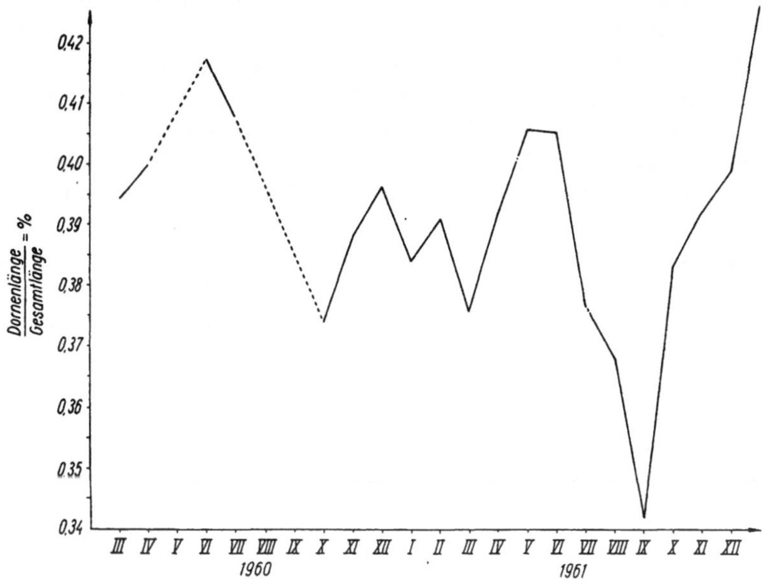

Abb. 1. Jahresgang der Veränderung der Dornenlänge von *Keratella cochlearis* im Stechlinsee.

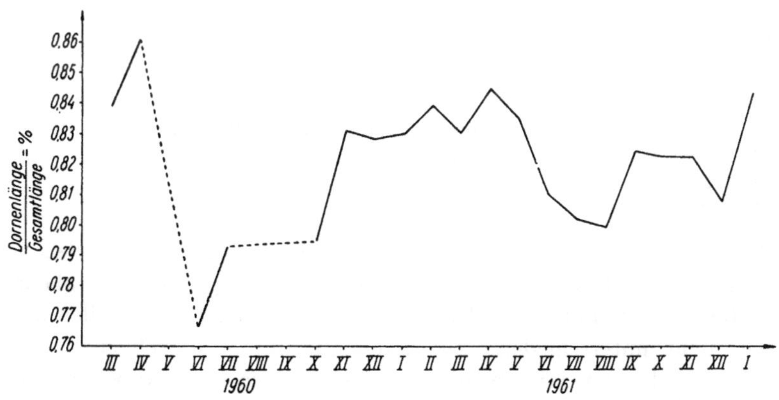

Abb. 2. Jahresgang der Veränderung der Länge der Schwebefortsätze von *Kellicottia longispina* im Stechlinsee.

Dezember/Januar ist nicht ganz eindeutig. Wir haben also zum Sommer (und Winter ?) eine Zunahme der Dornenlänge, im Herbst und Frühjahr eine Verkürzung. Dornenlänge und Abundanz der Art im Plankton konnten nicht miteinander in Beziehung gebracht werden.

Schwieriger ist es, die Kurve für *Kellicottia longispina* (Abb. 2) zu deuten. Im Sommer scheint der prozentuale Anteil der Schwebefortsätze an der Gesamtlänge am geringsten zu sein; im Winter und Frühjahr steigt die Kurve an. Das Häufigkeitsmaximum fällt bei dieser Art in die Zeit, in der die Tiere eine geringe Dornenlänge aufweisen.

Abschließend soll ein kurzer Vergleich der Artenliste der Rotatorien im Plankton des Stechlinsees mit der von NIPKOW (1961) aufgestellten Liste für den Zürichsee gezogen werden. NIPKOW führt aus diesem Alpensee 45 Arten an, von denen 22 (20 im Plankton und 2 im Litoral) auch im Stechlinsee vorkommen. Der Artenbestand des Schweizer Sees deutet darauf hin, daß er auf der Trophieskala weiter zum eutrophen Bereich hin gelegen ist als der eindeutig oligotrophe Stechlinsee. Im Zürichsee deutet das Vorkommen von *Trichocerca birostris* auf eine Eutrophierung hin (vgl. CARLIN 1943), ebenso das Auftreten von *Anuraeopsis fissa* und *Brachionus calyciflorus*, die sonst besonders in Teichen und kleineren Gewässern verbreitet sind. Trotz des ausgeprägt euryöken Verhaltens vieler Rotatorienarten lassen sich doch im Falle des Auftretens oder des Fehlens bestimmter Arten Rückschlüsse auf den Trophiegrad des Gewässers ziehen. Ob und in welcher Weise sich die pelagische Rotatorienfauna des Stechlinsees nach der erwarteten künstlichen Veränderung des Milieus, insbesondere durch die Abwärme des Kraftwerks, wandeln wird, müssen spätere Untersuchungen zeigen.

2. *Die Rotatorien des Litorals*

Das Litoral des Stechlinsees – ohne das Sandufer (Psammal) – wurde für die Erfassung der Rotarienfauna in vier durch ihre Pflanzenbestände charakterisierte Unterbezirke aufgeteilt. Folgende Unterbezirke des Litorals wurden unterschieden:

1. Aufwuchs an *Typha, Phragmites*, Schwimmblattpflanzen und auf Steinen,
2. Unterseeische *Chara*-Wiesen,
3. *Myriophyllum*-Bestände,
4. Algenwatten.

Auffällige Unterschiede in der Besiedlung dieser Unterbezirke in den verschiedenen Buchten des Stechlinsees haben sich nicht gezeigt. In den tabellarischen Übersichten (Tab. 2 und 3) wurden daher die einzelnen Probenstellen im Litoral des Sees nicht unterschieden. Die Faunenlisten der einzelnen Probenstellen erhalten vielleicht erst dann Bedeutung, wenn sie nach der Inbetriebnahme des Atomkraftwerks in unterschiedlichem Ausmaß vom Kühlwassereinstrom betroffen werden. Die Protokolle der Einzelbefunde werden jedoch von der Verfasserin aufbewahrt, um gegebenenfalls nach einer Veränderung der Rotatorienfauna des Stechlinsees zu Vergleichszwecken zur Verfügung zu stehen.

Das Litoral des Stechlinsees beherbergt (auch bei Vernachlässigung des Psammals) eine große Fülle von Rotatorienarten. Es war nicht immer leicht, die Arten sicher zu bestimmen; die Identifizierung einiger problematischer Formen steht noch aus. Obgleich die Bestandsliste sicherlich noch nicht vollständig ist, zumal das Psammal noch nicht abschließend bearbeitet werden konnte, wurden im Litoral bereits 129 litorale Arten und Formen festgestellt, zu denen 5 tycholitoral aufgetretene und 3 psammale Arten hinzutreten, die bereits früher (Koch-Althaus 1962a) als neue Arten aus dem Stechlinsee beschrieben wurden, so daß die Gesamtliste der bisher aus dem Litoral des Stechlinsees gemeldeten Arten und Formen 159 Formen umfaßt (vgl. die Tab. 2 und 3 sowie die Gesamtliste der Rotatorien des Stechlinsees am Schluß des systematischen Teils der vorliegenden Arbeit, S. 449 ff).

Tabelle 2 gibt eine Übersicht über die Verteilung der 134 im Litoral (ohne Psammal) des Stechlinsees aufgefundenen Arten und Formen auf die vier durch verschiedene Pflanzenbestände charakterisierten Unterbezirke. Die meisten Arten fanden sich in den *Chara*-Wiesen (106) und im Aufwuchs (85). Auch Meuche (1939) hebt die große Artenzahl und den bedeutenden Individuenreichtum der Rotatorien im Algenbewuchs ostholsteinischer Seen hervor. In den 115 von ihm untersuchten Seen wurden 119 sicher bestimmte Arten nachgewiesen, davon im Großen Plöner See allein 58 Arten. Wie nicht anders zu erwarten war, liegt die Anzahl der Arten im Stechlinsee noch höher. In den *Myriophyllum*-Beständen des Stechlinsee-Litorals war der Artenreichtum der Rotatorien wesentlich geringer (35 Formen); dieser Biotop wurde daher auch nicht so häufig untersucht wie die beiden reich besiedelten Pflanzenbestände. Algenwatten bzw. Algenfelder, die von *Zygnema*- bzw. *Mougeautia*-Arten gebildet werden, erscheinen im Stechlinsee in den Sommermonaten Juli bis September. Diese am Boden liegenden (oder in einem Falle schwimmenden) Algenwatten weisen die geringste Anzahl an Rotatorienarten (30 Formen) unter den vier unterschiedenen Pflanzenbeständen des Stechlinsee-Litorals auf.

In den über dem Boden des Litorals liegenden benthischen Algenwatten beherrschen die Testudinellen und Trichocerciden das Bild der Rotatorienfauna; in den Einzelaufnahmen treten immer wieder *Testudinella patina*, *Trichocerca brachyura*, *T. cavia*, *T. rattus*, *T. taurocephala* und *T. tigris* auf, also „gewöhnliche“ Uferformen. Der Kleinbiotop der Algenwatten ist auf die Hochsommermonate beschränkt und ist einfacher und einseitiger strukturiert als die anderen Pflanzenbestände des Litorals; es fehlt hier z. B. auch die üppige Entwicklung der Diatomeenflora, die an den anderen Uferpflanzen zu finden ist und die eine wichtige Nahrungsquelle darstellt. Es ist daher nicht verwunderlich, daß infolge der Einseitigkeit und der kurzen Lebensdauer der Algenwatten, deren Entwicklung zudem in die Zeit des Minimums der Diatomeen fällt, die Anzahl der Rotatorienarten hier am geringsten ist. Ein Vergleich mit der gleichzeitigen Rotatorienfauna des Aufwuchses ergab, daß dort die Gattungen *Testudinella* und *Trichocerca* nicht besonders in Erscheinung traten. Meuche (1939) fand im Algenbewuchs ostholsteinischer Seen diese beiden Gattungen im allgemeinen ebenfalls nur vereinzelt. Ausnahmen bilden nur *Testudinella parva* und *T. patina*, die an *Scirpus lacustris* im Schöhsee bzw. an Schilfstengeln im Großen Plöner See und an Pfählen im Snap-See häufig vorkamen. Müller-Liebenau (1956) erwähnt

TABELLE 2

Verteilung der Rotatorien-Arten auf 4 durch verschiedene Pflanzenbestände charakterisierte Unterbezirke des Stechlinsee-Litorals

	Aufwuchs	*Chara*	*Myriophyllum*	Algenwatten
Argonotholca foliacea	+	+	+	·
Ascomorpha saltans	·	·	·	+
Aspelta aper	·	+	+	·
Aspelta circinator	+	·	·	·
Cephalodella apocolea	+	+	+	·
Cephalodella auriculata	+	+	·	+
Cephalodella catellina	+	·	·	+
Cephalodella eva	+	+	+	·
Cephalodella forficula	+	+	+	+
Cephalodella gibba	+	+	+	·
Cephalodella gibba subsp. *microdactyla*	+	+	·	·
Cephalodella gigantea	·	·	·	·
Cephalodella glandulosa	·	+	·	·
Cephalodella gracilis	+	+	+	·
Cephalodella hoodi	+	+	·	·
Cephalodella incila	·	+	·	·
Cephalodella limosa	·	+	·	·
Cephalodella megalocephala var. *rotunda*	+	+	·	·
Cephalodella nana (= *C. cuneata*)	·	+	·	·
Cephalodella pachydactyla	+	·	·	·
Cephalodella plicata	·	+	·	·
Cephalodella sterea f. *minor*	+	+	+	·
Cephalodella tachyphora	·	+	·	·
Cephalodella tenuis	·	+	·	·
Cephalodella theodora	·	+	·	·
Cephalodella ventripes	+	+	+	+
Cephalodella F	·	+	·	·
Collotheca ambigua	·	+	·	·
Collotheca mutabilis	+	·	·	·
Colurella adriatica	·	·	·	·
Colurella colurus	+	+	·	·
Colurella denticauda	+	+	·	·
Colurella obtusa	+	+	+	+
Colurella sulcata	+	+	·	·
Colurella uncinata f. *bicuspidata*	+	+	·	·
Colurella uncinata f. *deflexa*	·	+	·	·
Dicranophorus cernuus	+	+	+	·
Dicranophorus epicharis	+	+	·	·
Dicranophorus hercules var. *capucinoides*		+		·
Dicranophorus robustus } *Dicranophorus robustus* var. *europaeus*	+	+	·	
Dissotrocha aculeata		+	·	

TABELLE 2 (Fortsetzung)

	Aufwuchs	*Chara*	*Myrio-phyllum*	Algen-watten
Dorystoma caudata	+	+	·	·
Encentrum mustela	·	+	·	·
Euchlanis alata	+	·	·	·
Euchlanis dilatata	+	+	+	+
Euchlanis mikropous	+	+	·	·
Itura pseudoaurita	·	+	·	·
Keratella cochlearis	+	+	·	·
Lecane bulla	+	+	·	+
Lecane closterocerca	+	+	·	·
Lecane flexilis	+	+	+	+
Lecane furcata	+	+	·	·
Lecane hornemanni	+	+	·	·
Lecane inermis	+	·	·	·
Lecane intrasinuata	+	+	+	·
Lecane levistyla	+	+	·	·
Lecane ludwigi	+	+	·	·
Lecane luna	+	+	·	+
Lecane lunaris	+	+	+	+
Lecane nana	+	·	·	·
Lecane ploenensis	·	+	·	·
Lecane quadridenta	+	·	·	·
Lecane sympoda	+	·	·	·
Lecane tenuiseta	·	·	+	·
Lecane thetis	+	·	·	·
Lecane ungulata	+	·	·	·
Lepadella acuminata	·	+	+	+
Lepadella ehrenbergi	+	+	·	·
Lepadella heterostyla	·	+	·	·
Lepadella ovalis	+	+	+	+
Lepadella patella	+	+	+	+
Lepadella padella subsp. *minor*	+	·	·	·
Lapadella pseudosimilis	·	+	·	·
Lepadella triptera	+	+	·	+
Lindia euchromatica subsp. *europaea*	·	+		·
Lindia torulosa	+	+		·
Lophocharis oxysternon	·	·		·
Macrochaetus subquadratus	·	+		+
Monommata longiseta	+	+		·
Mytilina ventralis	+	+		·
Mytilina ventralis var. brevispina	+	+	·	·
Notholca acuminata	·	+	+	·
Notholca labis	+	+	·	·
Notholca squamula	·	+	·	·
Notommata contorta	+	·	+	·
Notommata copeus	+	·	·	·
Notommata cyrtopus	+	+	+	+

TABELLE 2 (Fortsetzung)

	Aufwuchs	*Chara*	*Myriophyllum*	Algenwatten
Notommata glyphura	·	+	·	·
Notommata omentata	·	+	·	·
Notommata pseudocerberus	+	+	·	·
Notommata tripus	·	+	+	·
Notommata voigti	+	·	·	·
Philodina megalotrocha	·	+	·	·
Philodina roseola	+	+	·	·
Platyias quadricornis	·	+	·	·
Pleurotrocha petromyzon	+	+	+	+
Polyarthra vulgaris	·	·	·	+
Proales decipiens	·	+	·	·
Proales fallaciosa	+	+	+	·
Proales micropus	+	+	·	·
Proales sordida	+	+	·	+
Proalinopsis caudatus	·	+	·	·
Resticula melandocus	·	+	·	·
Resticula nyssa	·	+	·	·
Rotaria rotatoria	+	+	+	·
Scaridium longicaudum	+	+	·	+
Squatinella rostrum	+	·	·	·
Squatinella tridentata var. *mutica*	+	·	·	·
Synchaeta grandis	·	+	·	·
Taphrocampa annulosa	+	+	+	·
Testudinella parva	·	+	·	·
Testudinella parva var. *bidentata*	+	·	·	·
Testudinella patina	+	+	+	+
Testudinella truncata	·	+	·	·
Trichocerca bicristata	·	+	·	·
Trichocerca brachyura	+	+	+	+
Trichocerca cavia	+	·	+	+
Trichocerca iernis	·	+	·	·
Trichocerca intermedia	·	+	·	·
Trichocerca longiseta	+	+	+	+
Trichocerca minuta	·	+	·	·
Trichocerca myersi	+	+	·	·
Trichocerca porcellus	+	+	+	+
Trichocerca pusilla	+	·	·	·
Trichocerca rattus	·	+	·	+
Trichocerca sulcata	+	+	·	·
Trichocerca taurocephala	+	·	·	+
Trichocerca tenuior	·	+	·	·
Trichocerca tigris	+	+	+	+
Trichocerca uncinata	+	+	+	·
Trichotria pocillum	+	+	+	+
Trichotria similis	+	+	·	·
Trichotria tetractis	+	+	·	·
134 Formen	**85**	**106**	**35**	**30**

das häufige Vorkommen von zwei Rotatorien-Arten (*Ptygura*?) in kugeligen *Rivularia*-Kolonien, die im Sommer und Herbst in Mengen sämtlichen Pflanzenteilen verschiedener *Potamogeton*-Arten aufsitzen können.

In einem Falle wurden schwimmende Algenwatten angetroffen, und zwar in der Südwestbucht des Stechlinsees in der Nähe des Abflußkanals. Hier fanden sich 13 Rotatorienarten, darunter in größerer Anzahl *Notommata omentata*; diese Art wurde später nur noch einmal in einem Exemplar in einer Probe aus dem Phytal wieder angetroffen. WULFERT (1939) fand diese Art erstmalig in einem Wiesengraben bei Halle/Saale und später (1960) in sauren Gewässern der Dübener Heide. In der schwimmenden Algenwatte im Stechlinsee war *Notommata omentata* die auffälligste Rotatorienart. Es würde sich lohnen, weiter zu beobachten, ob diese sonst im Stechlinsee so seltene Art bevorzugt schwimmende Algenwatten bewohnt und damit der Hauptvertreter der Rotatorien in diesem Kleinbiotop ist.

Die Untersuchung der Rotatorienfauna an Seerosenblättern (*Nymphaea*) ergab das hier häufige Auftreten von *Mytilina ventralis*, deren Häufigkeit in anderen Litoralproben aus dem Stechlinsee nur mit vereinzelt und selten zu bewerten war. Falls sich das verstärkte Vorkommen dieser Art an Seerosenblättern bestätigen läßt, könnte *Mytilina ventralis* als Hauptvertreter der Rotatorien-Taxozönose der Seerosenblätter bezeichnet werden. MEUCHE (1939) fand die Art nur an geschützten Uferstellen. Offenbar findet *Mytilina ventralis* in Seen nur in stillen, stärker verlandeten Buchten mit der für diese typischen Ufervegetation aus Schwimmblattpflanzen günstige Lebensbedingungen. Die Taxozönose der Seerosenblätter enthielt nur 7 Rotatorienarten, darunter auch *Notommata voigti*, die im übrigen im Stechlinsee nicht beobachtet wurde. Auch diese Art scheint ausgesprochen lenitische Bezirke zu bevorzugen; DONNER (1949) fand sie in krautreichen Teichen.

Potamogeton und *Stratiotes* beherbergten im Stechlinsee nur wenige Rotatorien; sie wurden daher nicht häufiger untersucht. In der *Potamogeton*-Zone ostholsteinischer Seen fand dagegen MÜLLER-LIEBENAU (1960) Rotatorien während der ganzen Vegetationsperiode in großer Arten- und Individuenzahl.

Die *Myriophyllum*-Bestände leiten zu den litoralen Biotopen mit einer reicheren Rotatorien-Taxozönose über. Die Rädertiere erreichen hier aber noch bei weitem nicht die Artenfülle wie im Aufwuchs und in den *Chara*-Wiesen.

Die reiche Rotatorienfauna im Aufwuchs und in den *Chara*-Wiesen wurde am sorgfältigsten untersucht. Ein auffälliger Unterschied der Rotatorien-Taxozönosen in diesen beiden Unterbezirken des Litorals des Stechlinsees war nicht festzustellen. Zwar gibt es Arten, die entweder nur im Aufwuchs oder nur in den *Chara*-Wiesen gefunden wurden, jedoch waren daraus keine Schlüsse zu ziehen. Beide Unterbiotope sind so vielgestaltig und die Probenentnahme aus ihnen bleibt so unzulänglich, daß damit zu rechnen ist, daß in den Einzelproben zahlreiche Arten der Beobachtung entgingen; im Durchschnitt wurden 20 bis 30 Arten in jeder Einzelprobe bestimmt. MEUCHE (1939) fand im Algenbewuchs ostholsteinischer Seen je Fang nicht mehr als 21, im Durchschnitt nur 7,5 Rotatorienarten. Diese Artendichte betrachtet MEUCHE jedoch als besonders hoch, weil sie zweifel-

TABELLE 3

Jahreszeitliche Verteilung und relative Häufigkeit der Rotatorien im Litoral des Stechlinsees (Zeitraum Hochsommer 1959 bis Hochsommer 1961)

	1959					1960											1961					
	VIII	IX	X	XI	XII	I	II	III	IV	V	VI	VII	VIII	IX	X	XI	II	III	IV	V	VII	VIII
Argonotholca foliacea	·	·	2	·	·	3	4	2	3	3	·	·	·	·	·	·	2	2	4	2	·	·
Ascomorpha saltans	·	·	·	·	·	·	·	·	·	·	·	2	·	·	·	·	·	·	·	·	·	·
Aspelta aper	·	·	2	·	·	·	·	·	·	·	·	·	·	·	·	·	·	·	·	·	·	·
Aspelta circinator	·	2	·	·	·	·	·	·	·	·	·	·	·	·	·	·	·	·	·	·	·	·
Cephalodella apocolea	·	2	·	3	·	2	·	·	2	2	·	2	·	·	·	2	2	2	2	2	·	·
Cephalodella auriculata	3	3	2	2	2	2	·	·	2	3	3	2	2	2	·	·	·	2	2	2	·	2
Cephalodella catellina	·	·	2	·	2	·	·	·	·	2	·	·	·	2	·	·	·	·	·	·	·	·
Cephalodella eva	2	2	2	2	2	2	·	2	2	2	2	3	2	2	2	2	2	3	·	2	2	2
Cephalodella forficula	2	2	2	3	2	3	·	2	2	2	3	3	3	·	2	·	2	·	2	·	2	2
Cephalodella gibba	·	2	2	2	3	2	·	·	2	2	2	2	·	·	2	·	2	·	5	2	2	·
Cephalodella gibba subsp. *microdactyla*	·	·	·	·	·	·			3	2	2	·	·	·	·	·	2	3	·	·	·	
Cephalodella gigantea	·	·	·	·	·	·			·	·	·	·	·	·	·	·	·	·	·	·	2	
Cephalodella glandulosa	·	·	·	·	·	·			·	·	·	·	2	·	2	·	·	·	·	3	·	
Cephalodella gracilis	2	2	2	2	2	2 ?			2	2	·	2	·	·	·	·	·	·	·	·	·	
Cephalodella hoodi	·	·	·	·	·	2 ?			·	·	·	3	·	·	2	·	2	2	2	2	·	
Cephalodella incila ?	·	·	·	·	·	·			·	·	·	·	·	·	·	·	·	2	·	·	·	
Cephalodella limosa	·	·	·	·	·	·			·	·	·	2	·	·	·	·	·	·	·	·	·	
Cephalodella megalocephala var. *rotunda*	·	·	·	·	2	·		·	2	2	·	·	·	·	2	2	·	2	2	2		2
Cephalodella nana (= *C. cuneata*)	·	·	·	·	·	·		2	·	·	·	·	·	·	·	·	·	·	·	·		·
Cephalodella pachydactyla	·	·	·	·	·	·		·	·	·	·	2	·	·	·	·	·	·	·	·		·
Cephalodella plicata	·	·	·	·	·	·		·	·	·	·	·	·	·	·	·	·	·	·	·		2 ?
Cephalodella sterea f. *minor*	2	·	2	2	2	2		·	·	·	·	·	2	·	·	·	·	·	·	·		·
Cephalodella tachyphora	·	·	·	·	·	·		·	·	·	·	·	·	·	·	·	·	2	·	·		·
Cephalodella tenuis	·	·	·	·	·	·		·	·	·	2	·	·	·	·	·	·	·	·	·		·
Cephalodella theodora	·	·	·	·	·	2		·	2	·	·	·	·	·	·	·	·	·	·	·		·
Cephalodella ventripes	2	3	3	2	·	2		2	3	2	3	2	4	2	2	2	2	2	2	2		·
Cephalodella F	·	·	·	·	·	·		·	·	·	·	·	·	·	·	2	·	·	·	·		·
Collotheca ambigua	·	·	·	·	·	2		·	·	·	·	·	·	·	·	·	·	·	·	·		·
Collotheca mutabilis	·	2	·	·	·	·		·	·	·	·	·	·	·	·	·	·	·	·	·		·

Colurella adriatica	·	·	·	2	2	2	2	2	2	·	·	·	·	·	·	2	2	2	3	2	·	·
Colurella colurus	·	2	2	·	·	·	·	·	·	·	·	2	·	·	·	·	·	·	·	·	·	·
Colurella denticauda	·	2	·	·	·	·	·	·	·	·	·	2	2	·	2	·	·	·	2	·	·	·
Colurella obtusa	2	·	2	2	·	2	2	·	2	2	5	2	2	2	2	2	·	2	2	2	2	2
Colurella sulcata	2	2	·	·	·	·	·	·	·	·	·	2	3	·	·	·	·	·	·	·	·	2
Colurella uncinata f. *bicuspidata*	3	3	2	·	2	·	·	·	2	3	5	3	2	4	2	·	·	·	·	·	2	2
Colurella uncinata f. *deflexa*	·	·	·	·	·	·	·	·	·	·	·	·	·	·	·	·	·	·	·	·	2	·
Dicranophorus cernuus	·	·	·	·	·	·	·	·	2	·	·	2	·	·	·	·	·	·	·	2	2	·
Dicranophorus epicharis	2	3	2	2	·	·	·	·	·	·	2	2	2	·	·	·	·	·	·	·	2	2
Dicranophorus hercules var. *capucinoides*	·	2	2		·	·						2			·	·	·					
Dicranophorus robustus / *Dicranophorus robustus* var. *europaeus*	2	2			·	·						2	2		·	·	·				4	
Dissotrocha aculeata	·	2	·	·	·	·		·	·	·	·	2	2	·	·	·	·	·	·	·	·	·
Dorystoma caudata	·	·	2	·	·	·		·	2	·	·	·	·	·	·	·	·	·	·	·	·	·
Encentrum mustela	·	·	·	·	·	·		·	2	·	·	·	·	·	·	·	·	2	·	·	·	·
Euchlanis alata	·	·	·	2	3	·		·	·	·	·	·	·	·	·	·	·	·	·	·	·	·
Euchlanis dilatata	3	2	2	2	2	·		·	·	2	2	2	·	·	·	·	·	·	·	·	·	·
Euchlanis mikropous	·	·	·	·	·	·		·	·	2	·	·	·	·	·	·	·	·	·	·	·	·
Itura pseudoaurita	·	·	·	·	·	·		·	·	·	·	·	2	·	·	·	·	·	·	·	·	·
Keratella cochlearis	·	·	·	2	·	·		·	·	·	·	2	·	·	·	·	·	·	2	·	·	·
Lecane bulla	2	2	·	·	·	·		·	·	·	·	3	2	2	2	·	·	·	·	·	·	2
Lecane closterocerca	·	2	2	2	·	2		·	2	·	2	2	2	2	2	2	2	2	·	·	2	2
Lecane flexilis	·	3	2	·	·	3		2	2	2	3	2	3	2	3	2	2	2	3	2	2	2
Lecane furcata	·	2	·	·	·	·		·	·	·	·	·	2	·	2	2	·	·	·	·	·	·
Lecane hornemanni	·	·	·	·	·	2		2	·	·	·	·	·	·	·	·	·	2	·	·	·	·
Lecane inermis	·	·	2	·	·	2		·	·	·	·	·	·	·	·	·	·	·	·	·	·	·
Lecane intrasinuata	·	·	2	3	·	2		·	2	·	2	·	·	·	·	2 ?	·	·	·	·	·	2
Lecane levistyla	·	·	·	·	·	·		·	·	2	2	·	·	·	·	·	·	2	·	·	·	·
Lecane ludwigi	2	·	·	·	·	·		·	·	·	·	·	2	·	·	·	·	·	·	·	·	·
Lecane luna	3	3	4	2	·	·		·	·	2	3	3	5	3	2	·	·	·	2	·	2	2
Lecane lunaris	2	2	3	2	2	2		2	3	3	3	2	2	2	2	2	2	2	2	·	2	2
Lecane nana	·	2	·	·	·	·		·	·	·	·	·	·	·	·	·	·	·	·	·	·	·
Lecane ploenensis	·	·	2	·	·	·		·	·	·	·	2	·	·	·	·	·	·	·	·	·	·
Lecane quadridentata	2	·	·	·	·	·		·	·	·	·	·	·	·	·	·	·	·	·	·	·	·
Lecane sympoda	·	·	·	·	·	·		·	·	·	2	2	·	2 ?	·	·	·	·	·	·	·	·
Lecane tenuiseta	·	·	·	·	·	2		·	·	·	·	·	·	·	·	·	·	·	·	·	·	·
Lecane thetis	2	2	·	·	·	·		·	·	·	·	·	·	·	·	·	·	·	·	·	·	·

TABELLE 3 (Fortsetzung)

	1959					1960											1961					
	VIII	IX	X	XI	XII	I	II	III	IV	V	VI	VII	VIII	IX	X	XI	II	III	IV	V	VII	VIII
Lecane ungulata	.	2	.	.	2	.	.	.	2	2	2	.	.	.	.	.	.	.	.	.	.	.
Lepadella acuminata	.	.	.	2	.	2	2	.	.	2	2	.	2	4	.	.	.	3	.	.	.	.
Lepadella ehrenbergi	.	2	2	.	.	.	.	.	.	.	2	2	3	2	.	.	.	.	.	.	.	2
Lepadella heterostyla	.	.	.	.	.	.	.	.	.	.	.	2	.	.	.	.	.	.	.	.	.	.
Lepadella ovalis	2	2	3	2	3	.	2	.	2	.	4	2	2	4	3	2	2	.	3	2	2	2
Lepadella patella	3	3	2	2	4	2	2	3	4	3	.	4	3	4	4	2	2	3	3	2	2	2
Lepadella patella subsp. *minor*	.	.	2	.	.	.	.	.	.	.	.	.	.	.	.	.	.	.	.	.	.	.
Lepadella pseudosimilis	.	.	.	.	.	.	.	.	.	.	.	.	.	.	.	.	.	.	2	.	.	.
Lepadella triptera	3	2	.	.	.	.	2	.	2	.	2	4	2	2	.	.	.	2	2	2	2	2
Lindia euchromatica subsp. *europaea*	.	.	.		.				.			2	.	.	.	.	.				2	2
Lindia torulosa	.	.	.		.				.			.	2	2	.	.	.				.	.
Lophocharis oxysternon	.	.	.		.				.			.	.	.	.	.	.				.	.
Macrochaetus subquadratus	.	.	.		.				.			2	2	2	.	.	.				.	.
Monommata longiseta	2	3	2		.				2			.	.	.	.	.	.				.	.
Mytilina ventralis	2	.	.		.				.			.	2	4	.	.	.				.	.
Mytilina ventralis var. *brevispina*	2	2	.	.	.	.	.	.	.	2	4	4	2	.	.	.	.	.	.	2 ?	2	2
Notholca acuminata	.	.	.	.	.	2	.	.	3	.	.	.	.	.	.	.	.	2	2	2	.	.
Notholca labis	.	.	.	.	.	2	2	3	3	3	.	.	.	.	.	.	.	.	2	.	.	.
Notholca squamula	.	.	.	.	.	.	2	.	2	.	.	.	.	.	.	.	.	.	.	.	.	.
Notommata contorta	.	.	.	2	.	.	.	.	.	.	2	.	.	.	.	.	.	.	.	.	.	.
Notommata copeus	.	2	.	.	.	.	.	.	.	.	.	.	.	.	.	.	.	.	.	.	2	.
Notommata cyrtopus	.	.	3	.	2	.	.	.	2	3	2	2	.	.	.	2	2	2	.	2	.	.
Notommata glyphura	.	.	.	.	.	.	.	.	.	.	.	.	.	.	.	.	.	.	.	.	2	2
Notommata omentata	4	.	.	.	.	.	.	.	.	.	.	.	.	.	.	.	2	.	.	.	.	.
Notommata pseudocerberus	2	2	2	2	.	.	.	.	.	.	2	.	2	2	.	.	2	.	.	.	2	.
Notommata tripus	.	.	2	.	.	.	.	.	.	.	.	.	.	.	.	.	.	.	.	.	.	.
Notommata voigti	.	.	.		.	.	.	.	.	.	.	.	.	2	.	.	.	.	.	.	.	.
Philodina megalotrocha	2	.	.	.	.	.	.	.	.	.	.	.	.	.	.	.	.	.	.	.	.	.
Philodina roseola	.	.	.	.	.	2	2	2	2	.	.	3	3	.	.	.	2	2	2	.	.	.
Platyias quadricornis	.	.	.	.	.	.	.	.	.	.	.	2	.	.	.	.	.	.	.	.	.	.
Pleurotrocha petromyzon	.	2	2	2	2	2	.	.	.	.	.	2	2	.	2	.	2	2	2	2	2	.
Polyarthra vulgaris	.	.	.	.	.	.	.	.	.	.	.	2	.	.	.	.	.	.	.	.	.	.

Proales decipiens	2	3	·	·	·	2	·	3 ?	·	·	·	2	·	2	2	·	·	2	·	·	·
Proales fallaciosa	·	2	·	·	·	2	·	2	·	·	·	2	·	·	·	3	2	2	2	2	·
Proales micopus	·	·	·	·	·	·	·	·	·	·	2	2	·	·	·	·	·	·	·	·	·
Proales sordida	2	2	·	2	·	·	·	3 ?	·	·	·	2	·	·	·	·	·	·	·	·	·
Proalinopsis caudatus	·	·	·	·	·	·	·	·	·	·	·	·	·	·	·	2 ?	·	·	·	·	·
Resticula melandocus	·	·	·	·	·	·	·	·	·	·	2	2	·	·	·	·	·	·	·	·	·
Resticula nyssa	·	·	·	·	·	·	·	·	2	2	·	·	·	·	·	·	·	·	·	·	·
Rotaria rotatoria	2	2	2	2	·	2	·	·	·	2	2	2	2	·	·	·	2	2	·	·	·
Scaridium longicaudum	2	2	2	·	·	·	·	·	·	3	2	2	2	2	·	·	·	·	·	2	2
Squatinella rostrum	·	2	·	·	·	·	·	·	·	·	2	·	·	·	·	·	·	·	·	·	·
Squatinella tridentata var. *mutica*	·	2	·	·	·	·	·	·	·	·	·	·	·	·	·	·	·	·	·	·	·
Synchaeta grandis	·	·	·	·	·	2	·	·	·	·	·	·	·	·	·	·	·	·	·	·	·
Taphrocampa annulosa	·	2	·	2	·	·	·	·	·	2	2	2	·	·	·	·	·	·	2	2	2
Testudinella parva	·	·	·	2	·	·	·	·	·	·	·	2	·	·	·	·	·	·	·	·	·
Testudinella parva var. *bidentata*	·	3	2	·	·	·	·	·	2	·	·	·	·	·	·	·	·	·	·	·	·
Testudinella patina	3	3	3	·	·	·	·	·	·	3	4	3	3	·	2	·	·	2	·	2	2
Testudinella truncata	·	·	·	·	·	·	·	·	·	·	·	2	·	·	·	2	·	·	·	·	·
Trichocerca bicristata	·	·	3	2	·	·	·	·	·	·	·	·	·	·	2	·	·	·	·	·	·
Trichocerca brachyura	2	2	2	2	4	3	2	2	4	3	4	3	2	2	·	2	3	2	2	·	2
Trichocerca cavia	·	2	2	·	·	·	·	·	·	·	2	·	·	·	2	·	·	·	·	·	2
Trichocerca iernis	·	·	·	·	·	·	·	·	·	·	·	·	·	·	·	2	·	·	·	2	·
Trichocerca intermedia	·	·	·	·	·	·	·	·	·	·	·	·	·	·	2	·	·	·	·	·	·
Trichocerca longiseta	2	·	2	·	2	2	·	·	·	·	·	·	·	·	2	·	·	·	·	2	·
Trichocerca minuta	·	·	·	·	·	·	·	·	·	·	·	·	·	4	·	·	·	·	·	·	·
Trichocerca myersi	·	2	·	·	·	·	·	·	·	2	2	3	2	·	·	·	·	·	·	·	·
Trichocerca porcellus	·	2	4	3	2	3	2	2	2	·	2	2	2	2	2	3	2	2	·	2	·
Trichocerca pusilla	·	2	·	·	·	·	·	·	·	·	·	·	·	·	·	·	·	·	·	·	·
Trichocerca rattus	·	·	2	·	·	2	2	·	2	·	2	2	2	·	·	·	·	·	·	·	·
Trichocerca sulcata	·	2	2	·	·	·	·	·	·	·	·	·	·	·	·	·	·	2	·	·	·
Trichocerca taurocephala	3	·	·	·	·	·	·	·	·	2	2	·	·	·	·	·	·	·	·	·	·
Trichocerca tenuior	·	·	·	·	·	·	·	·	·	·	·	·	2	·	·	·	2	2	·	·	·
Trichocerca tigris	·	·	·	·	·	2	·	2	·	2	2	2	·	2	·	·	·	·	·	·	2
Trichocerca uncinata	·	·	·	·	3	4	2	2	2	·	·	·	·	·	·	2	2	2	·	·	·
Trichotria pocillum	·	2	2	3	2	3	2	2	5	2	2	2	2	2	2	2	2	2	2	2	2
Trichotria similis	2	2	·	2 ?	2 ?	·	·	·	2	2	2	2	·	2	·	·	·	·	·	2	2
Trichotria tetractis	·	·	·	2 ?	2 ?	2	·	2	·	·	·	2	·	·	·	·	2	·	·	·	·

los die höchste Dichte aller im Bewuchs angetroffenen Tiergruppen war. Dieser Vergleich mit den überwiegend eutrophen Seen Ostholsteins mag zeigen, um wieviel größer die Artendichte der Rädertiere in dem oligotrophen Stechlinsee ist.

In der Tabelle 3 sind jahreszeitliche Verteilung und relative Häufigkeit der Rotatorien im Litoral des Stechlinsees für den Zeitraum vom Hochsommer 1959 bis zum Hochsommer 1961 wiedergegeben. In dieser Tabelle sind die Ergebnisse der Einzelproben innerhalb jedes Monats zusammengefaßt; die Daten für II/1960 und III/1960 sind lückenhaft, da aus diesen beiden Monaten nur je eine Einzeluntersuchung vorliegt. Wegen des großen Unsicherheitsfaktors bei der Erfassung der Formen können die Häufigkeitsangaben der Tabelle 3 ganz allgemein nur mit Einschränkung betrachtet werden; von einer Unterscheidung der Stufen 1 = selten und 2 = vereinzelt mußte überhaupt abgesehen werden und für beide Häufigkeitsstufen wurde die Ziffer 2 verwendet.

Die größte Artenfülle der litoralen Rotatorien scheint in den Monaten Juli bis Oktober vorzuliegen. Im November/Dezember nimmt die Anzahl ab, scheint jedoch im Januar bereits wieder anzusteigen. Es gelang nicht, eine eindeutige Beziehung zwischen dem Jahresgang der Temperatur und der Artenfülle der litoralen Rotatorien im Stechlinsee herzustellen.

Lepadella patella perenniert im Stechlinsee. Die Art war in den Proben oft häufig, ließ aber keinen regelmäßigen Turnus ihres Auftretens erkennen. Zu den Hauptvertretern der litoralen Rotatorien, die fast das ganze Jahr hindurch gefunden wurden, gehören ferner *Lecane flexilis*, *Lecane lunaris*, *Lepadella ovalis*, *Trichocerca brachyura*, *Trichocerca porcellus* und *Trichotria pocillum*. Bei allen handelt es sich um weit verbreitete Arten, deren Auftreten keine besonderen Schlüsse zuläßt. Zu diesem Stamm der häufigsten litoralen Rotatorien gesellen sich oft *Cephalodella apocolea*, *Cephalodella gibba*, *Lecane closterocerca* und *Pleurotrocha petromyzon*, ferner vom Frühjahr bis zum Herbst *Lecane luna* und *Lepadella triptera* sowie im Winterhalbjahr *Colurella adriatica*. Eine Beschränkung auf die Sommermonate zeigten *Dicranophorus epicharis* und *Dicranophorus robustus* var. *europaeus*. *Encentrum mustela* wurde in den Monaten März und April angetroffen. Für die übrigen litoralen Arten war noch keine Gesetzmäßigkeit ihres jahreszeitlichen Auftretens zu erkennen.

Wie aus Tabelle 3 ersichtlich, fanden sich in einzelnen Fällen auch planktische Rotatorien hin und wieder in den Proben aus dem Litoral, so die Arten *Ascomorpha saltans*, *Collotheca mutabilis*, *Keratella cochlearis*, *Polyarthra vulgaris* und *Synchaeta grandis*.

Unter den in den 77 Einzelproben aus dem Litoral (ohne Psammal) des Stechlinsees nachgewiesenen 129 eulitoralen und 5 tycholitoralen Formen zuzüglich 3 bereits früher (KOCH-ALTHAUS 1962a) aus dem Psammal beschriebener neuer Arten befinden sich 6 neue Species, 3 vermutlich neue Species, 3 neue Subspecies und eine noch ungeklärt gebliebene Form, die vermutlich eine neue Species darstellt. Darüberhinaus ist der Stechlinsee für *Colurella denticauda*, *Dicranophorus cernuus*, *Lecane thetis* und *Trichocerca minuta* der erste mitteleuropäische, für *Cephalodella tachyphora* der erste deutsche Fundort.

C. Systematischer Teil

1. Vorbemerkungen

Die für die vorliegende Veröffentlichung geleistete Hauptarbeit war systematisch-taxonomischer Art. Wegen der Schwierigkeiten einer eindeutigen Bestimmung vieler Arten wird im folgenden systematischen Teil für jede nachgewiesene Art eine Beschreibung gegeben, in der wenigstens die Maße des Tieres angegeben sind. Ferner wird die Literatur angegeben, die der Bestimmung der Art zugrunde liegt.

Soweit die betreffende Art von WULFERT in sauren Gewässern nachgewiesen wurde, wird auch die Arbeit dieses Autors zitiert, in der die betreffende Species erwähnt oder beschrieben ist.

Die Angaben zur Verbreitung der einzelnen Arten sind der einschlägigen Literatur entnommen; für den Stechlinsee selbst ergeben sich die Daten für das Auftreten im Plankton oder in den 4 durch verschiedene Pflanzenbestände charakterisierten Unterbezirken des Litorals sowie die jahreszeitliche Verteilung der Formen aus den Tabellen 1 bis 3 im ökologischen Teil dieser Arbeit.

Die Rotatorienarten sind wie in den Tabellen in alphabetischer Reihenfolge aufgeführt. Soweit es die Seltenheit oder die Besonderheit einer Art wünschenswert erscheinen ließ, ist die Beschreibung ausführlicher gehalten und durch Abbildungen erläutert.

Auf den Abschnitt mit der Einzelbeschreibung der 159 Arten und Formen aus dem Stechlinsee folgt eine wiederum alphabetisch angeordnete Gesamtliste der Arten und Formen, in der auch Hinweise auf Seitenzahl und Abbildungsnummer der Einzelbeschreibung gegeben sind sowie Angaben über das Auftreten der betreffenden Art im Plankton bzw. im Litoral des Stechlinsees.

2. Die einzelnen Rotatorienarten

1. *Argonotholca foliacea* (EHRBG.), 1838

Maße: Lg. total 183 μ; Br. 72 μ; vordere Dornlg. 22 μ; hintere Dornlg. 20 μ.
Literatur: VOIGT (1957).
Verbreitung: Im Plankton und in der Uferregion von Seen und Teichen. Kosmopolit.

2. *Ascormorpha ecaudis* PERTY, 1850

Maße: Lg. 160 μ; Kauerlg. 27 μ; Rami 13 μ; Fulcrum etwa 14 μ; Manubria 17 μ.
Literatur: VOIGT (1957), WULFERT (1960b).
Verbreitung: Im See- und Teichplankton, auch in Moorgewässern. Kosmopolit.

3. *Ascormorpha saltans* BARTSCH, 1870 (Abb. 3a—b)

Maße: Lg. 114 μ; Br. 59 μ; Kauerlg. 21 μ; Ramus 13 μ; Fulcrum 14 μ; Manubria 14 μ; Unci 7 μ.
Literatur: VOIGT (1957), WULFERT (1960b).
Verbreitung: Im See- und Teichplankton, auch in Moorgewässern. Kosmopolit.

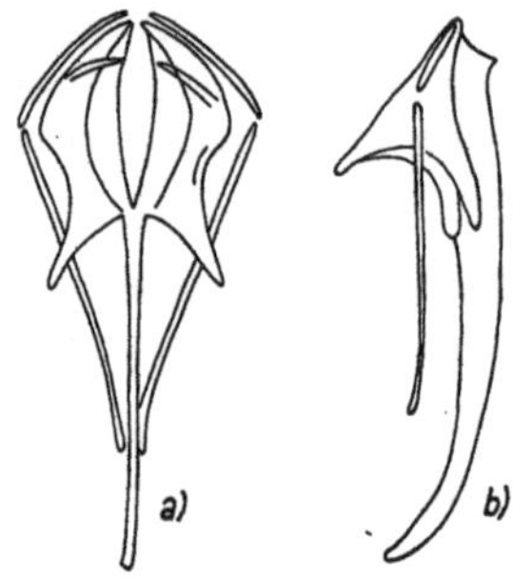

Abb. 3. *Ascomorpha saltans* BARTSCH
a) Kauer, Aufsicht;
b) Kauer, Lateralansicht.

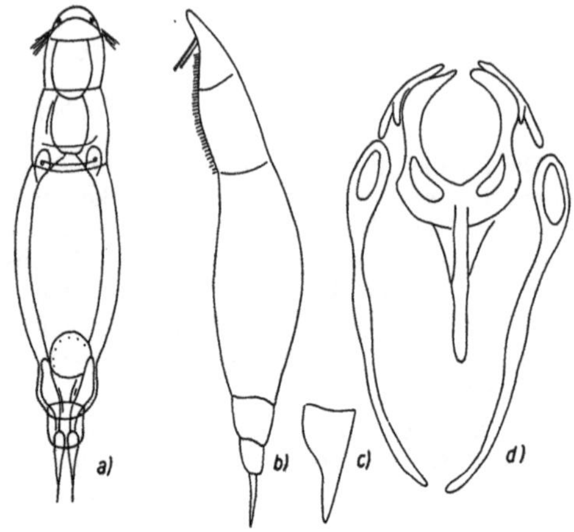

Abb. 4. *Aspelta aper* HARRING
a) Aufsicht; b) Lateralansicht;
c) Fulcrum, seitlich; d) Kauer, Aufsicht.

4. *Aspelta aper* (HARRING), 1913 (Abb. 4a–d)

Maße: Lg. total etwa 250 μ; Zehenlg. etwa 35 μ; Kauerlg. 35 μ; Fulcrum 7 μ; Manubria 26 μ; Rami etwa 12 μ; Intramallei 8 μ.

Literatur: VOIGT (1957), WULFERT (1961).

Bemerkungen: WULFERT (1961) beschreibt den Kauer als leicht asymmetrisch. Eine Lamelle am linken Ramus wurde bei dem Kauer des Tieres aus dem Stechlinsee nicht eingezeichnet; auch erscheint der rechte Uncus gegabelt, im Gegensatz zum einfachen Uncus der WULFERTschen Tiere. Der Fund aus dem Stechlinsee gleicht im Kauerbau dem amerikanischen Tier.

Verbreitung: In Deutschland von WULFERT in sauren Gewässern vereinzelt gefunden. (Spreewald, Dübener Heide); sonst nur aus Nordamerika bekannt.

5. *Aspelta circinator* (GOSSE), 1886

Maße nach VOIGT (1957): Lg. total 200–290 μ; Zehenlg. 30–36 μ.

Literatur: VOIGT (1957).

Verbreitung: Im Litoral von Seen und Teichen. Kosmopolit.

6. *Asplanchna priodonta* GOSSE, 1850

Maße: Lg. 495–555 μ; Rami 58 μ; Fulcrum 15 μ.

Literatur: VOIGT (1957), WULFERT (1956).

Verbreitung: Im See- und Teichplankton, auch in saurem Wasser, Kosmopolit.

7. *Cephalodella apocolea* HARRING & MYERS, 1924 (Abb. 5a—b)

Maße: Lg. total etwa 165 μ; Zehenlg. etwa 50 μ; Kauerlg. 29 μ; Fulcrum 12—15 μ; Manubria 19 μ.

Literatur: HARRING & MYERS (1924), VOIGT (1957), WULFERT (1940).

Verbreitung: In Nordamerika in krautigen Teichen häufig; in Deutschland hauptsächlich in sauren Gewässern vorkommend, nicht verbreitet.

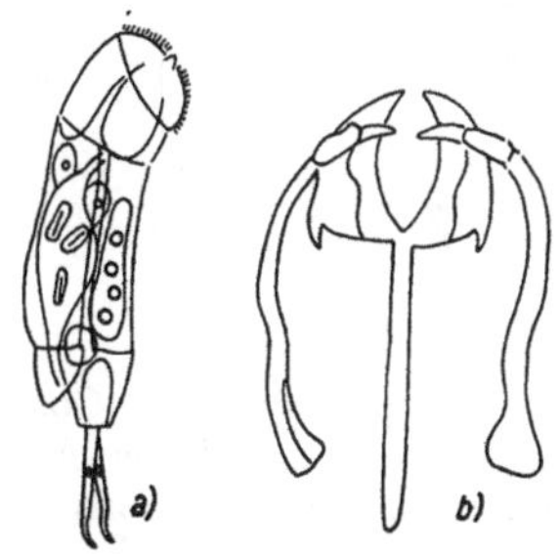

Abb. 5. *Cephalodella apocolea* HARRING & MYERS
a) Lateralansicht; b) Kauer, Aufsicht.

8. *Cephalodella auriculata* (O. F. MÜLLER), 1773

Maße nach WULFERT (1937): Lg. total 140—155 μ; Zehenlg. 25—28 μ; Kauer 36 μ; Fulcrum 26 μ; Rami 10 μ; Manubria 16 μ.

Literatur: VOIGT (1957), WULFERT (1937).

Verbreitung: Zwischen Pflanzen in Seen, Teichen und Tümpeln. Kosmopolit.

9. *Cephalodella catellina* (O. F. MÜLLER), 1786

Maße nach WULFERT (1937): Lg. total 105—165 μ; Zehenlg. 18—25 μ; Kauer 37—45 μ.

Literatur: VOIGT (1957), WULFERT (1937).

Verbreitung: In größeren und kleineren Gewässern zwischen Pflanzen, auch in saurem Wasser. Kosmopolit.

10. *Cephalodella eva* (GOSSE), 1886 (Abb. 6a—f)

Maße: Lg. total etwa 210 μ; Zehenlg. etwa 65 μ; Kauer 28 μ; Manubria 23 μ; Fulcrum 19 μ; rechter Uncus 11 μ.

Literatur: VOIGT (1957).

Verbreitung: Im Litoral größerer und kleinerer Gewässer, auch im Moor.

11. *Cephalodella forficula* (EHRBG.), 1832

Maße nach WULFERT (1937): Lg. total 300—375 μ; Zehenlg. 80—90 μ; Kauer 45 μ; Fucrum 24—26 μ; Rami 21 μ; Manubria 28—31 μ.

Literatur: VOIGT (1957), WULFERT (1937, 1960b, 1961).

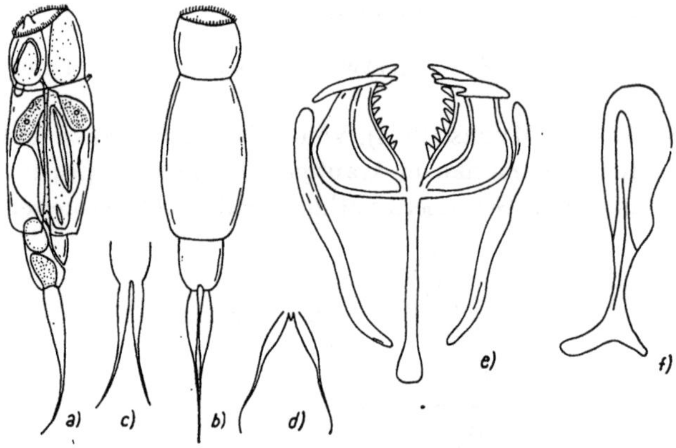

Abb. 6. *Cephalodella eva* (GOSSE)
a) Lateralansicht; b) Aufsicht; c) und d) verschiedene Zehenhaltungen; e) Kauer, Aufsicht; f) Manubrium, seitlich.

Verbreitung: Zwischen Pflanzen stehender und fließender Gewässer, auch in saurem Wasser. Kosmopolit.

12. *Cephalodella gibba* (EHRBG.), 1832

Maße nach WULFERT (1937): Lg. total 300 μ; Zehenlg. 75 μ; Kauer 50 μ.
Literatur: VOIGT (1957), WULFERT (1937, 1956, 1960b, 1961).
Verbreitung: In größeren und kleineren Gewässern zwischen Pflanzen, auch im Moor. Kosmopolit.

13. *Cephalodella gibba* (EHRBG.), 1832 subsp. *microdactyla* n. subsp. (Abb. 7a–d)

Maße: Lg. total 225–265 μ; Zehenlg. 55–60 μ; Kauer 50–52 μ; Fulcrum 30–32 μ; Rami 17–20 μ; Manubria 31–32 μ; Unci 17 μ.

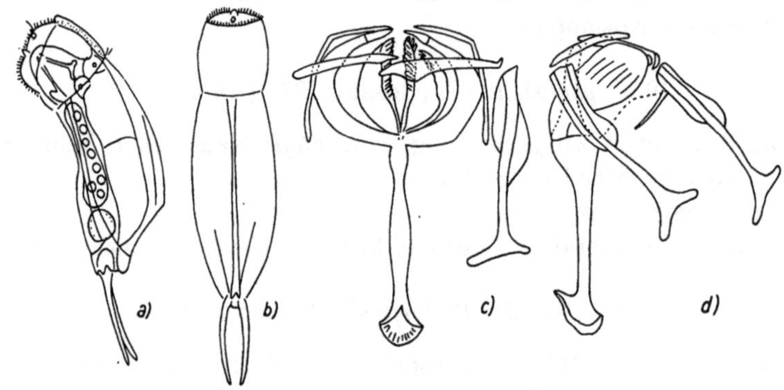

Abb. 7. *Cephalodella gibba* subsp. *microdactyla* n. subsp.
a) Lateralansicht; b) Aufsicht; c) Kauer, Aufsicht; d) Kauer, Lateralansicht.

Literatur: VOIGT (1957), WULFERT (1937).

Beschreibung: Diese Form war sehr schwer zu bestimmen. In ihren Maßen weicht sie von der typischen *C. gibba* erheblich ab. Sie ist durchschnittlich kleiner, und die Zehen sind kürzer. Der sehr komplizierte Kauer hat an jeder Seite einen Pleuralstab. An der rechten Seite des Ramus sitzt ein Fächer, der am Grunde des Fulcrums einmündet. Äußerlich hat die *Cephalodella* Ähnlichkeit mit *C. graciosa* WULFERT, sie gehört aber auf Grund der Kauerausbildung zu *C. gibba*. Wegen der Kurzzehigkeit gebe ich den Unterartnamen *C. microdactyla*.

Verbreitung: Im Litoral des Stechlinsees häufig.

14. *Cephalodella gigantea* REMANE, 1933 (Abb. 8a—g)

Maße: Lg. total etwa 500 μ; Zehenlg. 200 μ; Kauer etwa 74 μ; Fulcrum 31 μ; Rami 36 μ; Manubria 48 μ; Uncus 29 μ.

Literatur: VOIGT (1957), WULFERT (1937).

Bemerkungen: Auf der Abbildung 8a ist das Tier etwas kontrahiert dargestellt. Die mit × versehenen Kauerteile (Abb. 8e) sind aus dem Gedächtnis nachgetragen worden. Das Exemplar aus dem Stechlinsee ist kleiner als die bisher gefundenen Tiere dieser Art.

Verbreitung: Bisher nur im Faulschlamm eines Teiches bei Kiel und in einem Wiesengraben bei Halle gefunden; selten. Das Vorkommen in einem oligotrophen See ist bemerkenswert; allerdings entstammte *C. gigantea* einer Probe aus der flachen Neuglobsower Bucht, in der im Sommer starker Badebetrieb herrscht.

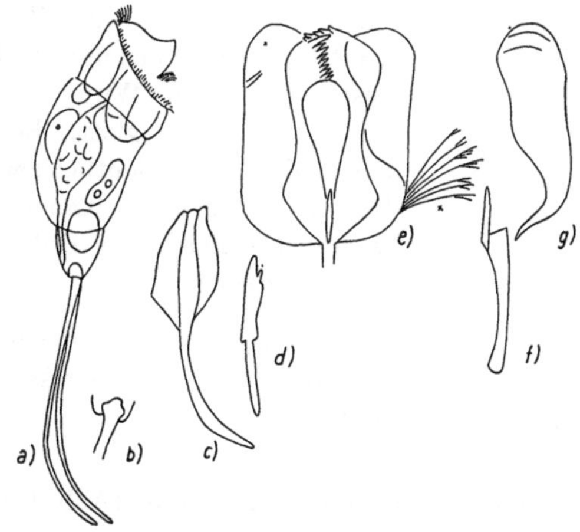

Abb. 8. *Cephalodella gigantea* REMANE
a) Lateralansicht; b) Zehenansatz; c) Manubrium, seitlich; d) Uncus; e) Rami, Aufsicht; f) Fulcrum, seitlich; g) Teil des Ramus.

15. *Cephalodella glandulosa* Koch-Althaus, 1962

Maße: Lg. total 190—220 μ; Zehenlg. 29—30 μ; Kauer 27—31 μ; Fulcrum 14—16 μ; Rami 11—16 μ; Manubria: rechts 13—17 μ; links 14—19 μ.
Literatur: Koch-Althaus (1962a).

16. *Cephalodella gracilis* (Ehrbg.), 1832

Maße: Lg. total 138—143 μ; Zehenlg. 25—27 μ; Kauer 23—24 μ; Fulcrum 15 μ; Manubria 15 μ.
Literatur: Voigt (1957), Wulfert (1937, 1956, 1960a, 1960b).
Verbreitung: Zwischen Pflanzen in größeren und kleineren Gewässern, auch in saurem Wasser. Kosmopolit.

17. *Cephalodella hoodi* (Gosse), 1886 = *C. remanei* Wiszn., 1934

Maße: Lg. total 143 μ; Zehenlg. 38 μ; Kauer 27 μ; Fulcrum 15 μ; Manubria 17 μ.
Literatur: Althaus (1956/57), Voigt (1957).
Verbreitung: Zwischen Pflanzen im Süßwasser. Kosmopolit.

18. *Cephalodella incila* Wulfert, 1937 ? (Abb. 9a—b)

Maße: Körperlg. 72 μ; Zehenlg. 31 μ; Kauer 24 μ; Fulcrum 15 μ; Manubria 15 μ.
Literatur: Voigt (1957), Wulfert (1937, 1942, 1960a, 1960b).

Bemerkungen: Die Bestimmung dieser Art ist unsicher. Wulfert (1937) bildet bei der Neubeschreibung einen Kauer ab, dessen Rami gezähnt erscheinen; er sagt darüber, daß der Innenrand der Rami „am Zangenschlußbein gestreift" ist. Bei allen übrigen Kauerabbildungen dieser Art (siehe Wulfert 1942, 1960a) erscheinen die Rami glatt. Bei dem Stechlinseefund sind die Rami deutlich gezähnt; dies geht aus der unvollkommenen Kauerabbildung (Abb. 9b) hervor. Die Zeichnung bedarf der Überprüfung und Ergänzung.

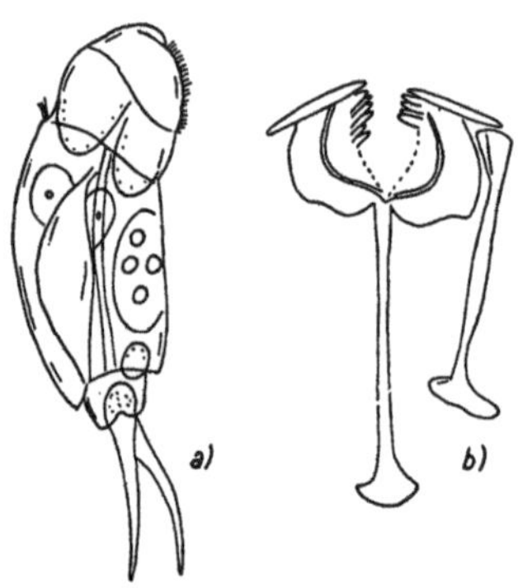

Abb. 9.
Cephalodella incila Wulfert ?
a) Lateralansicht;
b) Kauer, Aufsicht.

Verbreitung: Bisher auf Schlammboden gefunden, auch in sauren Gewässern, Mitteldeutschland.

19. *Cephalodella limosa* Wulfert, 1937 (Abb. 10a—d)

Maße: Lg. total 125—172 μ; Zehenlg. 33 μ; Kauer 20 μ; Fulcrum 13 μ; Rami 6 μ; Manubria 15 μ.
Literatur: Voigt (1957), Wulfert (1937).

Bemerkungen: Die Bestimmung des vorliegenden Tieres ist schwierig, da es mehrere sehr ähnliche Arten gibt (*C. tenuior*, *C. rotunda*, *C. intuta* und *C. limosa*). Den Fund aus dem Stechlinsee rechne ich zum Formenkreis der *C. limosa*. Die Exemplare waren zum Teil größer als WULFERT angibt (130—160 μ nach WULFERT 1932); die übrigen Maßangaben entsprechen sich gut. Augenflecke wurden nicht gesehen. Der Magendarm war grün-braun gefärbt. WULFERT schreibt: „Das Tier ist durchsichtig und meistens gänzlich ungefärbt." Der Schwanzanhang ist groß und bedeckt den Fuß. 4 Speicheldrüsen wurden gut gesehen. Taster an der Nackenfalte. Zehen leicht dorsalwärts gebogen. 8 Dotterstockkerne. Kauer klein, Rami ohne Alulae, Fulcrum lang und am Ende verbreitert, Manubria mit zwei Lamellen versehen, die etwas anders als bei

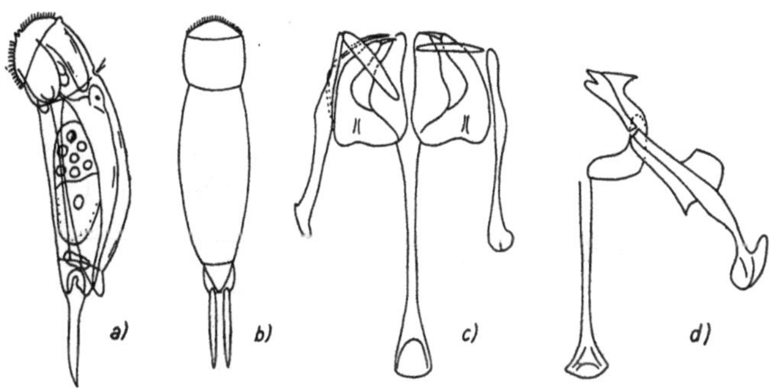

Abb. 10. *Cephalodella limosa* WULFERT
a) Lateralansicht; b) Aufsicht; c) Kauer, Aufsicht; d) Kauer, etwas gedreht.

WULFERTS Exemplaren gestaltet sind. Im Gegensatz zur Originalbeschreibung der *C. limosa* besitzt das Tier aus dem Stechlinsee keine normale, sich ausdehnende und wieder kontrahierende Blase, sondern statt dessen ein pulsierendes Häutchen.

Verbreitung: Bisher bei Halle/Saale in Wiesengräben gefunden.

20. *Cephalodella megalocephala* var. *rotunda* DONNER, 1950 (Abb. 11)

Maße: Lg. total 240 — etwa 250 μ; Zehenlg. 32—35 μ; Kauer 40 μ; Fulcrum 21—22 μ; Rami 19 μ; Manubria 21 μ.

Literatur: VOIGT (1957), WULFERT (1937, 1961).

Verbreitung: Zwischen Pflanzen der Uferregion. Kosmopolit.

21. *Cephalodella nana* MYERS, 1924 = *C. cuneata* HARRING & MYERS, 1924 (Abb. 12a—b)

Maße: Lg. total 137 μ; Zehenlg. 41 μ; Kauerlg. 28 μ; Fulcrum 19 μ.

Literatur: HAUER (1925/37), MYERS (1924), VOIGT (1957), WULFERT (1937, 1940, 1961).

Bemerkungen: Der Fund aus dem Stechlinsee gleicht äußerlich der *Cephalodella nana* Hauers (1925/37). Hauer faßte die Arten *C. cuneata* und *C. nana* zu *C. nana* zusammen. Das Rotator aus dem Stechlinsee hat lange, ventralwärts geschwungene Zehen, einen breiten Kopf sowie einen Cerebralaugenfleck. Die Körperform erinnert an eine schlanke *Cephalodella auriculata* mit langen Zehen. Der Kauer entspricht völlig dem der eben genannten Art (Abb. 12b); er gehört also dem Kauertyp A (Wulfert 1937) an. Leider liegen von der *C. nana* = *C. cuneata* bisher keine Kauerabbildungen vor. Zur nächsten Verwandtschaft gehört auch *C. zeteta*, die Wulfert (1961) in sauren Gewässern der Dübener Heide fand und als neu beschreibt. Der Kauer entspricht eben-

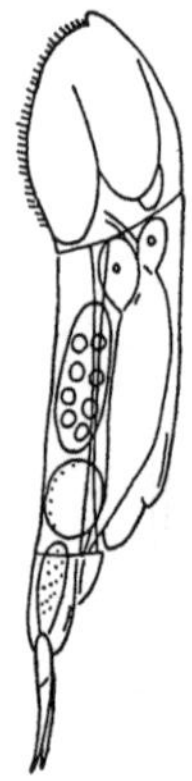

Abb. 11. *Cephalodella megalocephala* var. *rotunda* Donner Lateralansicht.

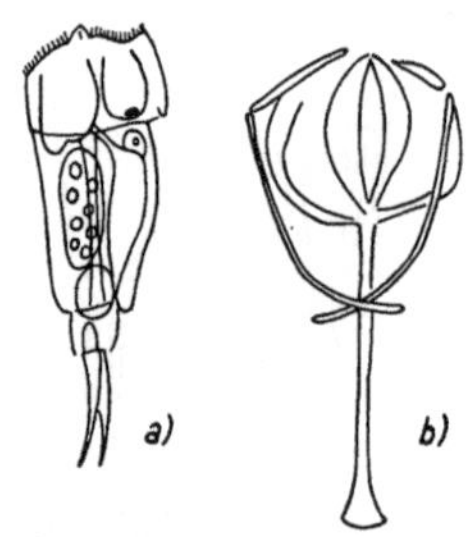

Abb. 12. *Cephalodella nana* Myers (= *C. cuneata* Harring & Myers) a) Lateralansicht; b) Kauer, Aufsicht.

falls dem der *C. auriculata*. Vielleicht gehören die eben genannten Arten dem Formenkreis einer Art an. Die *C. nana* Wulferts (1940), die er in ostdeutschen Torfmooren fand, rechne ich nicht dazu; ich halte dieses Tier für eine neue gute Art.

Verbreitung: In sauren Gewässern.

22. *Cephalodella pachydactyla* Wulfert, 1937 (Abb. 13a—d)

Maße: Körperlg. 165 μ; Zehenlg. 39 μ; Kauer 44 μ; Fulcrum 40 μ; Manubria 40 μ; Pleuralstäbe 28 μ.

Literatur: Voigt 1957, Wulfert (1937, 1960a).

Bemerkungen: Wulfert gibt in seiner Beschreibung an, daß der Magen durch Algen grün gefärbt sei. Ein Exemplar aus dem Stechlinsee hatte leuchtend grüne Algenballen über den ganzen Rumpf verteilt; ein zweites Exemplar war farblos, ohne Algen. Der große Kauer fällt auf; er ist fast doppelt so groß wie bei den Originalen. Beim Schwimmen wird laufend eine Drehbewegung ausgeführt.

Verbreitung: Bisher aus Deutschland bekannt, auch in saurem Wasser.

23. *Cephalodella plicata* Myers, 1924 (Abb. 14a–b)

Maße: Körperlg. 95 μ; Zehenlg. 27–28 μ; Kauer 27 μ; Fulcrum 16 μ; Rami 12 μ.
Literatur: Hauer (1927/35), Varga (1954), Voigt (1957).
Bemerkungen: *C. plicata* fällt durch die aufgereihten Zoochlorellen in ihrem Rumpf auf. Der Fund aus dem Stechlinsee besaß einen doppelten roten Cerebralaugenfleck. Die Lippen sind deutlich. Die Zehen enden sehr spitz. Eine Kauerabbildung ist mir aus der Literatur nicht bekannt. Am Kauer (Abb. 14b) sind die Manubria und das Fulcrum auffällig gebildet. Die Manubria sind kurz, schlank und ungekrückt; das Fulcrum ist breit und wirkt massiv.
Verbreitung: Zwischen Uferpflanzen, auch im Moor. Selten.

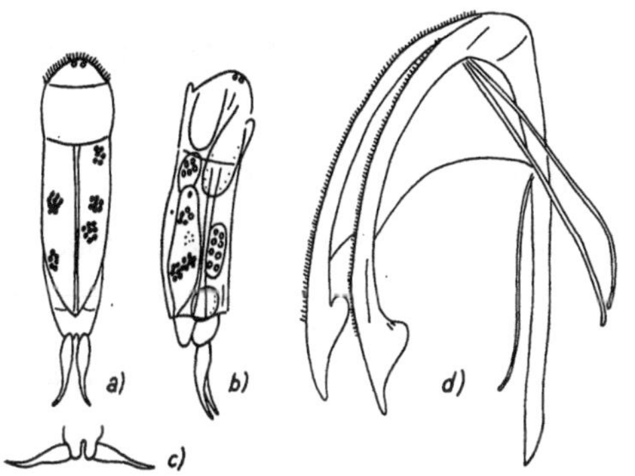

Abb. 13. *Cephalodella pachydactyla* Wulfert
a) Aufsicht; b) Lateralansicht; c) Zehen, gespreizt; d) Kauer, Lateralansicht.

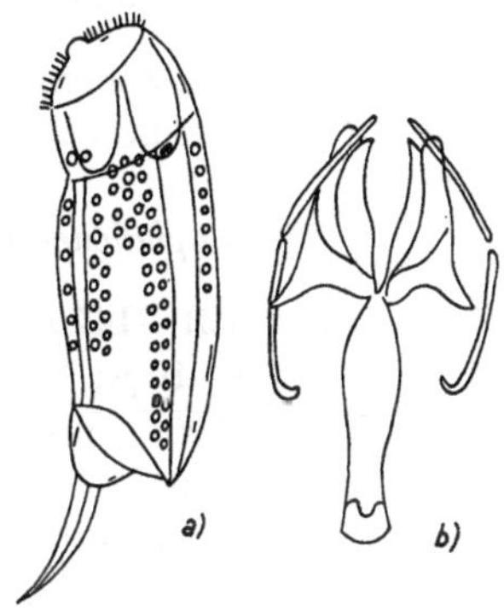

Abb. 14. *Cephalodella plicata* Myers
a) Lateralansicht; b) Kauer, Aufsicht.

24. *Cephalodella psammophila* (?) Koch-Althaus, 1962

Maße nach Koch-Althaus (1962a): Lg. total 180–190 μ; Zehenlg. 68–72 μ; Kauerlg. 31 μ; Rami 12 μ; Fulcrum 19 μ; Manubria 21 μ.
Literatur: Koch-Althaus (1962a).
Verbreitung: Aus dem Psammal des Stechlinsees als vermutlich neue Art beschrieben.

25. *Cephalodella sterea* f. *minor* Donner, 1950

Maße: Körperlg. 100 μ; Zehenlg. 35 μ.
Literatur: Voigt (1957).
Verbreitung: Zwischen Uferpflanzen. Die Stammform *C. sterea* (Gosse) ist verbreitet.

26. *Cephalodella tachyphora* Myers, 1934

Maße: Körperlg. 95 μ; Zehenlg. 40 μ; Kauer 29 μ; Fulcrum 19 μ; Rami 10 μ; Manubria 16 μ.
Literatur: Voigt (1957), Wiszniewski (1934).

Bemerkungen: Diese Art soll in einem späteren Beitrag über die Sandbodenrotatorien des Stechlinsees ausführlich beschrieben werden. Sie ist ein Bewohner des Ufersandes, wurde aber auch zwischen *Chara* gefunden.
Verbreitung: Sandboden. Bisher nur aus Nordamerika und Polen bekannt.

27. *Cephalodella tenuis* KOCH-ALTHAUS, 1962

Maße: Lg. total etwa 110–130 μ; Zehenlg. 10–11 μ; Kauer 27 μ; Fulcrum 14 μ; Rami 14 μ; Manubria 16 μ.
Literatur: KOCH-ALTHAUS (1962a).

28. *Cephalodella theodora* KOCH-ALTHAUS, 1961

Maße: Lg. total 165 μ; Zehenlg. 33 μ; Kauer 32 μ; Fulcrum 17 μ; Manubria 21 μ.
Literatur: KOCH-ALTHAUS (1961).

29. *Cephalodella ventripes* (DIXON-NUTTALL), 1901

Maße: Lg. total 121–147 μ; Zehenlg. 23–31 μ; Kauer 26–28 μ; Fulcrum 16–18 μ; Rami 8–10 μ; Manubria 18 μ.
Literatur: VOIGT (1957), WULFERT (1937, 1956, 1960a, 1960b).
Verbreitung: Zwischen Wasserpflanzen größerer und kleinerer Gewässer, auch in saurem Wasser. Im Auftreten meist vereinzelt.

30. *Cephalodella* F (Abb. 15a–b)

Maße: Körperlg. 95 μ; Zehenlg. 29 μ; Kauer 18 μ; Fulcrum 14 μ; Rami 7 μ. Maße der *C. derbyi* DIXON-NUTTALL: Lg. total 110–140 μ; Zehenlg. 34 μ.
Literatur: VOIGT (1957).
Beschreibung: Die Zehen der *Cephalodella* F sind dorsalwärts gebogen und laufen in eine feine Spitze aus. Das Tier hat Ähnlichkeit mit *C. incila*; von dieser Art unterscheidet es sich durch den Besitz eines roten Cerebralauges. Lippen sind ausgebildet; eine große Blase ist vorhanden. Ein Schwanzanhang

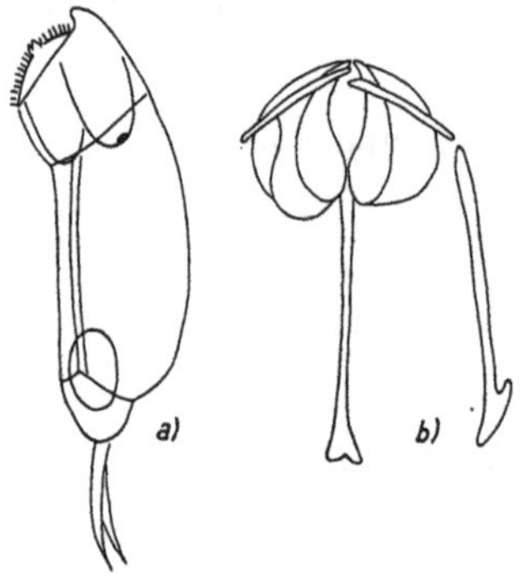

Abb. 15. *Cephalodella* F
a) Lateralansicht; b) Kauer, Aufsicht.

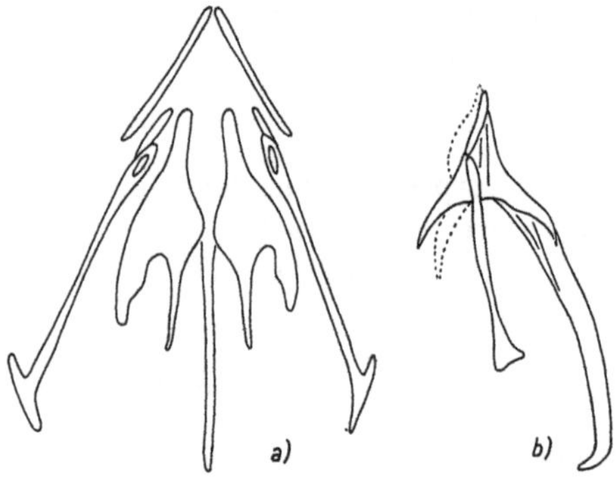

Abb. 16. *Chromogaster ovalis* (BERGENDAL)
a) Kauer, Aufsicht; b) Kauer, Lateralansicht.

wurde nicht gesehen. Der Kauer ist klein und einfach gebildet. Das lange Fulcrum ist an seinem freien Ende wenig verbreitert. Die Rami, ohne Alulae, bilden eine Zange; die Manubria sind gekrückt. *Cephalodella* F ist der bisher in England gefundenen *C. derbyi* DIXON-NUTTALL ähnlich (siehe VOIGT, Taf. 54, Fig. 7); ob es sich um diese Art handelt, kann erst nach weiteren Funden dieses Tieres entschieden werden. Ein „hackiger Schwanzanhang", wie er für *C. derbyi* und ihre nächste Verwandte *C. euderbyi* WULFERT charakteristisch ist, konnte nicht beobachtet werden.

31. *Chromogaster ovalis* (BERGENDAL), 1892 (Abb. 16a–b)

Maße: Lg. 110–125 μ; Br. 77– etwa 84 μ; Kauer 36 μ; Fulcrum 23 μ; Manubria 19 μ; Uncus 12 μ.
Literatur: VOIGT (1957), WULFERT (1960a, 1960b, 1961).
Verbreitung: Im See- und Teichplankton. Kosmopolit.

32. *Collotheca ambigua* (HUDSON), 1883 (Abb. 17a)

Maße: Lg. total 275 μ; Kronenbr. 94 μ.
Literatur: VOIGT (1957), WULFERT (1956).
Bemerkungen: Das Tier aus dem Stechlinsee erreicht nur gut die halbe Länge der bei VOIGT angegebenen Maße. In der Gallerte waren Kieselalgen eingeschlossen.
Verbreitung: An Pflanzen in ruhigen Gewässern, auch im Moor. Kosmopolit.

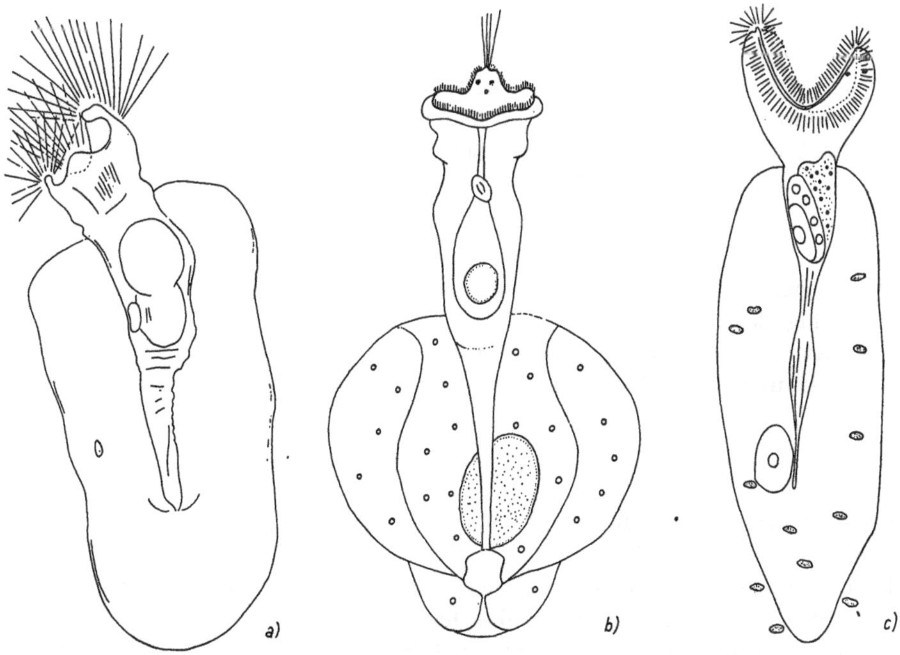

Abb. 17. *Collotheca*-Arten:
a) *C. ambigua* (HUDSON); b) *C. libera* (ZACHARIAS); c) *C. mutabilis* (HUDSON).

33. *Collotheca libera* (ZACHARIAS), 1894 (Abb. 17b)

Maße: Lg. total 150—165 μ; Krone 35 μ; Gallerte Lg. 85 μ, Br. 90 μ; Ei etwa 33 × 25 μ.
Literatur: VOIGT (1957).
Bemerkungen: *C. libera* aus dem Stechlinsee besaß in der Gallerthülle grüne Algen.
Verbreitung: Im See- und Teichplankton, Kosmopolit.

34. *Collotheca mutabilis* (HUDSON), 1885 (Abb. 17c)

Maße: Lg. total 330— etwa 400 μ; Gallerthülle 369 × 215 μ.
Literatur: VOIGT (1957).
Bemerkungen: Das gallertige Gehäuse ist nicht leicht zu sehen. Ein Zusatz von Nigrosin zum Präparat läßt die Gallerthülle mit dem Tierchen, die den Farbstoff nicht aufnehmen, hell in einer zart violett-grauen Umgebung erkennen. Der Gallerthülle saßen Algen auf. Vier Dotterstockkerne wurden beobachtet.
Verbreitung: Im See- und Teichplankton. Kosmopolit.

35. *Colurella adriatica* EHRBG., 1831

Maße: Panzerlg. 99 μ; Br. etwa 33 μ; Höhe 47 μ; Zehenlg. 38,5 μ.
Literatur: HAUER (1952), VOIGT (1957).
Verbreitung: Im Süß- und Salzwasser, besonders an bewegten Stellen.

36. *Colurella colurus* (EHRBG.), 1830

Maße nach VOIGT (1957): Panzerlg. 71—110 μ; Br. 25—37 μ; Höhe 39—55 μ; Zehenlg. 25—37 μ.
Literatur: HAUER (1925), VOIGT (1957).
Verbreitung: Im Süß- und Salzwasser, besonders an bewegten Stellen.

37. *Colurella denticauda* CARLIN, 1939 (Abb. 18a—b)

Maße: Panzerlg. 55 μ; Br. 27 μ; Höhe 35 μ; Zehenlg. 15 μ.
Literatur: CARLIN (1939), VOIGT (1957).
Bemerkungen: Die Maße der *C. denticauda* aus dem Stechlinsee stimmen gut mit den Angaben in der Originalbeschreibung bei CARLIN überein. Die Zehenlänge liegt mit 15 μ an der unteren Grenze; CARLIN gibt 16—19 μ und als Mittelwert 18 μ an.
Verbreitung: Für Mitteleuropa neu.

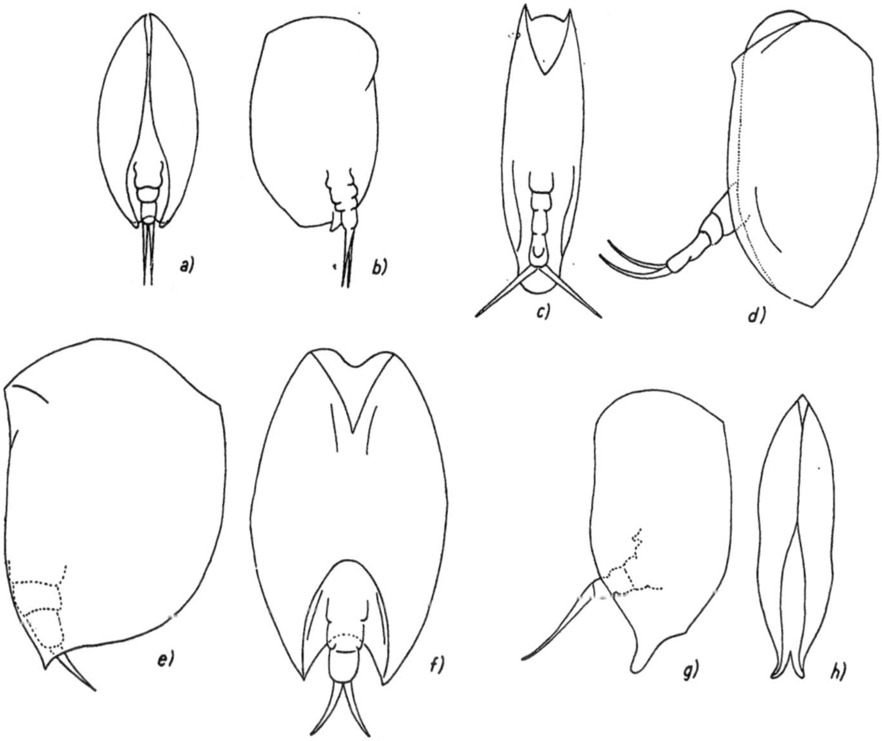

Abb. 18. *Colurella*-Arten
C. denticauda Carlin: a) Ventralansicht; b) Lateralansicht.
C. sulcata (Stenroos): c) Ventralansicht; d) Lateralansicht.
C. uncinata f. *bicuspidata* (Ehrbg.): e) Lateralansicht; f) Ventralansicht.
C. uncinata f. *deflexa* (Ehrbg.): g) Lateralansicht; h) Ventralansicht.

38. *Colurella obtusa* (Gosse), 1886

Maße: Panzerlg. 61–66 μ; Br. 25–30 μ; Höhe 39–46 μ; Zehenlg. 19–20 μ.
Literatur: Carlin (1939), Voigt (1957), Wulfert (1956, 1960a, 1960b).
Verbreitung: Zwischen Uferpflanzen, auch in sauren Gewässern. Kosmopolit.

39. *Colurella sulcata* (Stenroos), 1898 (Abb. 18c–d)

Maße: Panzerlg. 75–80 μ; Br. 20–25 μ; Höhe 27–32 μ; Zehenlg. 19–22 μ.
Literatur: Hauer (1938), Voigt (1957).
Verbreitung: In Seen und sauren Gewässern. Kosmopolit.

40. *Colurella uncinata* f. *bicuspidata* (Ehrbg.), 1832 (Abb. 18e–f)

Maße: Panzerlg. 88 μ; Br. 53 μ; Höhe 60 μ; Zehenlg. 13 μ.
Literatur: Voigt (1957), Wulfert (1960a, 1960b, 1961).
Verbreitung: In größeren und kleineren Gewässern, auch in saurem Wasser.

41. *Colurella uncinata* f. *deflexa* (EHRBG.), 1834 (Abb. 18g—h)

Maße nach VOIGT (1957): Panzerlg. 60—100 μ; Höhe 35—55 μ; Zehenlg. 17—25 μ.
Literatur: HAUER (1926), VOIGT (1957).
Verbreitung: In größeren und kleineren Gewässern, vereinzelt.

42. *Conochilus unicornis* ROUSSELET, 1892

Maße: Lg. 203 μ; Br. 64 μ; Taster 23 μ.
Literatur: VOIGT (1957).
Verbreitung: Im See- und Teichplankton, auch in sauren Gewässern.

43. *Dicranophorus cernuus* HARRING & MYERS, 1923 (Abb. 19a—c)

Maße: Lg. total 215—240 μ; Zehenlg. 41—55 μ; Kauer 18—23 μ; Fulcrum 6—7 μ; Rami 14 μ; Unci 7—10 μ; Manubria 14—18 μ.
Literatur: HARRING & MYERS (1923).

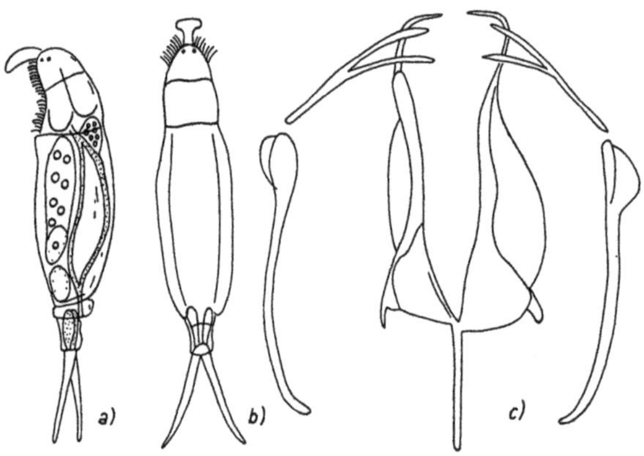

Abb. 19. *Dicranophorus cernuus* HARRING & MYERS
a) Lateralansicht; b) Aufsicht; c) Kauer, Aufsicht.

Bemerkungen: *D. cernuus* wurde bisher in Mitteleuropa noch nicht gefunden. Die Maße des Fundes aus dem Stechlinsee weichen von denen des amerikanischen Tieres nur beim Kauer bemerkenswert ab. HARRING & MYERS geben für die Kauergröße 30 μ an. Der Kauer des *Dicranophorus* aus dem Stechlinsee ist kleiner; er ist sehr zart ausgebildet. Zwei kleine rötlich-schwarze Augen sind vorhanden; ein Retrocerebralsack ist entwickelt. Der Darm ist bräunlich gefärbt. Die Fußdrüsen sind gestielt. Die Zehen sind nicht gegliedert; sie erscheinen fein punktiert. Dotterstock mit 8 Kernen.
Verbreitung: In sauren Gewässern; für Mitteleuropa neu.

44. *Dicranophorus epicharis* HARRING & MYERS, 1928 (Abb. 20a—e)

Maße: Lg. total 280—415 μ; Zehenlg. 53—57 μ; Kauer 62—84 μ; Fulcrum 20—23 μ; Rami 42—77,5 μ; Manubria 55—63 μ; Unci 22—33 μ.

Literatur: DONNER (1954), VOIGT (1957), WULFERT (1939).

Bemerkungen: *D. epicharis* ist *D. grandis* (EHRBG.) sehr ähnlich und daher nicht leicht zu bestimmen. Die Ähnlichkeit hat zu Verwechslungen geführt (vgl. DONNER 1954, S. 73). Die Tiere aus dem Stechlinsee entsprechen in ihren Maßen *D. epicharis*. Ein Hauptunterschied zwischen beiden Arten ist, daß die Unci bei *D. epicharis* 3-teilig sind, während sie nach der Abbildung von VOIGT (1957, Taf. 75,1 und 78,1) einfach erscheinen. Die Unci des Tieres aus dem Stechlinsee waren mehrteilig.

Verbreitung: Zwischen Pflanzen größerer und kleinerer Gewässer.

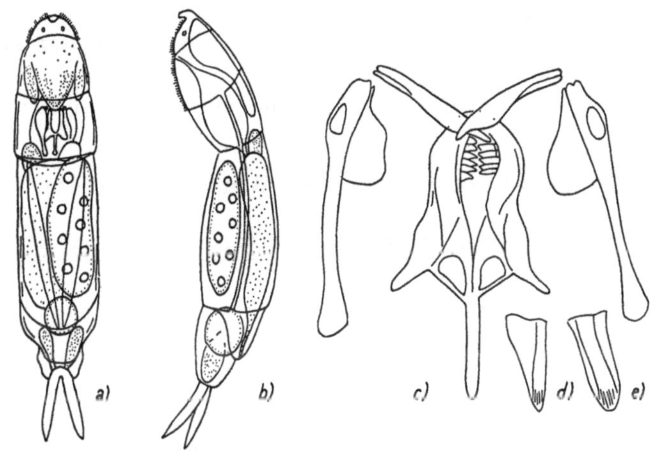

Abb. 20. *Dicranophorus epicharis* HARRING & MYERS
a) Aufsicht; b) Lateralansicht; c) Kauer, Aufsicht; d) und e) Fulcrum, seitlich.

45. *Dicranophorus hercules* var. *capucinoides* WISZNIEWSKI, 1934

Maße: Lg. total 440 μ; Zehenlg. 110 μ; Kauer 50 μ; Fulcrum 18 μ; Rami 33 μ; Unci 23 μ; Manubria 45 μ.

Literatur: VOIGT (1957), WISZNIEWSKI (1934).

Bemerkungen: Die Maße stimmen nicht ganz mit den von WISZNIEWSKI angegebenen überein. Das Exemplar aus dem Stechlinsee ist größer; es erreicht die Größe der Stammart. WISZNIEWSKI unterscheidet nach der Ausbildung des Kauers zwei Unterarten. Bei der typischen Art sind beiderseits am Ramus mehrere (6 + 10) Scherenzähne entwickelt, bei der var. *intermedia* sind am linken Ramus nur noch 3 Zähne vorhanden und bei der var. *capucinoides* steht anstelle der 3 Zähne ein großer Zahn. Nach der Ausbildung des Kauers rechne ich den Fund aus dem Stechlinsee zu *D. hercules* var. *capucinoides*. Die Vermutung liegt nahe, daß die Anzahl der Scherenzähne variiert; an einem weiteren Exemplar dieser Art aus dem Sandboden des Stechlinsees wurden an den Rami

5 und 6 Zähne gezählt. Eine ausführliche Darstellung der Species soll daher bis zum Abschluß der Bearbeitung der Rotatorien im Psammal des Stechlinsees zurückgestellt werden.

Verbreitung: Im Sandboden. Kosmopolit.

46. *Dicranophorus robustus* HARRING & MYERS, 1928

Maße: Lg. total 275—300 μ; Zehenlg. 53 μ; Kauer 44 μ; Fulcrum 13 μ; Rami 31 μ; Unci 23 μ; Manubria 38 μ.

Literatur: VOIGT (1957), WULFERT (1936, 1960b, 1961).

Bemerkungen: Die Maße der Vertreter der typischen Art entsprechen gut den Angaben bei HARRING & MYERS. Der Kauer dieser Tiere war symmetrisch gestaltet.

Verbreitung: Zwischen Pflanzen und Ufersand, auch in sauren Gewässern.

47. *Dicranophorus robustus* var. *europaeus* WULFERT, 1936 (Abb. 21a—g)

Maße: Lg. total etwa 450 μ; Zehenlg. etwa 75 μ; Fulcrum 27 μ; Rami 36 μ; Unci 23 μ; Manubria 40 μ.

Literatur: VOIGT (1957), WULFERT (1936).

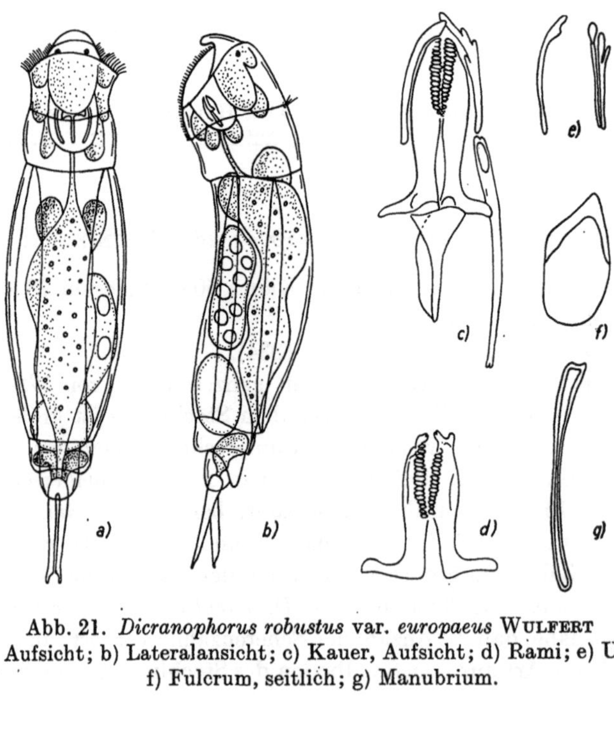

Abb. 21. *Dicranophorus robustus* var. *europaeus* WULFERT
a) Aufsicht; b) Lateralansicht; c) Kauer, Aufsicht; d) Rami; e) Unci; f) Fulcrum, seitlich; g) Manubrium.

Bemerkungen: Neben der typischen Art wurde im Stechlinsee auch die var. *europaeus* gefunden. Die Gabelbildung am rechten Ramus wurde deutlich gesehen. Der rechte Uncus besteht aus drei Zähnen; der linke Uncus ist einfach gestaltet. Bei WULFERT (1936) fehlt diese Angabe.

Verbreitung: In sauren Gewässern.

48. *Dissotrocha aculeata* (EHRBG.), 1832

Maße nach VOIGT (1957): Lg. total 350–500 μ.

Literatur: VOIGT (1957), WULFERT (1960a, 1960b).

Verbreitung: Zwischen Wasserpflanzen großer und kleiner Gewässer, auch in saurem Wasser. Kosmopolit.

49. *Dorystoma caudata* (BILFINGER), 1894 (Abb. 22a–b)

Maße: Lg. total 237–260 μ; Zehenlg. 22 μ; Rumpfstachel etwa 22 μ; Fulcrum 10 μ; linkes Manubrium 21 μ; rechtes Manubrium 16 μ.

Literatur: VOIGT (1957), WULFERT (1960a, 1961).

Bemerkungen: Die Kutikula weist Quer- und Längsstreifen auf; das Wimperfeld ist ventral herabgezogen. Ein kleines Rostrum und ein kleines flaches rotes Cerebralauge sind vorhanden. Der Magendarm ist getrennt. Der Magen enthält Ölkugeln; flache, runde Magendrüsen liegen ihm auf. Ovar mit 8 Dotterstockkernen. Über den langen Fußdrüsen befindet sich eine große Blase. Da über die innere Organisation dieser Art bisher nichts hinreichend bekannt war, sollen die vorstehenden Bemerkungen zur Beschreibung der Art beitragen.

Verbreitung: Zwischen Pflanzen fließender und stehender Gewässer, auch in saurem Wasser.

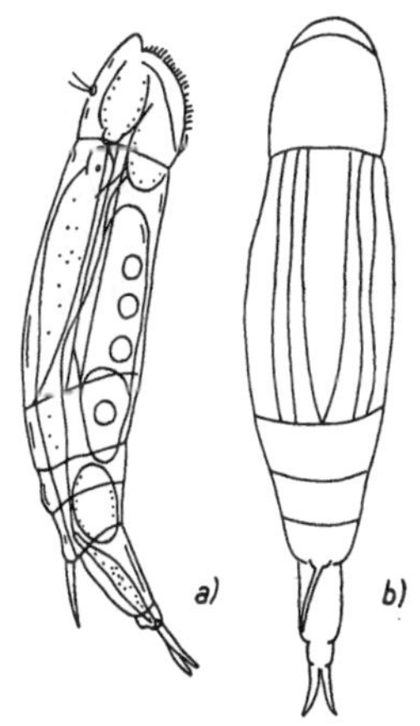

Abb. 22.
Dorystoma caudata (BILFINGER)
a) Lateralansicht; b) Aufsicht.

50. *Encentrum mustela* (MILNE), 1885

Maße: Lg. total etwa 200 μ; Zehenlg. 15 μ; Kauer 20 μ; Fulcrum 6 μ; Manubrium 13 μ.

Literatur: VOIGT (1957).

Verbreitung: Zwischen Pflanzen stehender und fließender Gewässer. Kosmopolit.

51. *Encentrum spinosum* KOCH-ALTHAUS, 1962

Maße nach KOCH-ALTHAUS (1962): Lg. total 160 μ; Zehenlg. 19 μ; Kauerlg. 33 μ (geöffnet 27 μ); Manubria 25 μ; Fulcrum 10 μ; Unci 12 μ.

Literatur: KOCH-ALTHAUS (1962a).

Verbreitung: Bisher aus dem Psammal des Stechlinsees als neue Art beschrieben, sehr häufig.

52. *Encentrum stechlinensis* KOCH-ALTHAUS, 1962

Maße nach KOCH-ALTHAUS (1962): Lg. total 275—300 μ; Zehenlg. 25—35 μ; Kauerlg. 25—29 μ; Manubria 23—24 μ; Rami 10 μ; Fulcrum 9 μ; Unci 11 μ.
Literatur: KOCH-ALTHAUS (1962a).
Verbreitung: Bisher aus dem Psammal des Stechlinsees als neue Art beschrieben

53. *Euchlanis alata* VORONKOV, 1912 (Abb. 23a—b)

Maße: Panzerlg. 235 μ; Br. 167 μ; obere Br. 55 μ; Zehenlg. 74 μ.
Literatur: VOIGT (1957).
Bemerkungen: Die Seiten des Dorsalpanzers sind nicht zu Flügeln ausgezogen, was deutlich am Querschnitt (Abb. 23b) zu erkennen ist.
Verbreitung: Zwischen Pflanzen stehender und fließender Gewässer.

54. *Euchlanis dilatata* EHRBG., 1832 (Abb. 23c—d)

Maße: Lg. des Dorsalpanzers 305 μ; Br. 197 μ; Lg. der Ventralplatte 247 μ; Zehenlg. 103 μ; obere Br. 73 μ; ventrale Halsausschnittstiefe 67 μ; dorsale Halsausschnittstiefe 35 μ ?

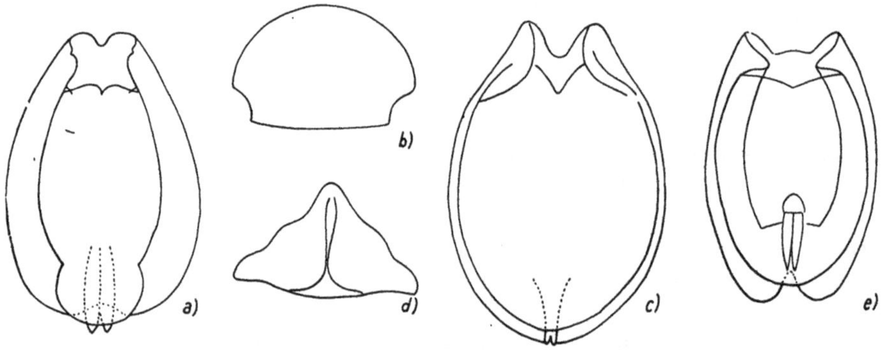

Abb. 23. *Euchlanis*-Arten
E. alata VORONKOV: a) Ventralansicht; b) Querschnitt.
E. dilatata EHRBG.: c) Ventralansicht; d) Querschnitt.
E. dilatata var. *lucksiana* HAUER: e) Ventralansicht.

Literatur: VOIGT (1957), WULFERT (1956, 1960b).
Bemerkungen: Das in Abbildung 23c und d dargestellte Rotator rechne ich zur Art *E. dilatata*. Seine Zugehörigkeit ist nicht sicher. Die angegebenen Maße des Tieres liegen z. T. über dem für diese Art Normalen. Die Dorsalplatte und die Zehen sind für *E. dilatata* zu groß.

Verbreitung: Zwischen Pflanzen größerer und kleinerer Gewässer, auch in saurem Wasser. Kosmopolit.

55. *Euchlanis dilatata* var. *lucksiana* HAUER, 1930 (Abb. 23e)

Maße: Lg. des Dorsalpanzers 225–292 μ; Br. 149–165 μ; Höhe 165 μ; hinterer dorsaler Einschnitt 24 μ; Zehenlg. 68–72 μ.
Literatur: CARLIN (1943), VOIGT (1957).
Verbreitung: Im Plankton.

56. *Euchlanis mikropous* (?) KOCH-ALTHAUS, 1962

Maße: Lg. 165–185 μ; Br. 127–142 μ; hinterer dorsaler Einschnitt 42 μ; Fußplatte Br. 44 μ; Zehen etwa 3–5 μ; Kauer 27 μ; Fulcrum 9 μ; Rami 19 μ; Unci 19 μ; Manubria 31 μ.
Literatur: KOCH-ALTHAUS (1962a).
Verbreitung: Aus dem Stechlinsee bekannt gewordene vermutlich neue Art.

57. *Filinia maior* (COLDITZ), 1924

Maße: Körperlg. 110–149 μ; Terminalborste 330–363 μ; Seitenborsten 440 bis 479 μ.
Literatur: VOIGT (1957).
Bemerkungen: VOIGT geht in seiner Bestimmungstabelle für die Gattung *Filinia* lediglich bei der Art *F. maior* auf die Bildung des Uncus ein. Er gibt an, daß der Uncus mit 13 Zähnchen besetzt ist. Die Untersuchung des Kauers an einem Tier aus dem Stechlinsee ergab, daß der Uncus 17 Zähne aufwies. Es handelt sich hier offensichtlich um ein schwankendes Merkmal.
Verbreitung: Im See- und Teichplankton. Kosmopolit.

58. *Gastropus hyptopus* (EHRBG.), 1838

Maße: Lg. 180 μ; obere Br. 76 μ; größte Br. 129 μ; Fuß mit Zehen 56 μ; Zehenlg. 19 μ.
Literatur: VOIGT (1957), WULFERT (1956, 1960a, 1960b, 1961).
Verbreitung: Im See- und Teichplankton, auch in sauren Gewässern.

59. *Gastropus stylifer* IMHOF, 1891

Maße: Lg. etwa 150 μ; Höhe etwa 100 μ; Br. etwa 50 μ.
Literatur: VOIGT (1957), WULFERT (1956, 1960b, 1961).
Verbreitung: Im See- und Teichplankton, auch in sauren Gewässern.

60. *Itura pseudoaurita* (?) KOCH-ALTHAUS, 1962

Maße: Lg. total 150—160 μ; Zehenlg. 14 μ; Kauer 38 μ; Fulcrum 17 μ; Rami 19 μ; Unci 17 und 19 μ; Manubria 31 μ.
Literatur: KOCH-ALTHAUS (1962a).
Verbreitung: Aus dem Stechlinsee bekannt gewordene vermutlich neue Art.

61. *Kellicottia longispina* (KELLICOTT), 1879

Maße: Lg. total 626—872 μ; Vorderdornlg. 323—417 μ; Hinterdornlg. 203 bis 336 μ.
Literatur: VOIGT (1957).
Verbreitung: Im See- und Teichplankton. Kosmopolit.

62. *Keratella cochlearis* (GOSSE), 1851

Maße: Lg. total 148—272 μ; Hinterdornlg. 40—118 μ.
Literatur: VOIGT (1957), WULFERT (1956, 1961).
Verbreitung: In größeren und kleineren Gewässern, auch in saurem Wasser. Kosmopolit.

63. *Keratella quadrata* (O. F. MÜLLER), 1786

Maße: Lg. total 130—145 μ; Hinterdornlg. 100—110 μ.
Literatur: VOIGT (1957), WULFERT (1960b, 1961).
Verbreitung: In größeren und kleineren Gewässern, auch in saurem Wasser. Kosmopolit.

64. *Lecane bulla* (GOSSE), 1886 (Abb. 24)

Maße: Dorsalpanzer Lg. 192 μ, Br. 115 μ; obere Br. 44 μ, Dorsalöffnungstiefe 18 μ; Ventralpanzer Lg. 204 μ, Br. 115 μ; Ventralöffnungstiefe 36 μ; Fußöffnungsbr. 23 μ; Fußöffnungshöhe 17 μ; Zehenlg. total 84 μ; Kralle 20 μ.
Literatur: HARRING & MYERS (1926), VOIGT (1957).
Bmerkungen: Die dorsale Halsöffnung ist stark ausgeprägt und tiefer als bei „normalen“ Vertretern dieser Art. Das Tier aus dem Stechlinsee ist auch größer; VOIGT gibt für *L. bulla* eine Gesamtlänge von 170—180 μ an.
Verbreitung: Zwischen Pflanzen größerer und kleinerer Gewässer. Kosmopolit.

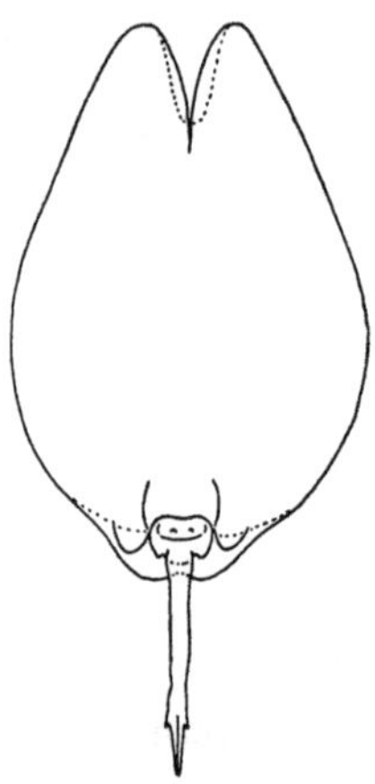

Abb. 24. *Lecane bulla* (GOSSE) Ventralansicht.

65. *Lecane closterocerca* (SCHMARDA), 1895

Maße: Panzerlg. dorsal 77 μ, Br. 72 μ; Panzerlg. ventral 82 μ, Br. 60 μ; obere Br. 44 μ; Zehenlg. 30 μ; Fußöffnungsbr. 12 μ; Fußöffnungshöhe 11 μ.

Literatur: Harring & Myers (1926), Voigt (1957), Wulfert (1956, 1960a, 1960b).

Verbreitung: Zwischen Pflanzen größerer und kleinerer Gewässer, auch in saurem Wasser.

66. *Lecane flexilis* (Gosse), 1889 (Abb. 25 a—c)

Maße: Panzerlg. dorsal 72—74 μ, Br. 66 μ; Panzerlg. ventral 78 μ, Br. 52 μ; obere Br. 61—65 μ; Zehenlg. 24—30 μ; Fußöffnungshöhe 9 μ; Fußöffnungsbr. 16 μ.

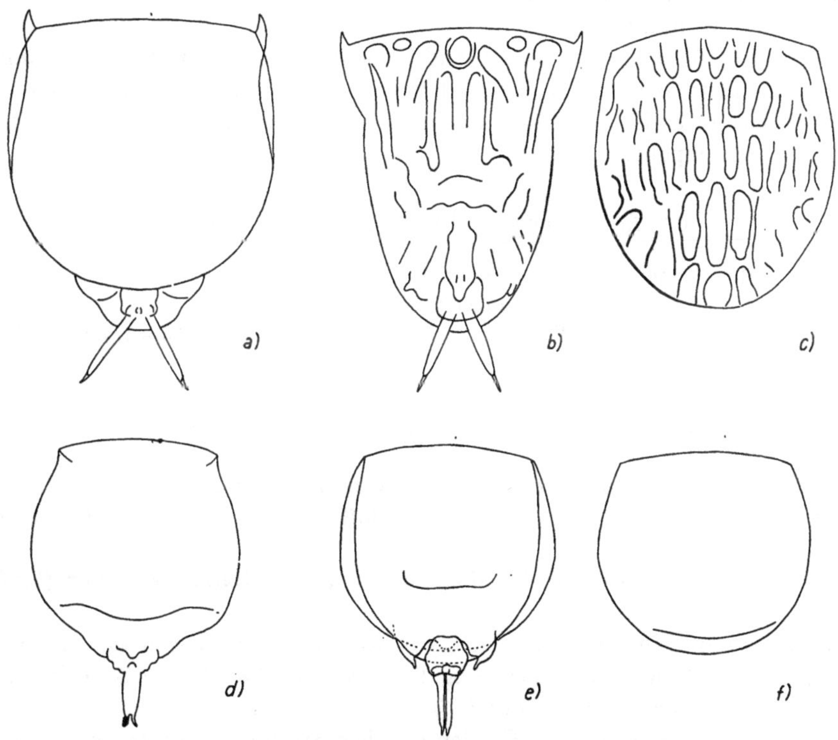

Abb. 25. *Lecane*-Arten

L. flexilis (Gosse): a) und b) Ventralansichten verschiedener Tiere; c) Dorsalansicht des Tieres b).

L. furcata (Murray): d) Ventralansicht.

L. hornemanni (Ehrbg.): e) Ventralansicht, f) Dorsalansicht.

Literatur: Harring & Myers (1926), Voigt (1957), Wulfert (1956, 1960 a).

Verbreitung: Zwischen Pflanzen größerer und kleinerer Gewässer, auch in saurem Wasser. Kosmopolit.

67. *Lecane furcata* (MURRAY), 1913 (Abb. 25 d)

Maße: Panzerlg. 55 μ; Lg. der Platte 8 μ; größte Br. 55 μ; obere Br. 43 μ; Zehenlg. total 15 μ; Zehenspitzen 3—4 μ.
Literatur: HARRING & MYERS (1926); VOIGT (1957).
Verbreitung: Zwischen Pflanzen kleinerer Gewässer. Kosmopolit.

68. *Lecane hornemanni* (EHRBG.), 1838 (Abb. 25 e—f)

Maße: Panzerlg. dorsal 104—106 μ, Br. 110—115 μ; Panzerlg. ventral 111—114 μ; Br. 98 μ; obere Br. 91—94 μ; Zehenlg. 34—36 μ; Kralle 6 μ; Fußöffnungsbr. 23 μ; Fußöffnungshöhe 19 μ.
Literatur: HAUER (1938), VOIGT (1957).
Bemerkungen: Zwischen Dorsal- und Ventralpanzer ragt am Fußglied zangenartig eine Platte hervor (vgl. Abb. 25e), wie an einem Exemplar beobachtet wurde.
Verbreitung: Zwischen Pflanzen größerer und kleinerer Gewässer, auch im Moor. Kosmopolit.

69. *Lecane inermis* (BRYCE), 1892 (Abb. 26 a)

Maße: Panzerlg. 65 μ; Br. 40 μ; Zehenlg. 20 μ.
Literatur: VOIGT (1957), WULFERT (1960 a).
Verbreitung: Zwischen Pflanzen größerer und kleinerer Gewässer, auch im Moor. Kosmopolit.

70. *Lecane intrasinuata* (OLOFSSON), 1917 (Abb. 26 b)

Maße: Panzerlg. dorsal 61 μ, Br. 49 μ; Panzerlg. ventral 63 μ, Br. 41 μ; obere Br. 47 μ; Zehenlg. 24 μ; Kralle 5 μ; Fußöffnungsbr. 13 μ; Fußöffnungshöhe 9 μ.
Literatur: KOSTE (persönliche Mitteilung), VOIGT (1957), WULFERT (1960 a, 1961).
Bemerkungen: Die Maße der Tiere aus dem Stechlinsee liegen weit unter den Angaben von VOIGT (Dorsalplatte Lg. 90—105 μ, Br. 78—110 μ; Zehenlg. 37 bis 46 μ). Eine Mikrofotografie der *L. intrasinuata*, die mir von KOSTE zugesandt wurde, entspricht völlig den Funden aus dem Stechlinsee, so daß kein Zweifel über ihre Artzugehörigkeit bestehen kann.
Verbreitung: In sauren Gewässern. Kosmopolit.

71. *Lecane levistyla* (OLOFSSON), 1917 (Abb. 26 c)

Maße: Panzerlg. dorsal 100 μ, Br. 88 μ; Panzerlg. ventral 105 μ, Br. 77 μ; obere Br. 66 μ; Zehenlg. 41 μ; Fußöffnungsbr. 19 μ; Fußöffnungshöhe 11 μ.
Literatur: VOIGT (1957), WULFERT (1961).
Verbreitung: Zwischen Uferpflanzen, auch in sauren Gewässern. Kosmopolit.

72. *Lecane ludwigi* ECKSTEIN, 1883 (Abb. 26 d—e)

Maße: Lg. total 170 μ; Br. dorsal 82 μ; Br. ventral 72 μ; obere Br. 60 μ; Zehenlg. 38 μ; hintere Spitze 26 μ; vordere Spitzen 10 μ; ventrale Fußöffnung 20 × 15 μ.

Literatur: VOIGT (1957), WULFERT (1956).

Verbreitung: Zwischen Pflanzen größerer und kleinerer Gewässer, auch in saurem Wasser. Kosmopolit.

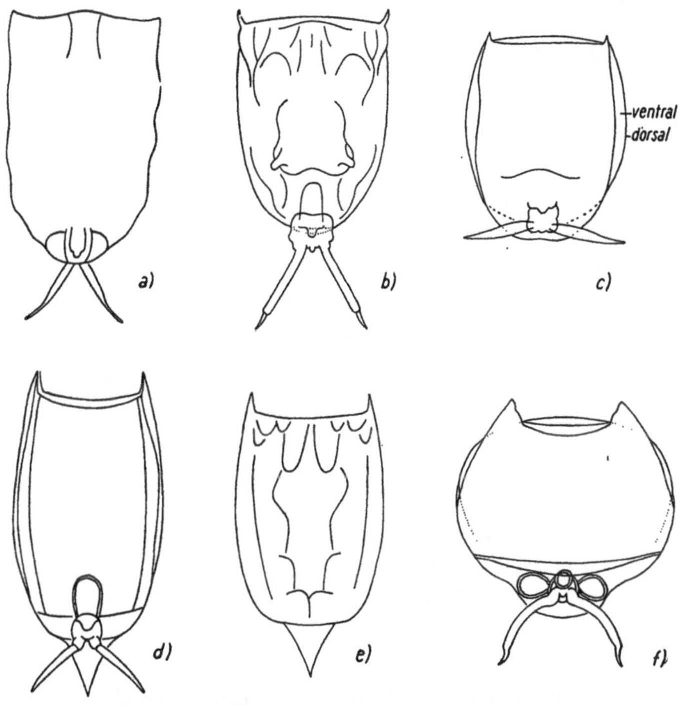

Abb. 26. *Lecane*-Arten
L. inermis (BRYCE): a) Ventralansicht.
L. intrasinuata (OLOFSSON): b) Ventralansicht.
L. levistyla (OLOFSSON): c) Ventralansicht.
L. ludwigi ECKSTEIN: d) Ventralansicht; e) Dorsalansicht.
L. luna (O. F. MÜLLER): f) Ventralansicht.

73. *Lecane luna* (O. F. MÜLLER), 1776 (Abb. 26 f)

Maße: Panzerlg. (ohne Zehen) 108 μ; größte Br. 120 μ; obere Br. 62 μ; Zehenlg. 53 μ.

Literatur: VOIGT (1957), WULFERT (1956, 1960 a, 1960 b, 1961).

Bemerkungen: Ein Teil der Vertreter dieser Art aus dem Stechlinsee hat stark nach außen geschwungene Zehen. Die Tiere sind besonders klein; sie erreichen nicht die von VOIGT angegebene Größe (Dorsalpanzer Lg. 125 μ).

Verbreitung: Zwischen Pflanzen größerer und kleinerer Gewässer, auch in saurem Wasser. Kosmopolit.

74. *Lecane lunaris* (EHRBG.), 1832

Maße: Panzerlg. dorsal 105 μ; Panzerlg. ventral 102 μ; Br. 71 μ; obere Br. dorsal 36 μ; obere Br. ventral 53 μ; Zehenlg. total 66 μ; Kralle 8 μ.
Literatur: HARRING & MYERS (1926), VOIGT (1957), WULFERT (1956, 1960 a, 1960 b, 1961).
Verbreitung: Zwischen Pflanzen größerer und kleinerer Gewässer, auch im Moor.

75. *Lecane nana* (MURRAY), 1913

Maße nach VOIGT (1957): Panzerlg. dorsal 50—63 μ; Br. 54—61 μ; Zehenlg. 21 bis 25 μ.
Literatur: VOIGT (1957).
Verbreitung: Zwischen Pflanzen größerer und kleinerer Gewässer. Kosmopolit.

76. *Lecane ploenensis* (VOIGT), 1902 (Abb. 27 a)

Maße: Panzerlg. dorsal 80 μ, Br. 66 μ; Panzerlg. ventral 90 μ, Br. 55 μ; obere Br. 50—60 μ; Zehenlg. 35—36 μ; Fußöffnung 13 × 13 μ.
Literatur: HARRING & MYERS (1926), VOIGT (1957).
Bemerkungen: Die Tiere aus dem Stechlinsee sind klein. Sie erreichen nicht die von VOIGT angegebenen Maße.
Verbreitung: Zwischen Pflanzen in Moor- und anderen Gewässern. Kosmopolit.

77. *Lecane quadridentata* (EHRBG.), 1832

Maße: Panzerlg. dorsal 145 μ, Br. 105 μ; Panzerlg. ventral total mit Fußglied 165 μ, Br. 110 μ; obere Br. 57 μ, Zehenlg. total 70 μ; Kralle 20 μ.
Literatur: VOIGT (1957).
Verbreitung: Zwischen Pflanzen größerer und kleinerer Gewässer. Kosmopolit.

78. *Lecane sympoda* HAUER, 1929 (Abb. 27 b—c)

Maße: Panzerlg. dorsal 76—84 μ, Br. 65 μ; Panzerlg. ventral 78—91 μ, Br. 57 μ; obere Br. dorsal 57 μ; obere Br. ventral 44 μ; Zehenlg. total 33—36 μ; Kralle 8 μ; Fußöffnungsbr. 13—16 μ, Höhe 10—16 μ.
Literatur: HAUER (1929), VOIGT (1957).
Verbreitung: Zwischen Pflanzen größerer und kleinerer Gewässer.

79. *Lecane tenuiseta* HARRING, 1914 (Abb. 27 d)

Maße: Panzerlg. 76 μ; Br. 63 μ; obere Br. 53—46 μ; Zehenlg. 36 μ.
Literatur: HARRING & MYERS (1926), VOIGT (1957).
Verbreitung: Zwischen Pflanzen der Uferregion. Kosmopolit.

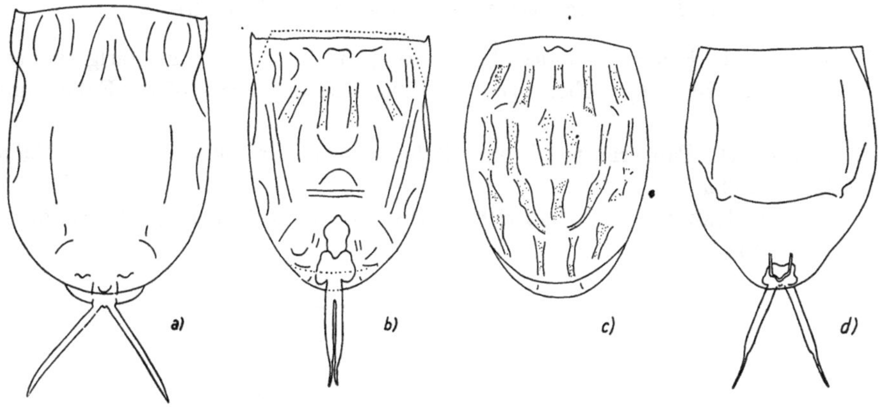

Abb. 27. *Lecane*-Arten
L. ploenensis (VOIGT): a) Ventralansicht.
L. sympoda HAUER: b) Ventralansicht; c) Dorsalansicht.
L. tenuiseta HARRING: d) Ventralansicht.

80. *Lecane thetis* (HARRING & MYERS), 1926 (Abb. 28 a—b)

Maße: Panzerlg. 85 μ; Br. 62 μ; obere Br. 56 μ; Zehenlg. 32 μ.
Literatur: HARRING & MYERS (1926), HAUER (private Mitteilung), VOIGT (1957).
Bemerkungen: Das Tier aus dem Stechlinsee weicht nur wenig von dem amerikanischen Vertreter ab. Der Dorsalpanzer ist an der Kopföffnung seitlich zu kleinen Spitzen ausgezogen; bei dem Tier, das HARRING & MYERS beschreiben, ist der Ventralpanzer seitlich etwas hochgezogen, während der Panzer ventral gerade abgebildet ist. Die Zehe des deutschen Tieres zeigt eine deutliche Kralle ohne Naht, während *L. thetis* in der Originalbeschreibung eine

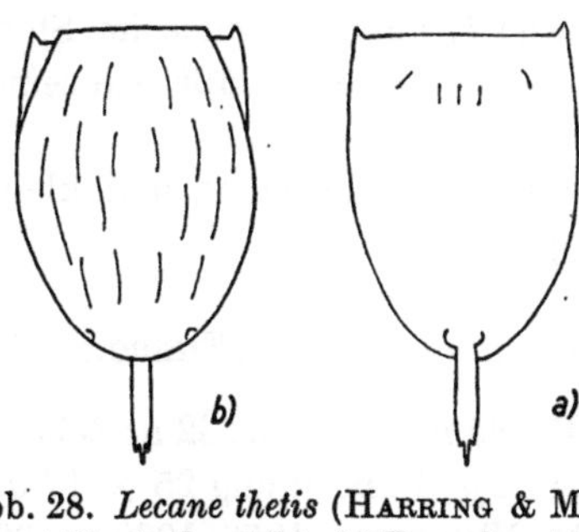

Abb. 28. *Lecane thetis* (HARRING & MYERS)
a) Ventralansicht; b) Dorsalansicht.

„Zehennaht" aufweist. Herr Dr. HAUER (Karlsruhe) riet mir, den Fund aus dem Stechlinsee der vorliegenden Art zuzurechnen, zumal in der Gravierung des Dorsalpanzers kaum ein Unterschied besteht.

Verbreitung: Für Mitteleuropa neu.

81. *Lecane ungulata* (GOSSE), 1887 (Abb. 29 a—b)

Maße Tier I: Panzerlg. dorsal 123—126 μ, Br. 93—104 μ; Panzerlg. ventral 132—135 μ, Br. 94 μ; obere Br. 68—70 μ; Zehenlg. 50—52 μ; Fußöffnung 19 × 19 μ.

Maße Tier II: Panzerlg. total (ohne Zehen) 260 μ; Br. 190 μ; obere Br. 135 μ; Zehenlg. 102 μ.

Literatur: HARRING & MYERS (1926), HAUER (1931), VOIGT (1957), WULFERT (1956, 1961).

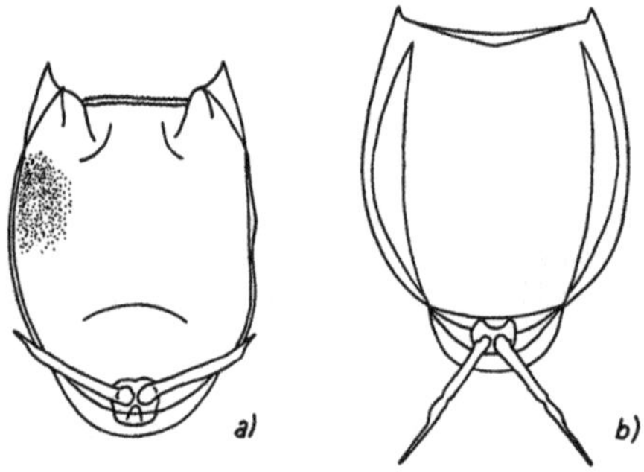

Abb. 29. *Lecane ungulata* (GOSSE)
a) Ventralansicht, Tier I; b) Ventralansicht, Tier II.

Bemerkungen: Die Maße des Tieres II (Abb. 29 b) entsprechen etwa den Angaben von VOIGT für *L. ungulata*. Gewisse Ähnlichkeit hat das Exemplar aus dem Stechlinsee auch mit *L. curvicornis* (MURRAY); allerdings sind die Seitenlinien nicht so geschwungen wie bei dieser Art, und die Maße stimmen gar nicht überein. Eher würden die Größenverhältnisse des Tieres I (Abb. 29 a) der *L. curvicornis* gleichkommen. Die Bestimmung des Tieres I erscheint mir unsicher. Ich stelle das Tier I, das mehrmals im Stechlinsee gefunden wurde, vorläufig zur Art *L. ungulata*; vielleicht läßt sich seine Artzugehörigkeit später eindeutig klären.

Verbreitung: Zwischen Pflanzen größerer und kleinerer Gewässer, auch im sauren Wasser. Kosmopolit.

82. *Lepadella acuminata* (EHRBG.), 1834

Maße: Panzerlg. 105 μ, Br. 65 μ; obere Br. 32 μ; Zehenlg. 25 μ; Halsausschnittstiefe dorsal 12 μ, ventral 22 μ; Fußöffnung 25 × 17 μ.

Literatur: VOIGT (1957), WULFERT (1956, 1960 a, 1960 b).

Verbreitung: Zwischen Pflanzen größerer und kleinerer Gewässer, auch in saurem Wasser. Kosmopolit.

83. *Lepadella ehrenbergi* (Perty), 1850

Maße: Panzerlg. 90 μ, Br. 67 μ; Zehenlg. etwa 25 und 33 μ; Halsausschnittstiefe ventral 13 μ; Fußöffnung 20 × 20 μ.
Literatur: Voigt (1957).
Verbreitung: Zwischen Pflanzen der Uferregion. Kosmopolit.

84. *Lepadella heterostyla* (Murray), 1913

Maße nach Voigt (1957): Panzerlg. 78–88 μ, Br. 78–90 μ; Zehenlg. 28–32 μ und 24–26 μ.
Literatur: Voigt (1957).
Verbreitung: Zwischen Pflanzen der Uferregion. Kosmopolit.

85. *Lepadella ovalis* (O. F. Müller), 1786

Maße: Panzerlg. 93 μ, Br. 80 μ; Zehenlg. 23 μ; Halsausschnittstiefe ventral 6 μ, Br. 32 μ; Fußöffnung 28 × 20 μ.
Literatur: Voigt (1957), Wulfert (1956, 1960 b, 1961).
Verbreitung: Zwischen Pflanzen größerer und kleinerer Gewässer, auch in saurem Wasser. Kosmopolit.

86. *Lepadella patella* (O. F. Müller), 1786

Maße: Panzerlg. 102–105 μ, Br. 65 μ; Zehenlg. 22–23 μ; Halsausschnittstiefe dorsal 8 μ, ventral 22 μ; Fußöffnung 40 × 20 μ.
Literatur: Hauer (1952), Voigt (1957), Wulfert (1956, 1960 a, 1960 b, 1961).
Verbreitung: Zwischen Pflanzen größerer und kleinerer Gewässer, auch in saurem Wasser. Kosmopolit.

87. *Lepadella patella* subsp. *minor* n. subsp. (Abb. 30)

Maße: Panzerlg. 79 μ, Br. 59 μ; Zehenlg. 19 μ; Halsöffnungstiefen 4 und 19 μ; Fußöffnung 23 × 17 μ.
Literatur: Hauer (1952), Voigt (1957).
Beschreibung: *L. patella* subsp. *minor* ist kleiner als die Stammart. Es kann kein Zweifel bestehen, daß das Tier aus dem Stechlinsee der Art *L. patella* angehört. Wegen der geringen Maße wurde ihr der Unterartname *minor* gegeben.
Verbreitung: Aus dem Stechlinsee bekannt geworden.

88. *Lepadella pseudosimilis* n. sp. (Abb. 31 a–c)

Maße: Panzerlg. 61 μ, Br. 44 μ; Zehenlg. 21 μ; Halsausschnittstiefen 15 und 9,5 μ; Fußöffnung 17 × 19 μ.

Literatur: Hauer (private Mitteilung), Voigt (1957).
Beschreibung: *L. pseudosimilis* ist ein kleines, flaches Rotator. Beim Schwimmen wirkt es sehr schmal. Die Kopföffnung ist weit. Die Fußöffnung ist wie bei *L. patella* subsp. *similis* sechseckig, aber stärker geschwungen. Auf Grund der Kleinheit des Tieres, der großen Kopföffnung, des flachen Körpers und der eigenartigen Fußöffnung stelle ich die neue Art *L. pseudosimilis* auf.
Verbreitung: Aus dem Stechlinsee bekannt geworden.

Abb. 30. *Lepadella patella* subsp. *minor* n. subsp. Ventralansicht.

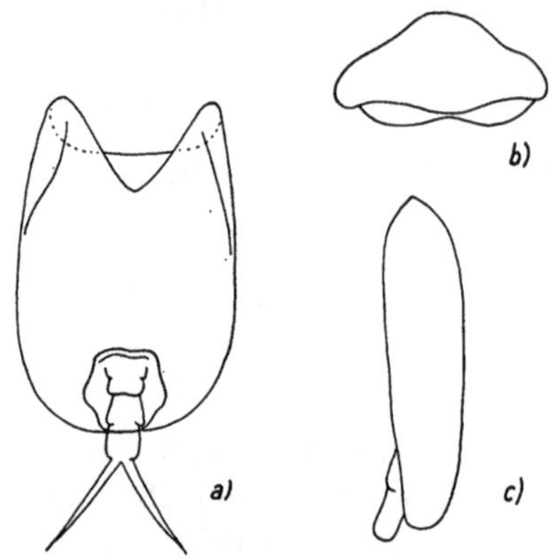

Abb. 31. *Lepadella pseudosimilis* n. sp. a) Ventralansicht; b) Querschnitt; c) Lateralansicht.

89. *Lepadella triptera* Ehrbg., 1830

Maße: Panzerlg. 72 μ, Br. 55–66 μ; Zehenlg. 15–20 μ; Halsausschnittstiefe 17 μ; Fußöffnung 20–22 × 12–16 μ.
Literatur: Myers (1934), Voigt (1957), Wulfert (1956, 1960 a, 1960 b, 1961).
Verbreitung: Zwischen Pflanzen größerer und kleinerer Gewässer, auch in saurem Wasser. Kosmopolit.

90. *Lindia euchromatica* subsp. *europaea* Koch-Althaus, 1962

Maße: Lg. total 200–303 μ; Zehenlg. 9–10 μ; Kauer 43 μ; Fulcrum 9 μ; Ramus 9 μ; Manubria 23–27 μ.
Literatur: Koch-Althaus (1962 a).
Verbreitung: Aus dem Stechlinsee bekannt geworden.

91. *Lindia torulosa* Dujardin, 1841 (Abb. 32 a–b)

Maße: Lg. total 260–270 μ; Zehenlg. 15 μ; Kauer 21 μ; Fulcrum 8–9 μ; Rami 12 μ; Unci 13 μ; Manubria 16 μ.
Literatur: Voigt (1957), Wulfert (1956, 1961).
Verbreitung: Zwischen Wasserpflanzen auch in saurem Wasser. Kosmopolit.

92. *Lophocharis oxysternon* (Gosse), 1851

Maße: Panzerlg. 150—156 μ; Zehenlg. 29 μ.
Literatur: Voigt (1957).
Bemerkungen: Die Querfurche im Panzer oberhalb des Fußes war nicht sehr ausgeprägt.
Verbreitung: Zwischen Pflanzen der Uferregion, auch im Plankton. Kosmopolit. Im Stechlinsee nur im Plankton gefunden.

93. *Macrochaetus subquadratus* Perty, 1850

Maße: Lg. total etwa 165 μ; Fußlg. etwa 55 μ; Zehenlg. 19 μ; Panzerlg. (kontrahiert) 77 μ, Br. 72 μ; Lg. des letzten Fußgliedes 13—14 μ.
Literatur: Voigt (1957), Wulfert (1961).
Verbreitung: Zwischen Pflanzen der Uferregion, auch in saurem Wasser. Kosmopolit.

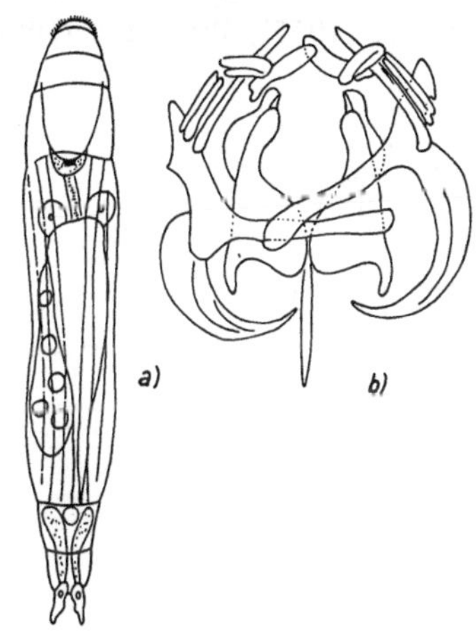

Abb. 32. *Lindia torulosa* Dujardin
a) Aufsicht; b) Kauer, Aufsicht.

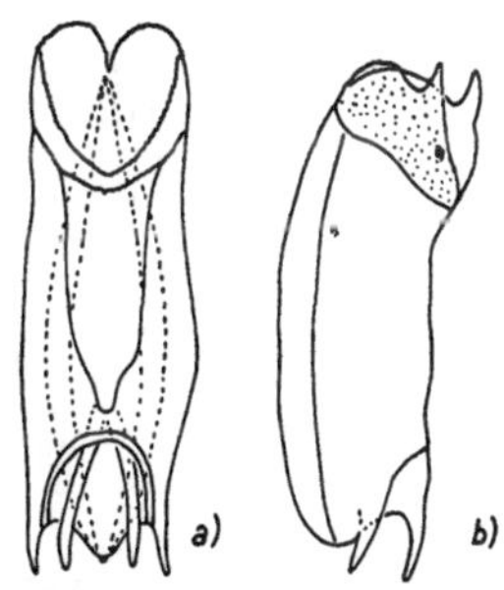

Abb. 33. *Mytilina ventralis* (Ehrbg.)
a) Ventralansicht; b) Lateralansicht.

94. *Monommata longiseta* (O. F. Müller), 1786

Maße: Körperlg. ohne Fuß 86 μ; rechte Zehe 152 μ; linke Zehe 120 μ.
Literatur: Voigt (1957).
Verbreitung: Zwischen Pflanzen der Uferregion, auch in saurem Wasser. Kosmopolit.

95. *Mytilina ventralis* (Ehrbg.), 1832 (Abb. 33 a—b)

Maße: Panzerlg. 228 μ; Halsausschnittstiefe ventral 52 μ; Zehenlg. 74 μ.
Literatur: Voigt (1957), Wulfert (1956, 1960 b).
Bemerkungen: Die Tiere aus dem Stechlinsee entsprechen keiner der von Voigt (1957, S. 164) beschriebenen Varietäten. Für *M. ventralis* var. *brevispina*,

der sie am meisten gleichen, sind der Panzer zu lang und die Dornen zu kräftig. Wulfert (1956, 1960 b) bringt nur eine Abbildung des Tieres ohne Beschreibung. Ich ordne die *Mytilina* keiner Varietät zu und bezeichne sie einfach als *M. ventralis*.

Verbreitung: Zwischen Pflanzen der Uferregion, auch in saurem Wasser.

96. *Mytilina ventralis* var. *brevispina* (Ehrbg.), 1832

Maße nach Voigt (1957): Panzerlg. 176—215 μ.

Literatur: Voigt (1957), Wulfert (1961).

Verbreitung: Zwischen Pflanzen größerer und kleinerer Gewässer, auch im Moor. Kosmopolit.

97. *Notholca acuminata* (Ehrbg.), 1832 (Abb. 34 a)

Maße: Lg. total 370 μ; vordere Dornlg. 44 μ; hintere Dornlg. 72 μ; Br. 110 μ.

Literatur: Carlin (1943), Hauer (1915), Voigt (1957), Wulfert (1961).

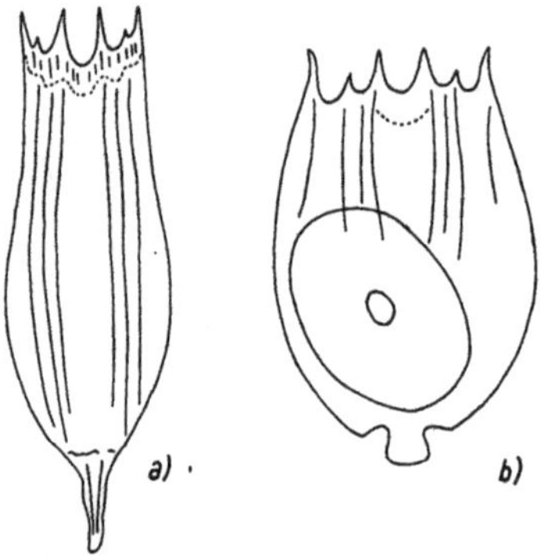

Abb. 34. *Notholca*-Arten
a) *N. acuminata* (Ehrbg.), Dorsalansicht; b) *N. labis* Gosse, Dorsalansicht.

Bemerkungen: Die *N. acuminata* aus dem Stechlinsee ist sehr groß; Voigt (1957, S. 191) gibt 136—300 μ an. Der hintere Fortsatz hat eine Verdickung (vgl. Abb. 34 a), die mir bisher bei Vertretern dieser Art noch nicht aufgefallen ist. In der Panzerausbildung steht die *N. acuminata* aus dem Stechlinsee zwischen der *N. acuminata* var. *extensa* und der *N. acuminata* mit kurzem Hinterdorn, die Hauer (1925) abbildet.

Verbreitung: Im Plankton, auch in saurem Wasser. Kosmopolit.

98. *Notholca labis* Gosse, 1887 (Abb. 34 b)

Maße: Panzerlg. 139 μ, Br. 89 μ; hintere Dornlg. 12 μ, Br. 15 μ; vordere Dornlg. 16 μ; Ei 72 × 55 μ.

Literatur: Carlin (1943), Voigt (1957), Wulfert (1961).

Bemerkungen: Der Panzer ist nicht „zweimal so lang als breit“, wie Voigt (1957, S. 191) als charakteristisch angibt. Dennoch besteht kein Zweifel, daß die Tiere aus dem Stechlinsee zu dieser Art gehören. Der Hinterdorn ist kurz und verbreitert sich am freien Ende. Die sehr ähnliche Art *N. limnetica* unterscheidet sich von der vorliegenden durch den deutlich längeren Hinterdorn.

Verbreitung: Zwischen Pflanzen größerer und kleinerer Gewässer, auch in saurem Wasser. Kosmopolit.

99. *Notholca squamula* (O. F. Müller), 1786

Maße nach Koch-Althaus (1962 b): Panzerlg. 132,5 μ; Br. 107,5 μ; vordere Dornlg. 15 μ.

Literatur: Koch-Althaus (1962 b), Voigt (1957), Wulfert (1961).

Verbreitung: Zwischen Pflanzen größerer und kleinerer Gewässer, auch in saurem Wasser.

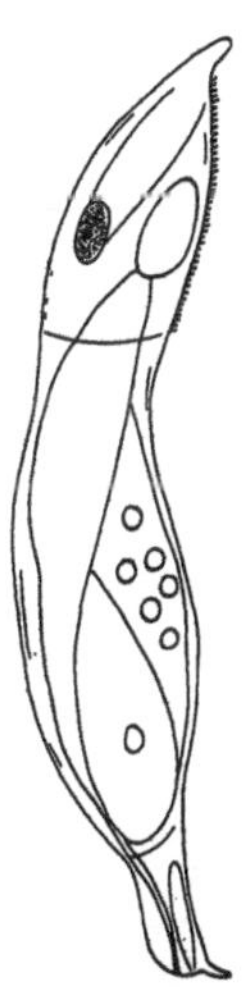

Abb. 35.
Notommata contorta (Stokes)
Lateralansicht.

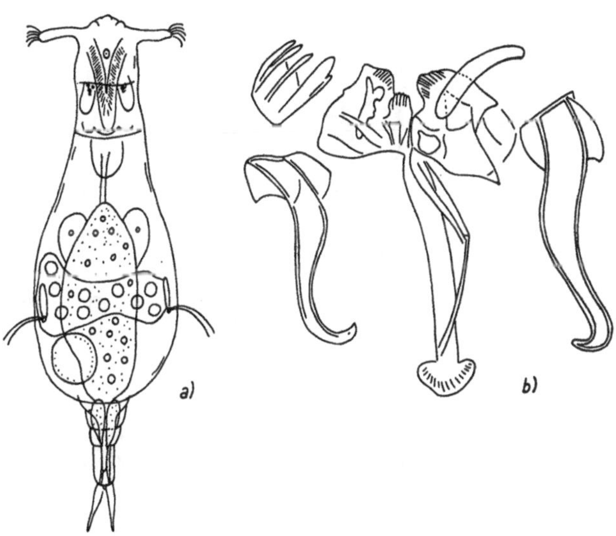

Abb. 36. *Notommata copeus* Ehrbg.
a) Aufsicht; b) Kauer, Aufsicht.

100. *Notommata contorta* (Stokes), 1897 (Abb. 35)

Maße: Lg. total etwa 206—300 μ; Zehenlg. 10 μ.

Literatur: Voigt (1957).

Bemerkungen: Diese Art ist sofort an ihrer charakteristischen Körperhaltung zu erkennen. Der Retrocerebralsack war mit Bakteroiden gefüllt. Ein Augenfleck wurde nicht gesehen. Blase fehlt. 8 Dotterstockkerne sind vorhanden. Die langen Fußdrüsen füllen den schmalen Fuß aus.

Verbreitung: Bisher aus Teichen bekannt.

101. *Notommata copeus* EHRBG., 1834 (Abb. 36 a—b)

Maße: Lg. total 812 μ; Zehenlg. 55 μ; Kauer 105 μ; Fulcrum 70 μ; Manubrium links 68 μ, rechts 82 μ.

Literatur: VOIGT (1957), WULFERT (1956, 1960 a, 1960 b).

Bemerkungen: Ergänzend zu den bereits in der Literatur vorliegenden Beschreibungen dieses Tieres konnte festgestellt werden, daß das Ovar bandförmig ist und 10 Dotterstockkerne enthält.

Verbreitung: Zwischen Pflanzen des Litorals, auch in sauren Gewässern. Kosmopolit.

102. *Notommata cyrtopus* GOSSE, 1886 (Abb. 37 a—d)

Maße: Lg. total etwa 200—250 μ; Zehenlg. 27—30 μ; Kauer 30—31 μ; Fulcrum 20—21 μ; Rami 11,5—12 μ; Manubria 23 μ.

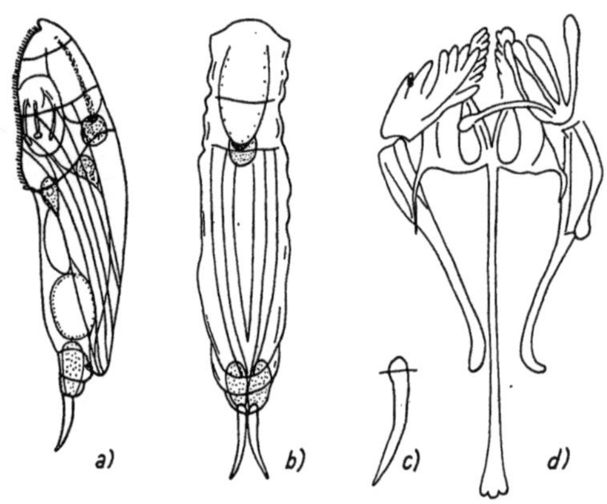

Abb. 37. *Notommata cyrtopus* GOSSE
a) Lateralansicht; b) Aufsicht; c) Zehe; d) Kauer, Aufsicht.

Literatur: VOIGT (1957), WULFERT (1956, 1961).

Verbreitung: Zwischen Pflanzen der Uferregion, auch in sauren Gewässern. Kosmopolit.

103. *Notommata glyphura* WULFERT, 1935

Maße: Lg. total 220 μ; Zehenlg. 22 μ; Kauer 38 μ; Fulcrum 23 μ; Rami 12 μ; Unci 11 μ; Manubria 25 μ.

Literatur: DONNER (1954), VOIGT (1957), WULFERT (1935, 1960 b).

Bemerkungen: Die Funde aus dem Stechlinsee sind sehr viel kleiner als die *N. glyphura* bei WULFERT (Lg. 450 μ; Zehenlg. 24 μ; Kauer 70 μ) und DONNER (Lg. 325 und 354 μ). Die Größe der Art scheint also zu schwanken und ist kein so charakteristisches Merkmal wie WULFERT (1960, S. 324) betont. Der Unterschied der Zehenlängen ist gering. Der gekerbte Schwanzanhang wurde deutlich gesehen.

Verbreitung: In alkalischen und leicht sauren Gewässern.

104. *Notommata omentata* Wulfert, 1939 (Abb. 38 a—d)

Maße: Lg. total etwa 230 μ; Zehenlg. 10 μ; Kauer 48 μ; Fulcrum 35 μ; Rami 10 μ; Manubria 35 μ. Nach Wulfert (1939): Lg. total 200—220 μ; Zehenlg. 14 μ; Kauer 35 μ; Fulcrum 28 μ; Rami 12 μ; Manubria 34 und 29 μ.

Literatur: Voigt (1957), Wulfert (1939, 1960 b).

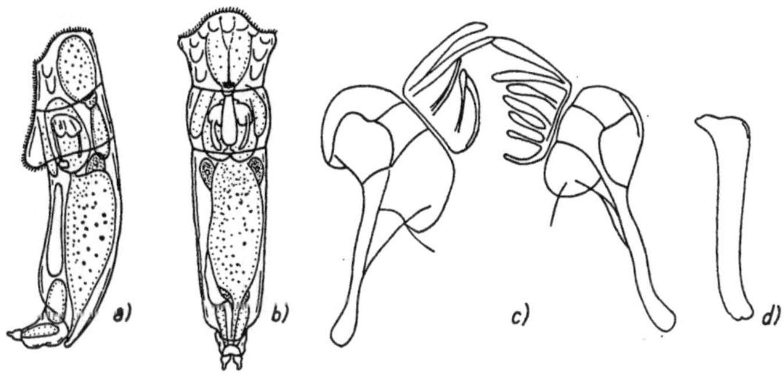

Abb. 38. *Notommata omentata* Wulfert
a) Lateralansicht; b) Aufsicht; c) Kauerteile, Manubria mit Unci; d) Fulcrum.

Bemerkungen: Ein Vergleich der oben angeführten Maße zeigt die Hauptunterschiede in der Zehenlänge und in der Körpergröße. Die Zehen der *N. omentata* aus dem Stechlinsee sind kleiner. Beweglichkeit der Zehenspitzen, wie es Wulfert angibt, konnte nicht beobachtet werden. Der Kauer ist größer als bei Wulferts Tieren. Die Unci haben jederseits 2 große Zähne. Wulfert gibt einmal (1939) 2 und 3, einmal (1960) 4 und 5 große Zähne an; das Merkmal schwankt also.

Verbreitung: Bisher in Deutschland, Polen und Ungarn gefunden; auch in sauren Gewässern vorkommend.

105. *Notommata pseudocerberus* de Beauchamp, 1908 (Abb. 39 a—b)

Maße: Lg. total 450 — etwa 500 μ; Zehenlg. 34—35 μ; Kauer 43 μ; Fulcrum 25 μ; Rami 18 μ; Manubria 25 μ.

Literatur: Donner (1954), Voigt (1957), Wulfert (1956, 1961).

Bemerkungen: Der dreiteilige Schwanzanhang wurde sehr gut gesehen. 8 große Dotterstockkerne wurden gezählt. Das Tier hatte Algen im Magen.

Verbreitung: Zwischen Pflanzen des Litorals, auch in sauren Gewässern. Kosmopolit.

106. *Notommata tripus* EHRBG., 1838

Maße nach VOIGT (1957): Lg. total 170—200 μ; Zehenlg. 18—20 μ; Sporen des Schwanzanhanges 16—22 μ; Kauer 30 μ.
Literatur: DONNER (1954), VOIGT (1957), WULFERT (1961).
Verbreitung: Zwischen Pflanzen der Uferzone, auch in sauren Gewässern. Kosmopolit.

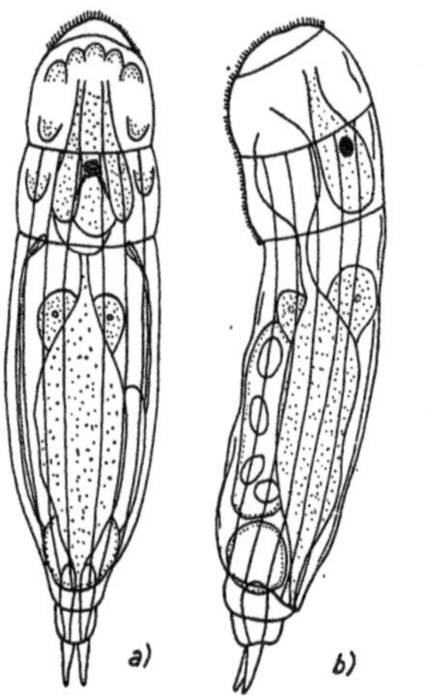

Abb. 39. *Notommata pseudocerberus* DE BEAUCHAMP
a) Aufsicht; b) Lateralansicht.

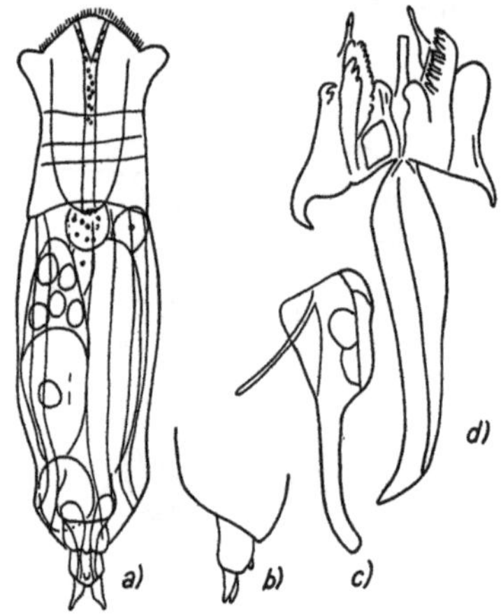

Abb. 40. *Notommata voigti* DONNER
a) Aufsicht; b) Fuß, seitlich;
c) Manubrium; d) Rami und Fulcrum.

107. *Notommata voigti* DONNER, 1949 (Abb. 40 a—d)

Maße: Lg. total etwa 210 μ; Zehenlg. 11 μ; Kauer 38 μ; Fulcrum 25 μ; Rami 13 μ; Manubria 29 μ.
Literatur: VOIGT (1957), WULFERT (1960 b, 1961).
Bemerkungen: Der Fuß war deutlich 3-gliedrig. Obgleich der Schwanzanhang den Fuß bis zum Beginn des letzten Fußgliedes bedeckt, sind die einzelnen Glieder des Fußes gut zu erkennen. Der Zapfen am letzten Fußglied ist leicht zu sehen. Die Blase liegt auf der linken Seite des Körpers. In der Abbildung 40 d ist das Fulcrum seitlich dargestellt.
Verbreitung: Bisher aus Teichen und saurem Wasser bekannt geworden.

108. *Philodina megalotrocha* EHRBG., 1832

Maße nach VOIGT (1957): Lg. 120—270 μ; Sporen 11—13 μ; Kauer 33 μ.
Literatur: VOIGT (1957), WULFERT (1956, 1960 a, 1960 b).
Verbreitung: Zwischen Pflanzen in größeren und kleineren Gewässern, auch in saurem Wasser.

109. *Philodina roseola* EHRBG., 1832

Maße nach VOIGT (1957): Lg. 520–540 μ; Kauer 18–29,5 μ.
Literatur: VOIGT (1957), WULFERT (1960 a, 1960 b).
Verbreitung: Zwischen Pflanzen größerer und kleinerer Gewässer, auch in saurem Wasser. Kosmopolit.

110. *Platyias quadricornis* (EHRBG.), 1832

Maße: Panzerlg. mit Dornen 240 μ; Vorderdornenlg. 43 μ; Hinterdornenlg. 46 μ; Br. 175 μ; Zehenlg. 41 μ.
Literatur: VOIGT (1957).
Verbreitung: Zwischen Pflanzen größerer und kleinerer Gewässer. Auch im Moor. Kosmopolit.

111. *Pleurotrocha petromyzon* EHRBG., 1830

Maße: Lg. total 250 μ; Zehenlg. 14 μ; Kauer etwa 35 μ; Fulcrum etwa 25 μ; Manubrium 24 μ.
Literatur: VOIGT (1957), WULFERT (1935, 1956, 1960 b, 1961).
Bemerkungen: Der kleine ventrale Zapfen am Manubrium wurde gut gesehen.
Verbreitung: Zwischen Pflanzen größerer und kleinerer Gewässer, auch in saurem Wasser. Kosmopolit.

112. *Ploesoma hudsoni* (IMHOF), 1891

Maße: Lg. des Körpers 303 μ; Br. 204 μ; Zehenlg. 69 μ; Fulcrum 61 μ; Manubrium 61 μ.
Literatur: VOIGT (1957), WULFERT (1956, 1961).
Verbreitung: Im Plankton größerer Gewässer, auch im Moor.

113. *Polyarthra dolichoptera* IDELSON, 1925

Maße: Körperlg. 124–152 μ; Flossenlg. 133–184 μ; Flossenbr. 10–14 μ; Ventralstachellg. 48–68 μ.
Literatur: DONNER (1954), VOIGT (1957).
Bemerkungen: Um die Ventralstacheln sichtbar zu machen, wurden die Tiere mit Pikronigrosin behandelt. 8 Dotterstockkerne wurden gezählt.
Verbreitung: Im Plankton größerer und kleinerer Gewässer.

114. *Polyarthra dolichoptera* ? (*P. vulgaris* ?) f. *aptera* (Abb. 41 a–b)

Maße: Lg. 210–250 μ; Kauer 70 μ; Fulcrum 30–31 μ; Rami 42–48 μ; Unci 11 μ; Manubria 40–43 μ.
Literatur: CARLIN (1943), DONNER (1954), VOIGT (1957).
Bemerkungen: DONNER (1954, S. 101) bringt eine Abbildung des Tieres und des Kauers. Meine Funde weichen von dieser Darstellung etwas ab. Die Gestalt

der flossenlosen Polyarthren aus dem Stechlinsee war birnenförmig. Neben den 2 kräftigen Tastern am Kopfende standen 6 Borsten. Lateraltaster waren nicht zu erkennen, auch nachdem das Objekt mit Neutralrot gefärbt worden war. Die rechte Magendrüse (Tier von ventral gesehen), stärker entwickelt als die linke, ist an einem Muskelstrang befestigt. Der Kauer ist dem bei DONNER abgebildeten ähnlich. Die Rami des Stechlinseetieres sind mehr geschwungen und weisen außer dem einen auch von DONNER gezeichneten großen Zahn noch eine feine Zähnelung auf. Die Manubria haben nur außen zwei Lamellen, während die Manubria bei DONNER zwei Lamellen innen und eine Lamelle außen

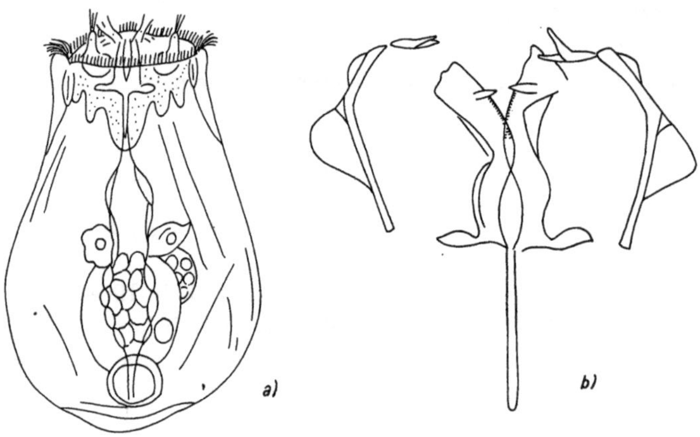

Abb. 41. *Polyarthra dolichoptera* IDELSON ? (*P. vulgaris* CARLIN ?) f. *aptera*
a) Aufsicht, b) Kauer, Aufsicht.

besitzen. Unci werden bei DONNER nicht erwähnt. Ich fand Unci, die zweispitzig zu sein scheinen. Die rechte Seite war eindeutig, die linke Seite unsicher. Rechts ist der Kauer kräftiger als links ausgebildet. Die meisten Tiere trugen ein Ei. Bisher konnte nicht geklärt werden, welcher der beiden im See vorkommenden Arten, *P. dolichoptera* oder *P. vulgaris*, diese flossenlose Form zuzuordnen ist.

Verbreitung: Im Plankton.

115. *Polyarthra vulgaris* CARLIN, 1943

Maße: Körperlg. 137 μ; Br. 88 μ; Flossenlg. 153 μ; Flossenbr. 16—19 μ; Fulcrum 35 μ.

Literatur: CARLIN (1943), VOIGT (1957), WULFERT (1961).

Verbreitung: Im Plankton größerer Gewässer, auch in saurem Wasser.

116. *Proales decipiens* (EHRBG.), 1831

Maße: Lg. total 203—250 μ; Zehenlg. 7—13 μ; Kauer 18 μ; Fulcrum 7—9 μ; Rami 9—10 μ; Unci 10 μ; Manubria 17—18 μ.

Literatur: VOIGT (1957), WULFERT (1956, 1960 a, 1961).

Bemerkungen: Die Merkmale dieser schwer zu bestimmenden Art, das meist nach rechts verschobene Auge, Fensterbildung in den Rami und Zahnbildung der Unci, wurden beobachtet. Die Anzahl der Uncuszähne scheint ein schwankendes Merkmal zu sein.

Verbreitung: Zwischen Pflanzen kleinerer Gewässer, auch im Moor.

117. *Proales fallaciosa* WULFERT, 1937

Maße: Lg. total etwa 220—225 μ; Zehenlg. 13—14 μ; Kauer 28 μ; Fulcrum 6—9 μ; Rami 9—11 μ; Unci 9 μ; Manubria 17—21 μ.

Literatur: DONNER (1954), VOIGT (1957), WULFERT (1939, 1956, 1960 a, 1960 b).

Bemerkungen: Die Exemplare aus dem Stechlinsee sind kleiner als die typischen Vertreter der Art, deren normale Länge 275—320 μ beträgt. DONNER fand ein Exemplar von 250 μ; er vermutete wegen der Eigenheiten der inneren Morphologie, eine Varietät der vorliegenden Art gefunden zu haben. Die Tiere aus dem Stechlinsee besaßen außer ihrer Kleinheit keine Besonderheiten.

Verbreitung: In größeren und kleineren Gewässern, auch in saurem Wasser.

118. *Proales micropus* GOSSE, 1886 (Abb. 42 a—c)

Maße: Lg. total etwa 140 μ; Zehenlg. etwa 6 μ.

Literatur: VOIGT (1957).

Bemerkungen: Über den beiden sehr kleinen Zehen liegt in der Kutikula ein lichtbrechender Fleck (vgl. Abb. 42 a). Die Zehen wurden meistens ventralwärts eingeschlagen. Ein kleines Rostrum ist ausgebildet; ein rotes Cerebralauge wurde beobachtet. Acht Dotterstockkerne. Die Zehenspitzen sind beweglich. Bei stärkerer Vergrößerung sind feine Streifen in den Zehen sichtbar.

Verbreitung: In Teichen und Moorgewässern, selten.

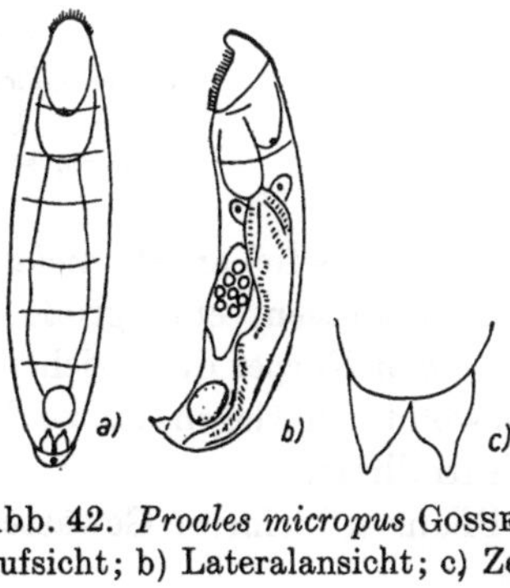

Abb. 42. *Proales micropus* GOSSE
a) Aufsicht; b) Lateralansicht; c) Zehen.

119. *Proales sordida* GOSSE, 1886

Maße: Lg. total 185 μ; Zehenlg. 11 μ; Kauer 29 μ; Fulcrum 21 μ; Rami 10 μ; Manubria 23 μ.

Literatur: VOIGT (1957), WULFERT (1939, 1956).
Bemerkungen: *P. sordida* ist im Gegensatz zu *P. decipiens* gedrungen. Ein Kennzeichen dieser Art sind neben anderen Merkmalen die Alulae an den Rami und das lange, zum freien Ende hin verbreiterte Fulcrum.
Verbreitung: In kleineren Gewässern, auch in saurem Wasser.

120. *Proalinopsis caudatus* (COLLINS), 1872 (Abb. 43 a—b)

Maße: Lg. total etwa 260 μ; Zehenlg. etwa 21 μ.
Literatur: VOIGT (1957), WULFERT (1956).
Bemerkungen: WULFERT gibt eine ausführliche Beschreibung (1956, S. 484) dieser Art. Er fand zwischen den Zehen ein Zäpfchen und am Grunde jeder Zehe eine etwa 5 μ große Scheide. Beides wurde an dem Fund aus dem Stech-

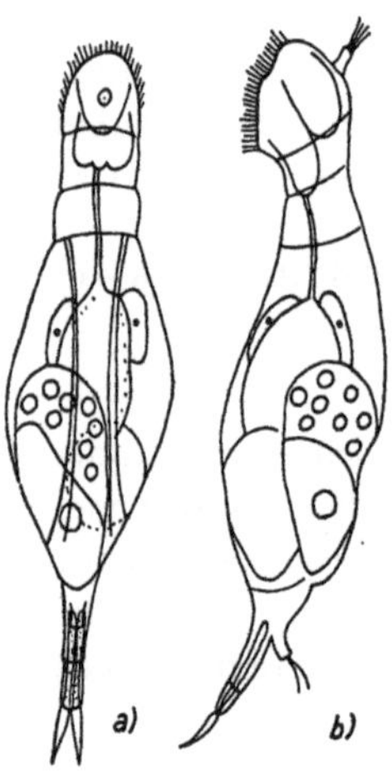

Abb. 43. *Proalinopsis caudatus* (COLLINS)
a) Aufsicht; b) Lateralansicht.

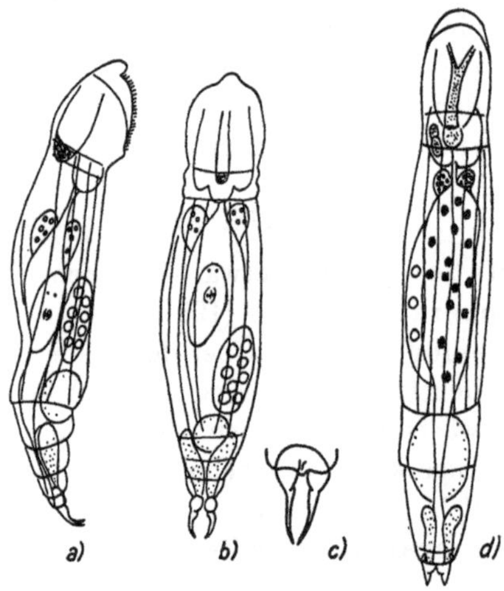

Abb. 44. *Resticula*-Arten
R. melandocus (GOSSE): a) Lateralansicht; b) Aufsicht; c) Zehen.
R. nyssa HARRING & MYERS: d) Aufsicht.

linsee nicht festgestellt. Folgendes fiel an *P. caudatus* auf: Ein rotes Cerebralauge, lange Magen- und Fußdrüsen, eine große Blase, 8 Dotterstockkerne, Protonephridialstränge, die den Körper durchziehen. Sowohl Rücken als auch Bauchlinie sind leicht gewölbt, im Gegensatz zu WULFERTS Feststellung; er fand Tiere mit flacher Ventrallinie.
Verbreitung: Zwischen Pflanzen kleinerer Gewässer, auch in saurem Wasser. Kosmopolit.

121. *Resticula melandocus* (GOSSE), 1887 (Abb. 44 a—c)

Maße: Lg. total 210—300 μ; Zehenlg. etwa 25—27 μ; Kauer 40 μ; Fulcrum 25 μ.
Literatur: VOIGT (1957), WULFERT (1939).

Bemerkungen: Ergänzend kann zur Beschreibung der Art gesagt werden, daß zwischen beiden Zehen ein kleiner Zapfen sichtbar wurde, wenn sich die Zehen hoben (vgl. Abb. 44c).

Verbreitung: Zwischen Pflanzen größerer und kleinerer Gewässer.

122. *Resticula nyssa* Harring & Myers, 1924 (Abb. 44 d)

Maße nach Harring & Myers (1924): Lg. total 300–350 μ; Zehenlg. 14–15; Kauer 50 μ. Maße nach Wulfert (1940): Lg. total 480–550 μ; Zehenlg. 20 μ; Kauer 53–60 μ.

Literatur: Harring & Myers (1924), Voigt (1957), Wulfert (1940).

Verbreitung: Zwischen Uferpflanzen. Wulfert fand das Tier in einem Moorgewässer.

123. *Rotaria rotatoria* (Pallas), 1766

Maße nach Voigt (1957): Lg. 230–1090 μ.

Literatur: Voigt (1957), Wulfert (1960 a, 1960 b).

Verbreitung: Zwischen Pflanzen in größeren und kleineren Gewässern, auch in saurem Wasser. Kosmopolit.

124. *Scaridium longicaudum* (O. F. Müller), 1786

Maße: Lg. total 360–423 μ, Maße nach Olofsson in Voigt (1957): Lg. der zwei ersten Fußglieder 45 μ; letztes Fußglied 75 μ; Zehenlänge 135 μ.

Literatur: Voigt (1957), Wulfert (1960 b, 1961).

Verbreitung: Zwischen Pflanzen größerer und kleinerer Gewässer, auch in saurem Wasser. Kosmopolit.

125. *Sinantherina socialis* (Linné), 1758

Maße nach Voigt (1957): Lg. 900 μ.

Literatur: Voigt (1957), Wulfert (1939).

Verbreitung: An Pflanzen der Uferzone größerer und kleinerer Gewässer, auch frei schwimmend.

126. *Squatinella rostrum* (Schmarda), 1846

Maße nach Voigt (1957): Lg. total 150–217 μ; Zehenlg. 24–28 μ.

Literatur: Voigt (1957), Wulfert (1960a, 1960b, 1961).

Verbreitung: Zwischen Pflanzen größerer und kleinerer Gewässer, auch in saurem Wasser. Kosmopolit.

127. *Squatinella tridentata* var. *mutica* (Ehrbg.), 1832

Maße nach Voigt (1957): Lg. total 100–226 μ.

Literatur: Voigt (1957), Wulfert (1956, 1961 [*S. tridentata*]).

Verbreitung: In kleineren Gewässern, oft mit *S. tridentata* vergesellschaftet. Kosmopolit.

128. *Synchaeta asymmetrica* n. sp. (Abb. 45a—k, 46a—c)

Maße: Lg. total 275—290 μ; Zehenlg. 15 μ; Kauerlg. 93 μ; Fulcrum 44—55 μ; Manubria 42—51 μ; Rami 38—39 μ. *Synchaeta baltica* EHRBG.: Lg. total 190—523 μ. *Synchaeta verrucosa* NIPKOW: Körperlg. 160—200 μ; Fuß mit Zehen 24 μ.

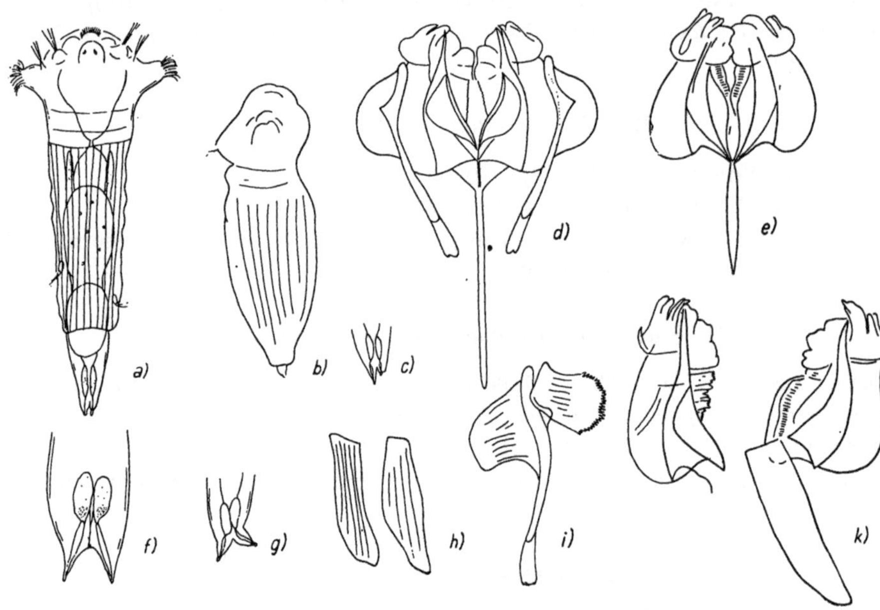

Abb. 45. *Synchaeta asymmetrica* n. sp.
a) Aufsicht; b) Lateralansicht eines etwas kontrahierten Tieres; c) Fuß, rechte Zehe eingezogen; d) Kauer, Aufsicht; e) Kauer ohne Manubria, Aufsicht; f) und g) Fuß; h) Fulcrum, seitlich; i) Manubrium; k) Rami und Fulcrum, etwas gedreht.

Literatur: EHRENBERG (1838), NIPKOW (1961), REMANE (1929), ROUSSELET (1902).

Beschreibung: *Synchaeta asymmetrica* n. sp. hat große Ähnlichkeit mit der bei ROUSSELET (1902) abgebildeten *S. baltica* EHRBG. (Abb. 46a); sie hat jedoch nichts gemein mit der Originalabbildung bei EHRENBERG (Abb. 46b) und der *S. baltica* bei REMANE (Abb. 46c). Ob es sich bei den in Abbildung 46 wiedergegebenen drei Rotatorien tatsächlich um Vertreter der Art *S. baltica* handelt, müßte gesondert bearbeitet werden. NIPKOW beschreibt 1961 eine *S. verrucosa*, die ebenfalls der *Synchaeta* aus dem Stechlinsee recht ähnlich ist. Doch *S. asym-*

metrica hat eine bei sorgfältiger Beobachtung auffallende Besonderheit, die NIPKOW sicher auch festgestellt hätte, wenn es sich um die gleiche Art handelte. *S. asymmetrica* zeigt meist eine große und eine kleine Zehe (vgl. Abb. 45g); die Zehen (vielleicht nur eine) können eingezogen werden (vgl. Abb. 45c). Ich habe nie beobachtet, daß beide Zehen gleichzeitig zurückgezogen waren. Bei einem Exemplar saßen auch die Lateraltaster verschieden hoch (Abb. 45a), was aber nicht als Merkmal gelten kann, da es nur einmal beobachtet wurde.

Im Folgenden will ich *S. asymmetrica* beschreiben und mit *S. verrucosa* und *S. baltica* bei ROUSSELET vergleichen: *S. asymmetrica* und *S. verrucosa* sind verschieden groß. *S. asymmetrica* ist ein langgestrecktes graues wurmförmiges

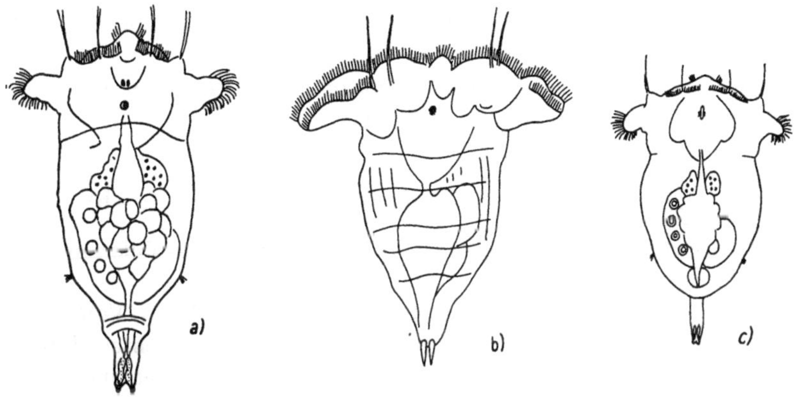

Abb. 46. *Synchaeta baltica* EHRBG.
a) nach HOOD in ROUSSELET (1902); b) nach EHRENBERG (1838);
c) nach REMANE (1929).

Tier. Die Kutikula ist wie bei *S. verrucosa* gestreift. Die Wimperohren sind ähnlich wie bei *S. tavina* gebildet. NIPKOW weist auf die Ähnlichkeit seiner *Synchaeta* mit *S. tavina* bereits hin; dies trifft auch für *S. asymmetrica* zu. Der Fuß ist vom Körper nicht deutlich abgesetzt; die Zehen sind kräftig. Sie werden sowohl zusammen als auch gespreizt gehalten. Die Außenlinien der Zehen verlaufen gewölbt; eine kleine „stumpfe" Spitze ist aufgesetzt. Die Zehen erscheinen, wie bereits gesagt wurde, ungleich groß. Auch die Fußdrüsen eines Tieres zeigen nicht die gleiche Größe. Die Drüsen füllen den Fuß halb aus; man kann, wie es ROUSSELET beschreibt, gut die Ausführungskanälchen in die Zehenspitzen verfolgen. ROUSSELET schreibt: „The foot is stout, of considerable size, and carries two thick obtuse toes, well seperated, in which the fine canals of the foot glands can be readily seen. The toes are not pointed, but distinctly cut off, or truncate and flat at the tip." Die Zehendrüsen scheinen platter zu sein als die des Stechlinseetieres. In der Beschreibung ROUSSELETS wird die Möglichkeit erwogen, daß der Ringwulst oberhalb des Fußes durch den etwas eingezogenen Fuß zustande kommt und daß beim lebenden Tier der Körper direkt in den Fuß übergeht, wie es bei *S. asymmetrica* der Fall ist. Zwei rote Augen sind vorhanden; auch *S. verrucosa* besitzt als erwachsenes Tier meist 2 rote Augen und ROUSSELET gibt an, daß das Auge der *S. baltica* meist in 2 Teile zerfällt. Von der inneren Organisation sind bemerkenswert die sehr große Blase mit einem Durchmesser von 76 μ und die 30 μ langen schmalen Magendrüsen. 8 Dotterstockkerne sind vorhanden. Die Kauer von *S. verrucosa* und *S. asymmetrica* sind sehr verschieden. Die Unci sind mit kräftigen, stumpfen Zähnen versehen; NIPKOW schreibt von seinem Tier: „Die Unci tragen je einen kurzen stumpfen Nagel". Das Fulcrum ist lang und von der Seite her gesehen zum freien Ende hin abgerundet. Die zweiteiligen Manubria tragen schwer sichtbare Lamellen. Die Außenlamelle hat einen gesägten Rand. NIPKOW zeichnet einfache lamellenlose Manubrien. Feine Lamellen finden wir auch am Innenrand der Rami.

S. asymmetrica wurde häufig im Plankton des Stechlinsees gefunden; es ist ein schnell absterbendes, empfindliches Tier.

129. *Synchaeta grandis* ZACHARIAS, 1893 (Abb. 47a—b)

Maße: Lg. total 413—525 μ; Zehenlg. 5 μ; Kauer 158—219 μ; Fulcrum 74—126 μ; Rami 91—95 μ; Manubria 128—172 μ.

Literatur: CARLIN (1945), NIPKOW (1961); ROUSSELET (1902), VOIGT (1957).

Bemerkungen: Die Zehen sind sehr kurz. Es wurde beobachtet, daß der Fuß so gestreckt werden kann, daß die Zehen nur noch angedeutet sind. Der Kauer

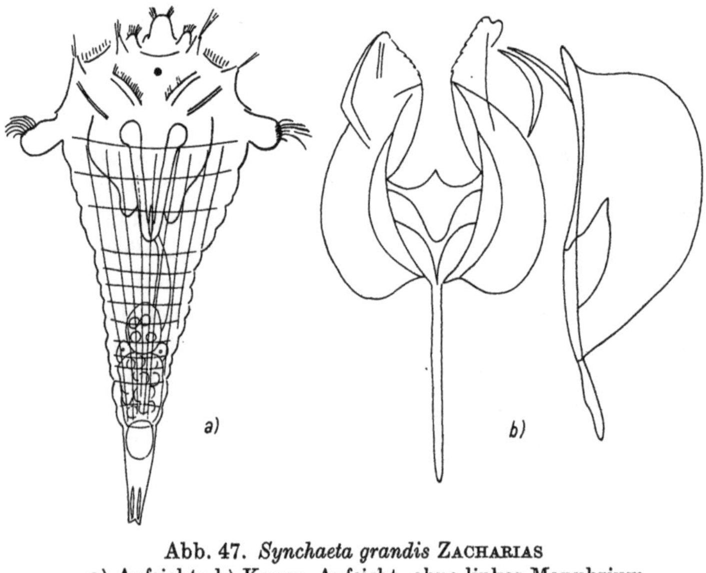

Abb. 47. *Synchaeta grandis* ZACHARIAS
a) Aufsicht; b) Kauer, Aufsicht, ohne linkes Manubrium.

ist groß und zart. Die Unci sind fein gezähnt; das Fulcrum ist lang und schmal. Die Manubria sind dreigliedrig und besitzen eine große Lamelle; beide sind gleich gestaltet.

Verbreitung: Im Plankton von Seen, auch in sauren Gewässern.

130. *Synchaeta oblonga* EHRBG., 1832 (Abb. 48a–b)

Maße: Lg. total etwa 200–300 μ; Kauer 105 μ; Fulcrum 57–66 μ; Rami und Unci 34–49 μ; Manubria 64–80 μ.

Literatur: ROUSSELET (1902), VOIGT (1957), WULFERT (1961).

Bemerkungen: Der Körper dieser *Synchaeta* ist drehrund. Der Fuß wird häufig eingezogen. Die Zehen sind nach innen gebogen. Die zwei Augen werden oft erst bei stärkerer Vergrößerung deutlich. Der Körper ist durchsichtig, der

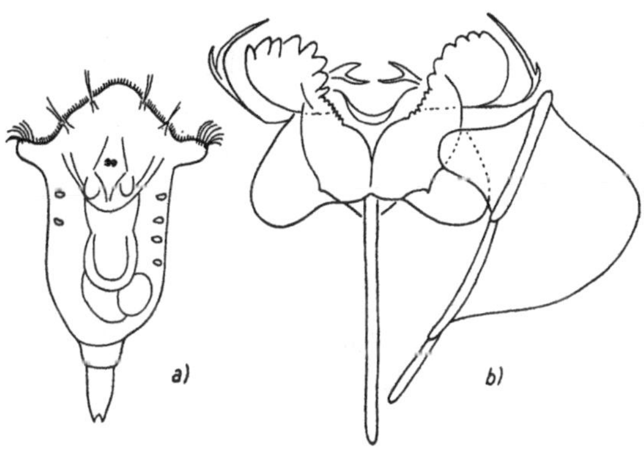

Abb. 48. *Synchaeta oblonga* EHRBG.
a) Aufsicht; b) Kauer, Aufsicht, ohne linkes Manubrium.

Magen braun gefärbt. 8 Dotterstockkerne wurden gezählt. Zur Kauerabbildung in VOIGT (1957, Taf. 86, Fig. 11c–e) kann Folgendes ergänzt werden: Am Übergang der Unci zu den Rami wurden innen jederseits feine Zähnchen gesehen. An den Unci sitzt außen am großen Zahn noch ein kleiner Zahn. In das Lumen der Unci und Rami ragt rechts und links je eine kleine Gabel. Das Manubrium ist dreigliedrig; nach außen zeigt eine große, nach innen eine kleine Lamelle. Die Lamellen sind sehr zart und schwer zu erkennen.

Verbreitung: Im Plankton größerer und kleinerer Gewässer, auch in saurem Wasser.

131. *Synchaeta pectinata* EHRBG., 1832 (Abb. 49a–c)

Maße: Lg. total etwa 250–347 μ; Fuß mit Zehen 50 μ; Zehenlg. 7,5–9 μ; Kauer 190 μ; Fulcrum 102–114 μ; Rami und Unci 61 μ; Manubria 146–148 μ.

Literatur: BERZINS (1960), ROUSSELET (1902), VOIGT (1957), WULFERT (1956, 1960a, 1960b, 1961).

Bemerkungen: Am Manubrium wurde die Außenlamelle gut gesehen; das Dreieck am Innenrand, das von ROUSSELET (1902, Taf. V, Fig. 7a) gezeichnet wurde, konnte nicht beobachtet werden. Das Fulcrum gleicht seitlich (Abb. 49b) einem schmalen Brett; das freie Ende ist fein gesägt.

Verbreitung: Im Plankton größerer und kleinerer Gewässer, auch in saurem Wasser.

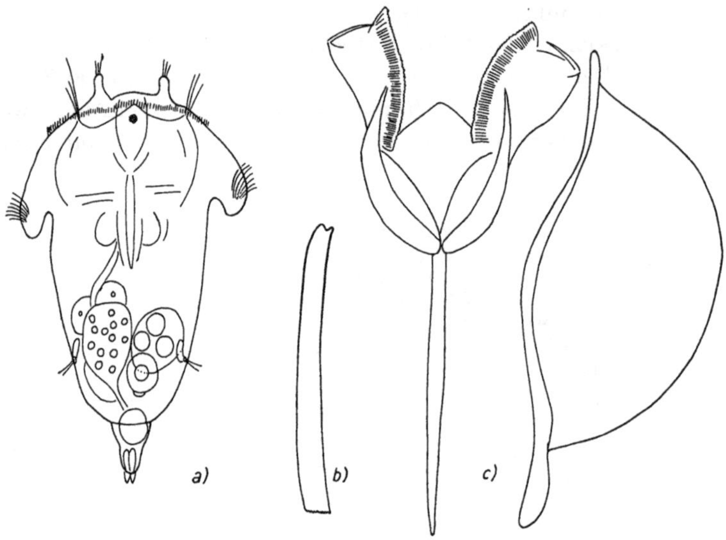

Abb. 49. *Synchaeta pectinata* EHRBG.
a) Aufsicht; b) Fulcrum, seitlich; c) Kauer, Aufsicht, ohne linkes Manubrium.

132. *Synchaeta tavina* HOOD, 1893 (Abb. 50a—c)

Maße: Lg. total 176 μ; Br. 61 μ; Zehenlg. 9—10 μ; Fulcrum 26 μ; Rami 38 μ; Manubria 40 μ.

Literatur: BERZINS (1960), ROUSSELET (1902), VOIGT (1957).

Bemerkungen: Ergänzend zu dem bereits über die Art Bekannten kann folgendes gesagt werden: Der Darmtrakt ist in einzelne Abschnitte geteilt. Dem Magen geht ein Vormagen voraus, der durch eine Einschnürung abgeteilt ist. Peristaltische Bewegungen des durchsichtigen Vormagens wurden beobachtet. Dem rundlichen, mit dicker Wand und starkem Flimmerepithel ausgestatteten Magen sitzen die Magendrüsen breit auf. 8 Dotterstockkerne und eine große Blase wurden gesehen. Das zweiteilige Auge ist violett-rot gefärbt, und der daran sich anschließende Gang ist mit Granula angefüllt. Der Kauer ist derber als bei anderen *Synchaeta*-Arten. Am Uncus wurden jederseits nur 2 kräftige Zähne gesehen, nicht 4 oder 5, wie es VOIGT (1957, S. 401) angibt. Das Fulcrum ist seitlich ziemlich breit gebildet (vgl. Abb. 50c).

Verbreitung: Vor allem im Plankton salzhaltiger Gewässer.

133. *Synchaeta tremula* (O. F. MÜLLER), 1786 (Abb. 51a—b)

Maße: Lg. total etwa 110—200 μ; Zehenlg. 3 μ; Kauer 61 μ; Fulcrum 40 μ; Manubria 44—45 μ.

Literatur: BERZINS (1960), ROUSSELET (1902), VOIGT (1957), WULFERT (1960a, 1960b).

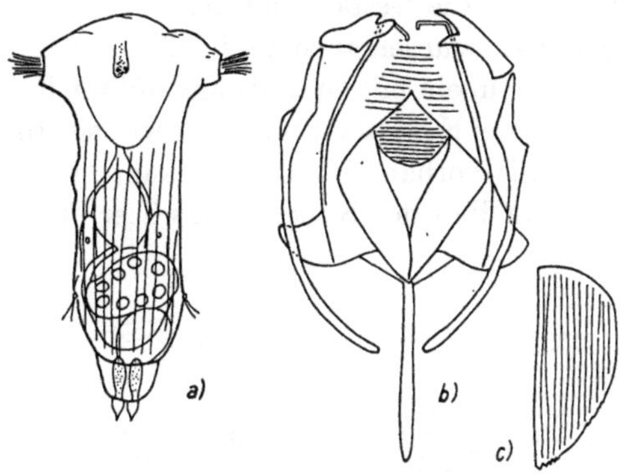

Abb. 50. *Synchaeta tavina* HOOD
a) Aufsicht; b) Kauer, Aufsicht; c) Fulcrum, seitlich.

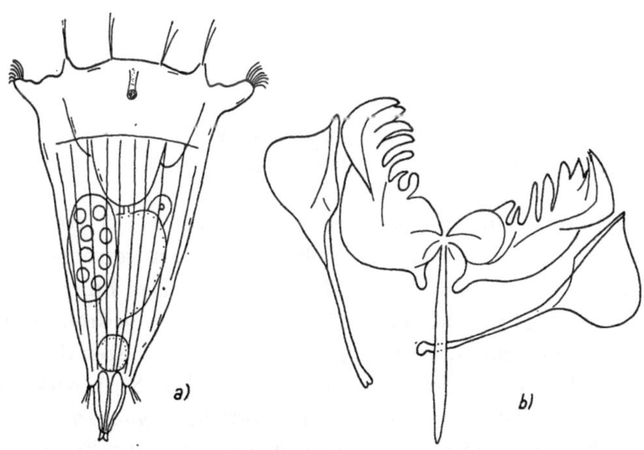

Abb. 51. *Synchaeta tremula* (O. F. MÜLLER)
a) Aufsicht; b) Kauer, Aufsicht.

Bemerkungen: Von diesem altbekannten, sehr beweglichen Rotator ist mir aus der Literatur keine gute Abbildung des Kauers bekannt geworden. Die Unci sind mit mächtigen Zähnen ausgerüstet. An den Rami sitzen Alulae; die Manubria haben an der Außenseite eine sehr zarte Lamelle. Der Kauer ist sehr eindeutig und charakteristisch, so daß an ihm diese Art auch in kontrahiertem Zustand sofort erkannt werden kann.

Verbreitung: Im Plankton größerer und kleinerer Gewässer. Kosmopolit.

134. *Synchaeta* A (Abb. 52a—b)

Maße: Lg. 248 μ; Fulcrum 13—17 μ; Rami 46 μ; Manubria 49 μ.
Literatur: ALTHAUS (1956/57), ROUSSELET (1902), VOIGT (1957).
Beschreibung: Die als *Synchaeta* A bezeichnete Form konnte nicht endgültig bestimmt werden; die größte Ähnlichkeit hat sie mit *S. litoralis*. Übereinstimmend sind die Größe, die Gestalt und der volle Fuß. Bei einem zweiten Fund aus dem Stechlinsee wurden auch zwei getrennte Augen beobachtet, von deren Mitte etwas oberhalb ein mit Granula angefüllter Kanal kopfwärts zieht. Ein Cerebralauge und zwei Frontalaugenflecke, wie sie für *S. litoralis* charakteristisch sind, waren nie vorhanden. Der markanteste Unterschied zwischen beiden Arten besteht im Bau des Kauers. Das Tier aus dem Stechlinsee hat

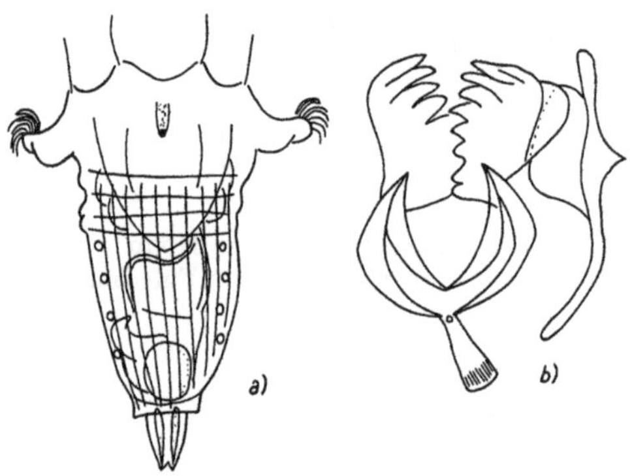

Abb. 52. *Synchaeta* A
a) Aufsicht; b) Kauer, Aufsicht, ohne linkes Manubrium.

kräftig ausgebildete Unci mit starken Zähnen (wie bei *S. tremula*, Abb. 51b), während die Unci von *S. litoralis* auch mit Zähnen versehen, aber sehr viel kleiner sind (ALTHAUS 1956/57, S. 147, Abb. 56c). Das Fulcrum ist sehr kurz. Es besteht die Möglichkeit, daß sich der Kauer so gedreht hatte, daß das Fulcrum verkürzt erschien. Allerdings wurde an zwei Tieren das kurze Fulcrum beobachtet. Sollte sich jedoch später erweisen, daß *S.* A wirklich ein kurzes Fulcrum besitzt, so ist dies innerhalb der Gattung *Synchaeta* neu. Die bisher untersuchten Kauer dieser Gattung besitzen alle ein langes Fulcrum. Auf Grund dieses Merkmales könnte eine neue Art aufgestellt werden.
Verbreitung: Stechlinsee.

135. *Taphrocampa annulosa* (GOSSE), 1851 (Abb. 53a—f)

Maße: Lg. total etwa 165 μ; Zehenlg. 15 μ; Kauer 27 μ; Fulcrum 18 μ; Rami 14 μ; Manubrium links 18 μ, rechts 14 μ; Uncus links 9 μ, rechts 10 μ.
Literatur: VOIGT (1957), WULFERT (1956, 1960a, 1960b, 1961).
Bemerkungen: Bei *T. annulosa* wurde die dorsale Segmentierung deutlich gesehen. Ferner wurden ein Retrocerebralsack mit frontalwärts verlaufendem

Ausführungsgang, eine mittelgroße Blase, mittelgroße Magendrüsen und kräftige Fußdrüsen beobachtet. Die Zehen wurden auch nach innen gedreht, so daß sie „O-beinig" erschienen. Der Kauer ist asymmetrisch. Am linken Uncus wurden zwei, am rechten Uncus drei Zähne gesehen. Lamellen, die nicht sicher beobachtet wurden, sind in der Zeichnung, (Abb. 53e und f) mit einem ? versehen.

Verbreitung: Zwischen Pflanzen kleinerer Gewässer, auch in saurem Wasser.

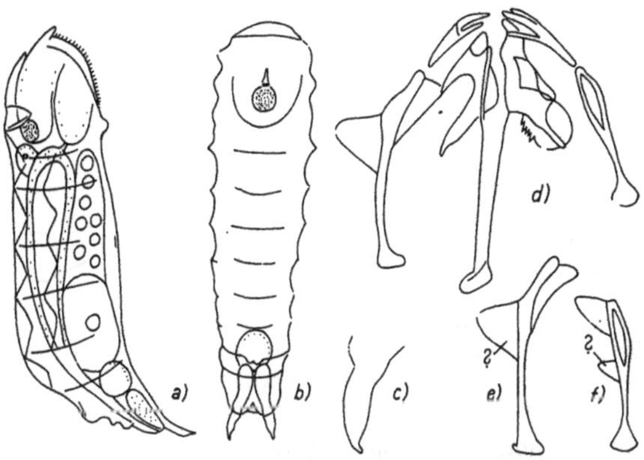

Abb. 53. *Taphrocampa annulosa* (Gosse)
a) Lateralansicht; b) Aufsicht; c) Zehe, seitlich; d) Kauer, Aufsicht; e) und f) Manubria.

136. *Testudinella parva* (Ternetz), 1892 (Abb. 54a)

Maße: Lg. 115–122 μ; Br. 101–110 μ; obere Br. 43–55 μ; Fußöffnungshöhe 15–17 μ; Fußöffnungsbr. 15–20 μ.

Literatur: Voigt (1957), Wulfert (1956, 1961).

Bemerkungen: Bei dem Fund aus dem Stechlinsee sitzen die Taster höher als bei den von Wulfert im Teufelssee bei Berlin gefundenen und abgebildeten Tieren. Ternetz (in Voigt 1957) fand die Taster auch fast in der Höhe der Mittellinie. Auffallend ist die geschweifte Fußöffnung, die fast zu *T. parva* var. *bidentata* überleitet.

Verbreitung: Zwischen Pflanzen größerer und kleinerer Gewässer, auch in saurem Wasser. Kosmopolit.

137. *Testudinella parva* var. *bidentata* (Ternetz), 1892 (Abb. 54b)

Maße: Lg. 120 μ; Br. 105 μ; obere Br. 30 und 52 μ; Fußöffnungshöhe 18 μ; Fußöffnungsbr. 20 μ.

Literatur: Voigt (1957).

Bemerkungen: Der Ventralpanzer ist seitlich an der Kopföffnung zu kleinen Spitzen ausgezogen.

Verbreitung: Zwischen Pflanzen größerer und kleinerer Gewässer.

138. *Testudinella patina* (HERMANN), 1783

Maße: Lg. 108 μ; Br. 108 μ.
Literatur: VOIGT (1957), WULFERT (1956, 1960a, 1960b).
Verbreitung: Zwischen Pflanzen größerer und kleinerer Gewässer, auch in saurem Wasser. Kosmopolit.

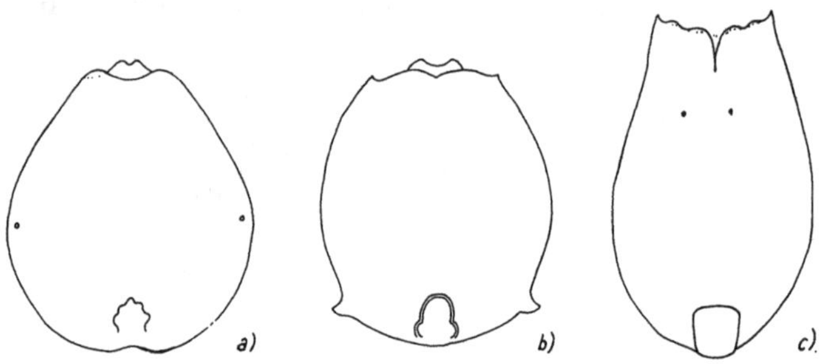

Abb. 54. *Testudinella*-Arten
a) *T. parva* (TERNETZ), Aufsicht; b) *T. parva* var. *bidentata* (TERNETZ), Aufsicht; c) *T. truncata* (GOSSE), Aufsicht.

139. *Testudinella truncata* (GOSSE), 1886 (Abb. 54c)

Maße: Lg. 146–163 μ; Br. 89–98 μ; obere Br. 48–55 μ; Fußöffnungshöhe 22–29 μ; Fußöffnungsbr. 22–24 μ.
Literatur: CARLIN (1939), VOIGT (1957).
Bemerkungen: Die Seiten des Panzers sind am Kopfende zu feinen Spitzen ausgezogen.
Verbreitung: Zwischen Pflanzen größerer und kleinerer Gewässer, auch in saurem Wasser.

140. *Trichocerca*[1]) *bicristata* (GOSSE), 1887

Maße nach WULFERT (1956): Körperlg. bis 320 μ; große Zehe 240 μ; Kauer 70 μ.
Literatur: VOIGT (1957), WULFERT (1956).
Verbreitung: Zwischen Pflanzen größerer und kleinerer Gewässer, auch in saurem Wasser.

141. *Trichocerca brachyura* (GOSSE), 1851 (Abb. 55a–b)

Maße: Körperlg. 86–105 μ; Höhe 40–42 μ; Zehenlg. I 28 μ; Zehenlg. II 23 μ; Kauer 26 μ; Fulcrum 28 μ; Rami 13 μ; Manubrium 25 μ.
Literatur: KLEMENT (1959), VOIGT (1957), WULFERT (1960b).
Verbreitung: Zwischen Pflanzen stehender Gewässer, auch in saurem Wasser.

---

[1]) Bemerkung zur Gattung *Trichocerca*: Die *Trichocerca*-Arten sind schwer zu bestimmen; daher wurde besonderer Wert auf eine Abbildung gelegt, sofern es sich nicht um die gut bekannten Arten handelt.

142. *Trichocerca cavia* (GOSSE), 1886 (Abb. 55c—d)

Maße: Körperlg. 110 μ; Höhe 50 μ; Br. 44 μ; Zehenlg. 33 μ; Kauer 46 μ; Fulcrum 33 μ; gekrücktes Manubrium 27 μ.

Literatur: CARLIN (1939), HAUER (1958), VOIGT (1957), WULFERT (1960b).

Bemerkungen: Die Körperlänge entspricht den Angaben von CARLIN (1939) für diese Art (97—132 μ).

Verbreitung: Zwischen Pflanzen stehender Gewässer, auch in saurem Wasser. Kosmopolit.

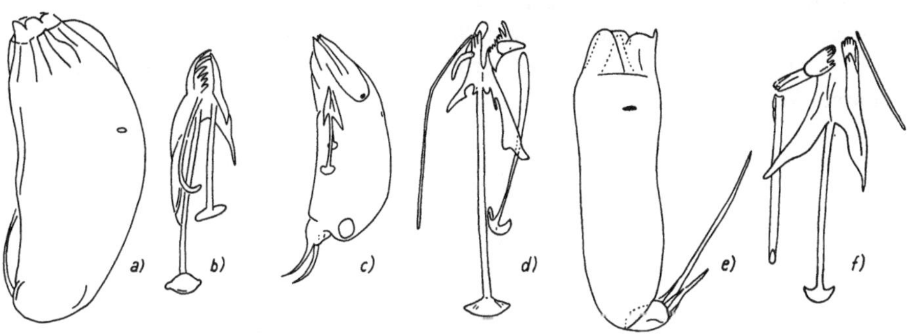

Abb. 55. *Trichocerca*-Arten
T. brachyura (GOSSE): a) Lateralansicht; b) Kauer, Aufsicht.
T. cavia (GOSSE): c) Lateralansicht; d) Kauer, Aufsicht.
T. iernis (GOSSE): e) Lateralansicht; f) Kauer ohne linkes Manubrium, Aufsicht.

143. *Trichocerca iernis* (GOSSE), 1887 (Abb. 55e—f)

Maße: Körperlg. 170 μ; Zehenlg. I 105 μ; Zehenlg. II 31 μ; Fulcrum 28 μ; rechter Ramus 19 μ.

Literatur: CARLIN (1939), VOIGT (1957), WULFERT (1961).

Verbreitung: Zwischen Pflanzen größerer und kleinerer Gewässer, auch in saurem Wasser. Kosmopolit.

144. *Trichocerca intermedia* (STENROOS), 1898 ? (Abb. 56a—b)

Maße: Körperlg. mit Fuß 87 μ; Höhe 40 μ; Dornlg. 7 μ; Zehe I 44 μ; Zehe II 15 μ; Kauer 35 μ; Fulcrum 30 μ; Manubrium 27 μ lang, Krücke 17—18 μ breit.

Literatur: KLEMENT (1959), VOIGT (1957), WISZNIEWSKI (1934).

Bemerkungen: Das Tier aus dem Stechlinsee gleicht im Körpermaß den Angaben HAUERS (90 μ; in VOIGT 1957). Allerdings sind die Zehen völlig abweichend. *T. intermedia* hat zwei fast gleich lange Zehen; VOIGT zitiert für die große Zehe die Werte verschiedener Autoren: 25—40 μ (STENROOS & JENNINGS), 25 μ (HAUER) und 23—26 μ (DONNER). Die *Trichocerca* aus dem Stechlinsee hat zwei völlig verschieden lange Zehen; Zehe I entspricht mit 44 μ Länge keiner der aus der Literatur bekannt gewordenen Angaben. Auch die Abbildungen bei VOIGT (Taf. 64, Fig. 14 und Taf. 69, Fig. 8) treffen nicht zu; dagegen ist das Rädertier aus dem Stechlinsee dem von KLEMENT (1959) als *T. intermedia* abgebildeten sehr ähnlich. Ich rechne daher die in Abbildung 56a und b wiedergegebene *Trichocerca* mit Vorbehalt zur Art *intermedia*. Das Manubrium ist stark gekrückt; VOIGT bildet nur eine kleine Krücke ab.

Verbreitung: Zwischen Pflanzen größerer und kleinerer Gewässer. Kosmopolit.

145. *Trichocerca longiseta* (SCHRANK), 1802

Maße: Körperlg. 380 μ; Höhe 72 μ; großer Zahn am Kopfende 44 μ; kleiner Zahn am Kopfende 19 μ; Zehe 160 μ.

Literatur: VOIGT (1957), WULFERT (1956, 1961).

Verbreitung: Zwischen Pflanzen größerer und kleinerer Gewässer, auch in saurem Wasser. Kosmopolit.

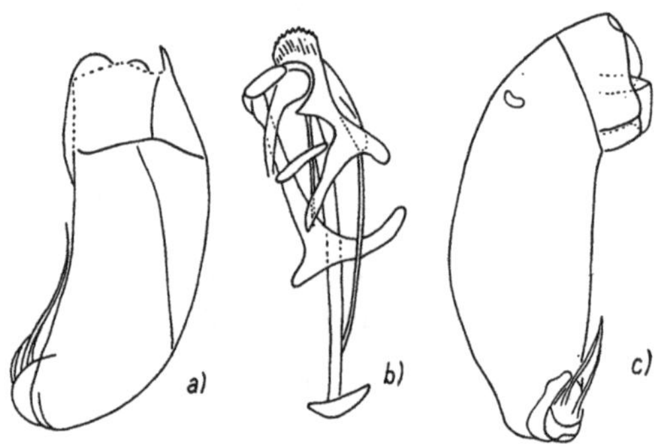

Abb. 56. *Trichocerca*-Arten
T. intermedia (STENROOS) ?: a) Lateralansicht; b) Kauer.
T. minuta (OLOFSSON): c) Lateralansicht, Tier etwas ventralwärts gedreht.

146. *Trichocerca minuta* (OLOFSSON), 1918 (Abb. 56c)

Maße: Körperlg. mit Fuß 95 μ; Höhe 40 μ; Zehe I 35 μ; Zehe II 28 oder 31 μ.

Literatur: VOIGT (1957).

Bemerkungen: Die Zehen unterscheiden sich in der Länge nicht sehr; in der Aufsicht ist die rechte Zehe etwas kräftiger als die linke. In kontrahiertem Zustand ragt am Kopfende die linke Seite vor und bildet zwei Falten, die in der Abbildung (56c) gestrichelt sind.

Verbreitung: Nach VOIGT bisher nur in Schweden und Spitzbergen in kleineren Gewässern gefunden; für Mitteleuropa neu.

147. *Trichocerca myersi* (HAUER), 1931 (Abb. 57a—b)

Maße: Körperlg. mit Fuß 189—215 μ; großer Zahn 17 μ; Zehe I 120—128 μ; Zehe II 55—64 μ; Kauer 59—64 μ; Fulcrum 46—49 μ; großes Manubrium 40—43 μ; kleines Manubrium 26 μ.

Literatur: HAUER (1931, 1938), VOIGT (1957).

Bemerkungen: HAUER (1931, 1938) gibt als Länge der großen Zehe 92–102 μ an; bei den Tieren aus dem Stechlinsee war sie immer länger.
Verbreitung: In kleineren Gewässern zwischen Pflanzen, auch im Moor.

148. *Trichocerca porcellus* (GOSSE), 1886

Maße: Körperlg. 133 μ; Höhe 54 μ; Zehenlg. I etwa 46 μ; Zehe II etwa 32 μ; Kauer etwa 46 μ.
Literatur: HAUER (1927/35), VOIGT (1957), WULFERT (1960b).
Verbreitung: Zwischen Pflanzen größerer und kleinerer Gewässer, auch in saurem Wasser. Kosmopolit.

149. *Trichocerca pusilla* (JENNINGS), 1903

Maße nach VOIGT (1957): Körperlg. 69–115 μ; große Zehe 43–63 μ; Kauer 30–31 μ.
Literatur: CARLIN (1945), VOIGT (1957).
Verbreitung: Zwischen Pflanzen der Uferregion, auch im Plankton und im Moor.

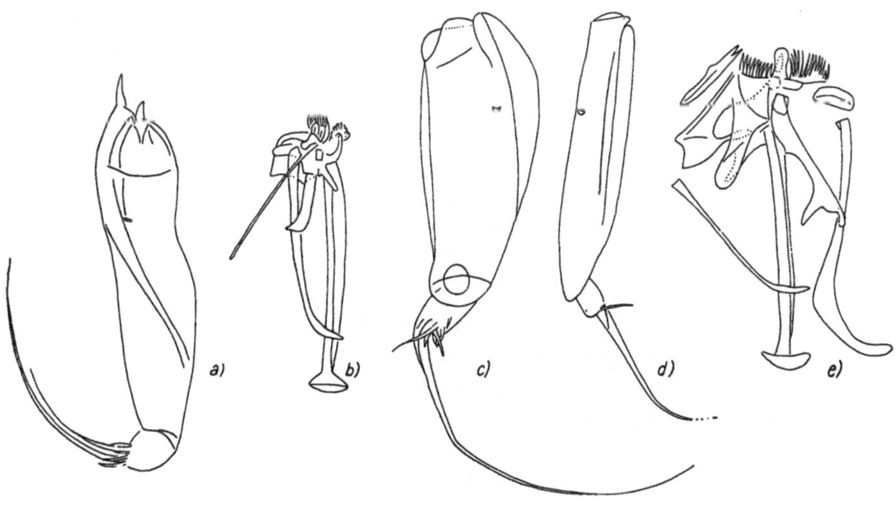

Abb. 57. *Trichocerca*-Arten
T. myersi (HAUER): a) Lateralansicht; b) Kauer.
T. rattus (O. F. MÜLLER): c) und d) Lateralansichten; e) Kauer, Aufsicht.

150. *Trichocerca rattus* (O. F. MÜLLER), 1776 (Abb. 57c–e)

Maße: Körperlg. mit Fuß 129–151 μ; Zehe I 152–180 μ; Zehe II 21 μ.
Literatur: KLEMENT (1959), VOIGT (1957), WULFERT (1939, 1956, 1960a, 1960b).

Bemerkungen: Als Körperlänge werden in der Literatur 150—225 μ angegeben. Die Vertreter dieser Art aus dem Stechlinsee waren zum Teil kleiner. Der Kauer (Abb. 57e) entspricht gut der von WULFERT (1939, Abb. 35) gebrachten Zeichnung.

Verbreitung: Zwischen Pflanzen größerer und kleinerer Gewässer, auch im Moor. Kosmopolit.

151. *Trichocerca rousseleti* (VOIGT), 1901 (Abb. 58a—c)

Maße: Körperlg. 84 μ; Höhe 40 μ; Zehenlg. I 32 μ; Zehenlg. II 19 μ; Kauer 33 μ; Fulcrum 27 μ; Manubrium I 31 μ; Manubrium II 27 μ.

Literatur: CARLIN (1945), VOIGT (1957).

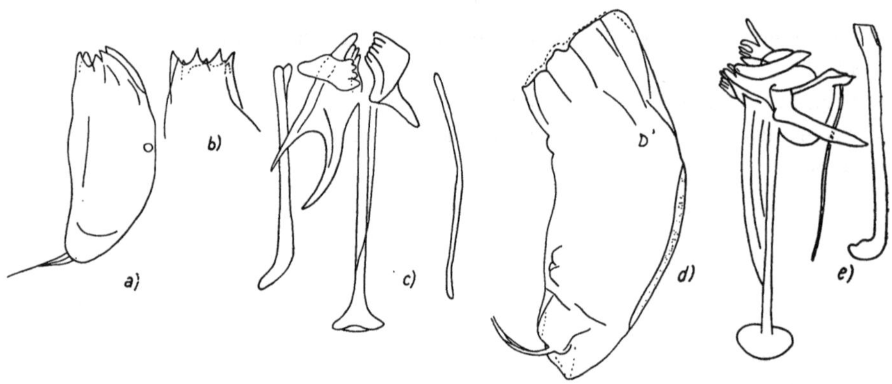

Abb. 58. *Trichocerca*-Arten
T. rousseleti (VOIGT): a) Lateralansicht; b) Vorderende des Panzers geöffnet; c) Kauer, Aufsicht.
T. sulcata (JENNINGS): d) Lateralansicht; e) Kauer.

Bemerkungen: Am Vorderrand wurden deutlich 9 Zacken gesehen. Die Rami des Kauers sind beide gezähnt. Das stärkere Manubrium ist gekrückt; Einzelheiten sind der Abbildung 58c zu entnehmen.

Verbreitung: Im Plankton größerer und kleinerer Gewässer.

152. *Trichocerca sulcata* (JENNINGS), 1894 (Abb. 58d—e)

Maße: Körperlg. 125 μ; Zehenlg. 25 μ; Kauer 44 μ; Fulcrum 34 μ; Manubrium I 31 μ; Manubrium II 19 μ.

Literatur: VOIGT (1957).

Bemerkungen: Der Fuß war in den Körper eingezogen, und das Körperende bildete einen auffallenden Winkel (vgl. Abb. 58d). Die Kutikula des Tieres ist sehr weich; sie wurde nach dem Fixieren mit Formol faltig. Die Zeichnung gibt die Kopföffnung unkontrahiert wieder. Die gekrümmten Zehen sind gleich lang. Der Rücken, an dem seitlich ein schmaler Kiel sichtbar wird, ist stark gewölbt. Ein halbrundes rotes Auge ist vorhanden. Der Kauer ist in der Abbildung (58e) so gedreht, daß man seitlich auf ihn blickt. Beide Rami weisen Zähne auf. Am Fulcrum sitzt eine breite Lamelle; das große Manubrium ist einfach gekrückt.

Verbreitung: Zwischen Pflanzen größerer und kleinerer Gewässer, auch im Moor. Kosmopolit.

153. *Trichocerca taurocephala* (HAUER), 1931 (Abb. 59a–b)

Maße: Körperlg. mit Dorn 100 μ; Zehe I 35 μ; Zehe II etwa 14 μ; Zehe III 8 μ.

Literatur: HAUER (1931, 1957), VOIGT (1957), WULFERT (1961).

Verbreitung: Zwischen Pflanzen größerer und kleinerer Gewässer, auch im Moor.

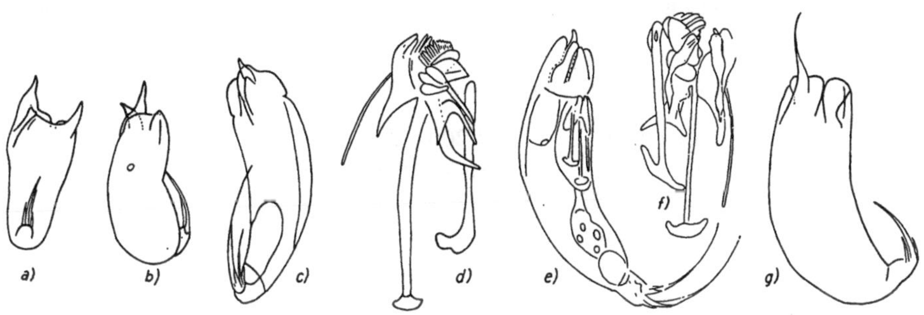

Abb. 59. *Trichocerca*-Arten
T. taurocephala (HAUER): a) Ventralansicht; b) Lateralansicht.
T. tenuior (GOSSE): c) Lateralansicht; d) Kauer.
T. tigris (O. F. MÜLLER): e) Lateralansicht; f) Kauer.
T. uncinata (VOIGT): g) Lateralansicht.

154. *Trichocerca tenuior* (GOSSE), 1886 (Abb. 59c–d)

Maße: Körperlg. mit Dorn 105–162 μ; Zehenlg. I 60–84 μ; Zehenlänge II 30–31 μ; Kauer 42–47 μ; Fulcrum 32–38 μ; Manubrium I 32 μ; Manubrium II 15 μ.

Literatur: VARGA (1957), VOIGT (1957), WULFERT (1961).

Bemerkungen: An den Dorn der Kopföffnung schließt sich ein Streifenfeld an, das nach der Behandlung des Tieres mit Natriumhypochlorit sichtbar wurde. Kopf und Fuß sind vom Rumpf abgesetzt.

Verbreitung: Zwischen Pflanzen größerer und kleinerer Gewässer, auch in saurem Wasser. Kosmopolit.

155. *Trichocerca tigris* (O. F. MÜLLER), 1786 (Abb. 59e–f)

Maße: Körperlg. mit Fuß 150 μ; Fuß 21 μ; Höhe 40 μ; Zehe I und II 60 μ; Kauer 46 μ; Fulcrum 25 μ; Manubrium 33 μ.

Literatur: VOIGT (1957), WULFERT (1961).

Bemerkungen: Zur Beschreibung dieser Art kann hinzugefügt werden, daß der Magen dunkelgrün mit braunen Flecken und der Darm braun gefärbt waren. 4 Dotterstockkerne wurden gesehen.
Verbreitung: Zwischen Pflanzen größerer und kleinerer Gewässer, auch im Moor.

156. *Trichocerca uncinata* (VOIGT), 1902 (Abb. 59g)

Maße: Körperlg. ohne Zahn 94–96 μ; Zahnlg. 22–25 μ, Höhe 48–50 μ; Zehenlg. I 27–31 μ; Zehenlg. II 12 μ.
Literatur: SCHULTE (1959), VOIGT (1957).
Bemerkungen: Der Zahn der Stechlinseetiere ist sehr lang (VOIGT 1957 führt 14 μ an); die übrigen Größenangaben entsprechen sich gut.
Verbreitung: Zwischen Pflanzen größerer und kleinerer Gewässer. Kosmopolit.

157. *Trichotria pocillum* (O. F. MÜLLER), 1776

Maße nach WULFERT (1956): Lg. total 200–220 μ.
Literatur: VOIGT (1957), WULFERT (1956, 1960b, 1961).
Verbreitung: Zwischen Pflanzen größerer und kleinerer Gewässer, auch in saurem Wasser. Kosmopolit.

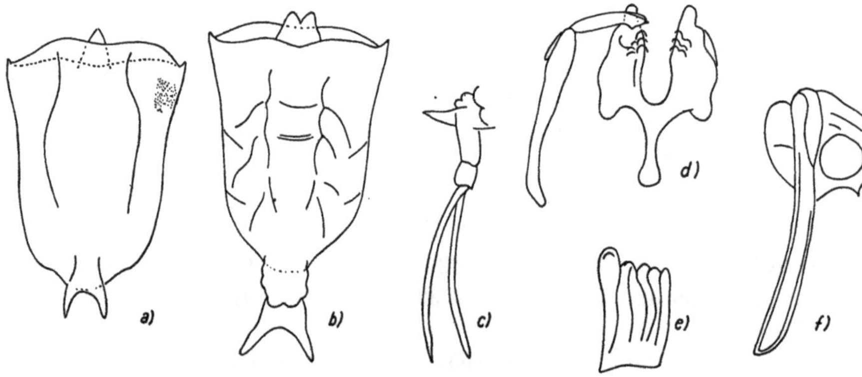

Abb. 60. *Trichotria tetractis* (EHRBG.)
a) Ventralansicht; b) Dorsalansicht; c) Zehen, seitlich; d) Teil des Kauers, seitlich; e) Uncus; f) Manubrium.

158. *Trichotria similis* STENROOS, 1898

Maße: Panzerlg. 132–135 μ, Br. 84–93 μ; Zehenlg. 106–128 μ.
Literatur: VOIGT (1957), WULFERT (1961).
Bemerkungen: Das Hauptmerkmal dieser Art, das zweite lange Fußglied, war deutlich zu erkennen. In den Größenverhältnissen stimmen die Funde aus dem Stechlinsee etwa mit den Tieren aus den sauren Gewässern der Dübener Heide

überein, die WULFERT (1961) beschreibt. Sie sind kleiner als die von STENROOS beobachteten Vertreter (vgl. VOIGT 1957, S. 137).

Verbreitung: Zwischen Pflanzen größerer und kleinerer Gewässer, auch in saurem Wasser.

159. *Trichotria tetractis* (EHRBG.), 1830 (Abb. 60a–f)

Maße: Panzerlg. 132 μ, Br. 80 μ, obere Br. 99 μ; Zehenlg. 121 μ; Fulcrum 6 μ; Rami 14 μ; Unci 14 μ; Manubria 25 μ.

Literatur: VOIGT (1957), WULFERT (1956, 1960a ?, 1961).

Bemerkungen: Der Panzer ist länger als breit; die größte Breite liegt am Kopfende. Der Kauer gleicht etwa der Abbildung bei WULFERT (1961, Abb. 38). Die Manubria sind gleich; an den Rami stehen im rechten Winkel Zähnchen, in die die Unci eingreifen. An den Unci wurden 6 bis 7 Zähne gezählt; WULFERT zeichnet vier (oder 3 große und 3 kleine; es geht nicht eindeutig aus seiner Abbildung hervor).

Verbreitung: Zwischen Pflanzen größerer und kleinerer Gewässer, auch im Moor.

3. *Gesamtliste der Rotatorien des Stechlinsees*

In der folgenden Aufstellung sind in alphabetischer Reihenfolge die im systematischen Teil der vorliegenden Arbeit besprochenen Rotatorien aus dem Plankton und dem Litoral des Stechlinsees zusammengestellt. Zu jeder Art ist angegeben, auf welcher Textseite des systematischen Teils die betreffende Art besprochen ist und welche Abbildungen bzw. Figuren sich auf die betreffende Art beziehen.

In den beiden letzten Spalten der Aufstellung ist angegeben, ob die betreffende Art im Plankton, im Litoral oder in beiden Biotopen des Stechlinsees gefunden wurde. Dabei bedeuten:

+ = euplanktisch bzw. eulitoral gefunden,
(+) = tychoplanktisch bzw. tycholitoral gefunden,
(Ps) = bereits in einer früheren Mitteilung (KOCH-ALTHAUS 1962a) aus dem (im übrigen in der vorliegenden Arbeit noch nicht berücksichtigten) Psammal des Stechlinsees beschriebene neue Art,
— = im Plankton bzw. Litoral nicht beobachtet.

	Text Seite	Abb.	gefunden im	
			Plankton	Litoral
1. *Argonotholca foliacea* (EHRBG.)	395	—	+	+
2. *Ascomorpha ecaudis* PERTY	395	—	+	—
3. *Ascomorpha saltans* BARTSCH	395	3a—b	+	(+)
4. *Aspelta aper* (HARRING)	396	4a—d	—	+
5. *Aspelta circinator* (GOSSE)	396	—	—	+

	Text Seite	Abb.	gefunden im Plankton	gefunden im Litoral
6. *Asplanchna priodonta* GOSSE	396	—	+	—
7. *Cephulodella apocolea* HARRING & MYERS	397	5a—b	—	+
8. *Cephalodella auriculata* (O. F. MÜLLER)	397	—	—	+
9. *Cephalodella catellina* (O. F. MÜLLER)	397	—	—	+
10. *Cephalodella eva* (GOSSE)	397	6a—f	—	+
11. *Cephalodella forficula* (EHRBG.)	397	—	—	+
12. *Cephalodella gibba* (EHRBG.)	398	—	—	+
13. *Cephalodella gibba* subsp. *microdactyla* n. subsp.	398	7a—d	—	+
14. *Cephalodella gigantea* REMANE	399	8a—g	—	+
15. *Cephalodella glandulosa* KOCH-ALTHAUS	400	—	—	+
16. *Cephalodella gracilis* (EHRBG.)	400	—	—	+
17. *Cephalodella hoodi* (GOSSE)	400	—	—	+
18. *Cephalodella incila* WULFERT ?	400	9a—b	—	+
19. *Cephalodella limosa* WULFERT	400	10a—d	—	+
20. *Cephalodella megalocephala* var. *rotunda* DONNER	401	11	—	+
21. *Cephalodella nana* MYERS (= *C. cuneata* HARRING & MYERS)	401	12a—b	—	+
22. *Cephalodella pachydactyla* WULFERT	402	13a—d	—	+
23. *Cephalodella plicata* MYERS	403	14a—b	—	+
24. *Cephalodella psammophila* (?) KOCH-ALTHAUS	403	—	—	(Ps)
25. *Cephalodella sterea* f. *minor* DONNER	403	—	—	+
26. *Cephalodella tachyphora* MYERS	403	—	—	+
27. *Cephalodella tenuis* KOCH-ALTHAUS	404	—	—	+
28. *Cephalodella theodora* KOCH-ALTHAUS	404	—	—	+
29. *Cephalodella ventripes* (DIXON-NUTTALL)	404	—	—	+
30. *Cephalodella* F	404	15a—b	—	+
31. *Chromogaster ovalis* (BERGENDAL)	405	16a—b	+	—
32. *Collotheca ambigua* (HUDSON)	405	17a	—	+
33. *Collotheca libera* (ZACHARIAS)	406	17b	+	—
34. *Collotheca mutabilis* (HUDSON)	406	17c	+	(+)
35. *Colurella adriatica* EHRBG.	406	—	—	+
36. *Colurella colurus* (EHRBG.)	406	—	—	+
37. *Colurella denticauda* CARLIN	406	18a—b	—	+
38. *Colurella obtusa* (GOSSE)	407	—	—	+
39. *Colurella sulcata* (STENROOS)	407	18c—d	—	+
40. *Colurella uncinata* f. *bicuspidata* (EHRBG.)	407	18e—f	—	+
41. *Colurella uncinata* f. *deflexa* (EHRBG.)	408	18g—h	—	+
42. *Conochilus unicornis* ROUSSELET	408	—	+	—
43. *Dicranophorus cernuus* HARRING & MYERS	408	19a—c	—	+
44. *Dicranophorus epicharis* HARRING & MYERS	408	20a—e	—	+
45. *Dicranophorus hercules* var. *capucinoides* WISZNIEWSKI	409	—	—	+
46. *Dicranophorus robustus* HARRING & MYERS	410	—	—	+
47. *Dicranophorus robustus* var. *europaeus* WULFERT	410	21a—g	—	+
48. *Dissotrocha aculeata* (EHRBG.)	411	—	—	+

	Text Seite	Abb.	gefunden im	
			Plankton	Litoral
49. *Dorystoma caudata* (Bilfinger)	411	22a—b	—	+
50. *Encentrum mustela* (Milne)	411	—	—	+
51. *Encentrum spinosum* Koch-Althaus	411	—	—	(Ps)
52. *Encentrum stechlinensis* Koch-Althaus	412	—	—	(Ps)
53. *Euchlanis alata* Voronkov	412	23a—b	—	+
54. *Euchlanis dilatata* Ehrbg.	412	23c—d	—	+
55. *Euchlanis dilata* var. *lucksiana* Hauer	413	23e	+	—
56. *Euchlanis mikropous* (?) Koch-Althaus	413	—	—	+
57. *Filinia maior* (Colditz)	413	—	+	—
58. *Gastropus hyptopus* (Ehrbg.)	413	—	+	—
59. *Gastropus stylifer* Imhof	413	—	+	—
60. *Itura pseudoaurita* (?) Koch-Althaus	414	—	—	+
61. *Kellicottia longispina* (Kellicott)	414	—	+	—
62. *Keratella cochlearis* (Gosse)	414	—	+	(+)
63. *Keratella quadrata* (O. F. Müller)	414	—	+	—
64. *Lecane bulla* (Gosse)	414	24	(+)	+
65. *Lecane closterocerca* (Schmarda)	414	—	—	+
66. *Lecane flexilis* (Gosse)	415	25a—c	—	+
67. *Lecane furcata* (Murray)	416	25d	—	+
68. *Lecane hornemanni* (Ehrbg.)	416	25e—f	—	+
69. *Lecane inermis* (Bryce)	416	26a	—	+
70. *Lecane intrasinuata* (Olofsson)	416	26b	—	+
71. *Lecane levistyla* (Olofsson)	416	26c	—	+
72. *Lecane ludwigi* Eckstein	417	26d—e	—	+
73. *Lecane luna* (O. F. Müller)	417	26f	(+)	+
74. *Lecane lunaris* (Ehrbg.)	418	—	(+)	+
75. *Lecane nana* (Murray)	418	—	—	+
76. *Lecane ploenensis* (Voigt)	418	27a	—	+
77. *Lecane quadridentata* (Ehrbg.)	418	—	—	+
78. *Lecane sympoda* Hauer	418	27b—c	—	+
79. *Lecane tenuiseta* Harring	419	27d	—	+
80. *Lecane thetis* (Harring & Myers)	419	28a—b	—	+
81. *Lecane ungulata* (Gosse)	420	29a—b	—	+
82. *Lepadella acuminata* (Ehrbg.)	420	—	—	+
83. *Lepadella ehrenbergi* (Perty)	421	—	—	+
84. *Lepadella heterostyla* (Murray)	421	—	—	+
85. *Lepadella ovalis* (O. F. Müller)	421	—	—	+
86. *Lepadella patella* (O. F. Müller)	421	—	—	+
87. *Lepadella patella* subsp. *minor* n. subsp.	421	30	—	+
88. *Lepadella pseudosimilis* n. sp.	421	31a—c	—	+
89. *Lepadella triptera* Ehrbg.	422	—	—	+
90. *Lindia euchromatica* subsp. *europaea* Koch-Althaus	422	—	—	+
91. *Lindia torulosa* Dujardin	422	32a—b	—	+
92. *Lophocharis oxysternon* (Gosse)	423	—	(+)	—
93. *Macrochaetus subquadratus* Perty	423	—	—	+
94. *Monommata longiseta* (O. F. Müller)	423	—	—	+
95. *Mytilina ventralis* (Ehrbg.)	423	33a—b	—	+

	Text Seite	Abb.	gefunden im Plankton	Litoral
96. *Mytilina ventralis* var. *brevispina* (EHRBG.)	424	—	—	+
97. *Notholca acuminata* (EHRBG.)	424	34a	+	+
98. *Notholca labis* GOSSE	424	34b	(+)	+
99. *Notholca squamula* (O. F. MÜLLER)	425	—	—	+
100. *Notommata contorta* (STOKES)	425	35	—	+
101. *Notommata copeus* EHRBG.	426	36a—b	—	+
102. *Notommata cyrtopus* GOSSE	426	37a—d	—	+
103. *Notommata glyphura* WULFERT	426	—	—	+
104. *Notommata omentata* WULFERT	427	38a—d	—	+
105. *Notommata pseudocerberus* DE BEAUCHAMP	427	39a—b	—	+
106. *Notomata tripus* EHRBG.	428	—	—	+
107. *Notommata voigti* DONNER	428	40a—d	—	+
108. *Philodina megalotrocha* EHRBG.	428	—	—	+
109. *Philodina roseola* EHRBG.	429	—	—	+
110. *Platyias quadricornis* (EHRBG.)	429	—	—	+
111. *Pleurotrocha petromyzon* EHRBG.	429	—	—	+
112. *Ploesoma hudsoni* (IMHOF)	429	—	+	—
113. *Polyarthra dolichoptera* IDELSON	429	—	+	—
114. *Polyarthra dolichoptera* ? (*P. vulgaris* ?) f. *aptera*	429	41a—b	+	—
115. *Polyarthra vulgaris* CARLIN	430	—	+	(+)
116. *Proales decipiens* (EHRBG.)	430	—	—	+
117. *Proales fallaciosa* WULFERT	431	—	—	+
118. *Proales micropus* GOSSE	431	42a—c	—	+
119. *Proales sordida* GOSSE	431	—	—	+
120. *Proalinopsis caudatus* (COLLINS)	432	43a—b	—	+
121. *Resticula melandocus* (GOSSE)	432	44a—c	—	+
122. *Resticula nyssa* HARRING & MYERS	433	44d	—	+
123. *Rotaria rotatoria* (PALLAS)	433	—	—	+
124. *Scaridium longicaudum* (O. F. MÜLLER)	433	—	—	+
125. *Sinantherina socialis* (LINNÉ)	433	—	+	—
126. *Squatinella rostrum* (SCHMARDA)	433	—	—	+
127. *Squatinella tridentata* var. *mutica* (EHRBG.)	433	—	—	+
128. *Synchaeta asymmetrica* n. sp.	434	45a—k 46a—c	+	—
129. *Synchaeta grandis* ZACHARIAS	436	47a—b	+	(+)
130. *Synchaeta oblonga* EHRBG.	437	48a—b	+	—
131. *Synchaeta pectinata* EHRBG.	437	49a—c	+	—
132. *Synchaeta tavina* HOOD	438	50a—c	+	—
133. *Synchaeta tremula* (O. F. MÜLLER)	439	51a—b	+	—
134. *Synchaeta* A	440	52a—b	+	—
135. *Taphrocampa annulosa* (GOSSE)	440	53a—f	—	+
136. *Testudinella parva* (TERNETZ)	441	54a	—	+
137. *Testudinella parva* var. *bidentata* (TERNETZ)	441	54b	—	+
138. *Testudinella patina* (HERMANN)	442	—	—	+
139. *Testudinellsa truncata* (GOSSE)	442	54c	—	+

	Text Teite	Abb.	gefunden im Plankton	gefunden im Litoral
140. *Trichocerca bicristata* (GOSSE)	442	—	—	+
141. *Trichocerca brachyura* (GOSSE)	442	55a—b	—	+
142. *Trichocerca cavia* (GOSSE)	443	55c—d	—	+
143. *Trichocerca iernis* (GOSSE)	443	55e—f	—	+
144. *Trichocerca intermedia* (STENROOS) ?	443	56a—b	—	+
145. *Trichocerca longiseta* (SCHRANK)	444	—	—	+
146. *Trichocerca minuta* (OLOFSSON)	444	56c	—	+
147. *Trichocerca myersi* (HAUER)	444	57a—b	—	+
148. *Trichocerca porcellus* (GOSSE)	445	—	—	+
149. *Trichocerca pusilla* (JENNINGS)	445	—	+	+
150. *Trichocerca rattus* (O. F. MÜLLER)	445	57c—e	—	+
151. *Trichocerca rousseleti* (VOIGT)	446	58a—c	+	—
152. *Trichocerca sulcata* (JENNINGS)	446	58d—e	—	+
153. *Trichocerca taurocephala* (HAUER)	447	59a—b	—	+
154. *Trichocerca tenuior* (GOSSE)	447	59c—d	—	+
155. *Trichocerca tigris* (O. F. MÜLLER)	447	59e—f	—	+
156. *Trichocerca uncinata* (VOIGT)	448	59g	—	+
157. *Trichotria pocillum* (O. F. MÜLLER)	448	—	(+)	+
158. *Trichotria similis* STENROOS	448	—	—	+
159. *Trichotria tetractis* (EHRBG.)	449	60a—f	—	+

D. Zusammenfassung

1. Die vorliegende Arbeit enthält die Ergebnisse der systematischen und ökologischen Untersuchung der Rotatorien im oligotrophen Stechlinsee im nördlichen Brandenburg während des Zeitraums von Hochsommer 1959 bis Ende 1961. Der Darstellung liegen 91 Proben des Oberflächenplanktons und 77 Proben aus dem Litoral zugrunde.

2. Im Pelagial und Benthal des Stechlinsees wurden bisher 159 Arten und Formen festgestellt; davon leben 30 im Pelagial und 129 im Litoral. Der Sandboden (das Psammal) konnte bisher noch nicht abschließend bearbeitet werden. Die Darstellung seiner Rotatorienfauna wird daher für eine spätere Veröffentlichung zurückgestellt; jedoch sind in die Artenliste der vorliegenden Arbeit 3 bereits früher als neue Species aus dem Psammal gemeldete Arten mit aufgenommen worden. Von den 30 Planktern wurden 5 Arten auch tycholitoral, von den 129 Litoralbewohnern 6 Arten auch tychoplanktisch angetroffen.

3. Das jahreszeitliche Auftreten der Arten und ihre relative Häufigkeit sind in Tabelle 1 für das Plankton und in Tabelle 3 für die Litoralbewohner zusammengestellt. Eine unterschiedliche Besiedlung der einzelnen Buchten des Stechlinsees war nicht signifikant.

4. Im Plankton des Stechlinsees perennieren *Kellicottia longispina*, *Keratella cochlearis* sowie vermutlich *Gastropus stylifer*, *Polyarthra vulgaris* und *Ascomorpha ecaudis*.

5. Untersuchungen der Zyklomorphose ergaben bei *Keratella cochlearis* (Abb. 1) eine Zunahme der Dornenlänge im Sommer (V/VI) und vielleicht auch im Winter (XII/I) und eine Abnahme im Herbst und im Frühjahr; für *Kellicottia longispina* (Abb. 2) ein Minimum der Länge der Schwebefortsätze im Sommer zur Zeit des Häufigkeitsmaximums der Art.

6. Im Litoral wurde die Verteilung der Rotatorien-Arten in 4 durch ihre Pflanzenbestände charakterisierten Unterbezirken untersucht (Tab. 2). Am stärksten besiedelt waren die *Chara*-Wiesen (106 Arten) und der Aufwuchs an *Typha*, *Phragmites*, Schwimmblattpflanzen und auf Steinen (85 Arten). In *Myriophyllum*-Beständen wurden 35 Arten, in den nur im Hochsommer (VII—IX) auftretenden Algenwatten 30 Arten beobachtet. Die größte Artenfülle der Rotatorien ist im Hoch- und Spätsommer (VII—X) festzustellen. Das Minimum liegt zu Beginn des Winters (XI/XII); im Januar scheint bereits wieder ein Anstieg zu erfolgen. Eine eindeutige Beziehung zum Jahresgang der Temperatur besteht also insofern nicht, als insbesondere die Minima nicht zusammenfallen.

7. Im Litoral des Stechlinsees perenniert *Lepadella patella*; fast das ganze Jahr hindurch sind anzutreffen *Lecane flexilis*, *Lecane lunaris*, *Lepadella ovalis*, *Trichocerca brachyura*, *Trichocerca porcellus* und *Trichotria pocillum*.

8. Im systematischen Teil der vorliegenden Arbeit werden in alphabetischer Reihenfolge die im Stechlinsee bisher festgestellten 159 Arten und Formen besprochen. Die Beschreibungen sind durch 204 Figuren in 58 Abbildungen (Abb. 3—60) erläutert.

9. Unter den bisher für den Stechlinsee gemeldeten 159 Arten und Formen befinden sich 7 neue Species, 3 vermutlich neue Species, 3 neue Subspecies und 2 noch problematisch gebliebene Formen, die vielleicht neue Species darstellen. Von diesen neuen Rotatorien werden in der vorliegenden Arbeit erstmalig beschrieben: 2 neue Arten, *Lepadella pseudosimilis* n. sp. und *Synchaeta asymmetrica* n. sp.; 2 neue Unterarten, *Cephalodella gibba* subsp. *microdactyla* n. subsp. und *Lepadella patella* subsp. *minor* n. subsp. sowie die 2 problematischen Formen *Cephalodella* F und *Synchaeta* A.

10. Für *Colurella denticauda*, *Dicranophorus cernuus*, *Lecane thetis* und *Trichocerca minuta* ist der Stechlinsee der erste mitteleuropäische, für *Cephalodela tachyphora* der erste deutsche Fundort.

E. Literatur

ALTHAUS, B., 1956/57: Faunistisch-ökologische Studien salzhaltiger Gewässer Mitteldeutschlands. Wiss. Z. Univ. Halle-Wittenberg, Nat. Reihe **6** (1), 117—157.

BERZINS, B., 1960: Genus *Synchaeta* EHRENBERG 1832. Cons. Internat. Explor. Mer, 1—7.

CARLIN, B., 1939: Über die Rotatorien einiger Seen bei Aneboda. Medd. Lunds Univ. Limnolog. Inst. **2**, 1–68.

– 1943: Die Planktonrotatorien des Motalaström. Medd. Lunds Univ. Limnolog. Inst. **5**, 1–255.

– 1945: Våra Planktonrotatorier. Medlemsbl. Biologilärarnas Fören. **1**, 17–23.

DONNER, J., 1954: Zur Rotatorienfauna Südmährens. Österr. Zool. Z. **5** (1/2), 30–117.

EHRENBERG, CHR. G., 1838: Die Infusionsthierchen als vollkommene Organismen. Leipzig.

HARNISCH, O., 1926: Studien zur Ökologie und Tiergeographie der Moore. Zool. Jahrb. System. **51**, 1–166.

HARRING, H. K., 1913: Synopsis of the Rotatoria. Bull. U.S. Nat. Mus. **81**, 1–226.

HARRING, H. K. & F. J. MYERS, 1924: The Rotifer Fauna of Wisconsin. II. A Revision of the Notommatid Rotifers, exclus. of the Dicranophorinae. Trans. Wisconsin Acad. Sci. **21**, 415–549.

– 1926: The Rotifer Fauna of Wisconsin. III. A Revision of the genera *Lecane* and *Monostyla*. Trans. Wisconsin Acad. Sci. **22**, 315–423; Pl. 8–47.

HAUER, J., 1925: Rotatorien aus den Salzgewässern von Oldesloe (Holstein). In: A. THIENEMANN, Das Salzwasser von Oldesloe **1**, 153–195.

– 1926: Rotatorien aus dem „Wuhrholz" im Ried bei Donaueschingen. Schr. Ver. Gesch. Naturgesch. Donaueschingen **16**, 252–272.

– 1927/1935: Rotatorien aus dem Schluchseemoor und seiner Umgebung. Verh. naturwiss. Ver. Karlsruhe, 47–130.

– 1929: Zur Kenntnis der Rotatoriengenera *Lecane* und *Monostyla*. Zool. Anz. **83**, 143–164.

– 1931: Zur Rotatorienfauna Deutschlands. II. Zool. Anz. **93**, 7–13.

– 1938: Die Rotatorien von Sumatra, Java und Bali nach den Ergebnissen der Deutschen Limnologischen Sunda-Expedition. Arch. Hydrobiol. Suppl. **15** (2/3). 296–602.

– 1952a: Rädertiere aus dem Naturschutzgebiet „Wutachtal". Beitr. naturkdl. Forschg. SW-Deutschl. **11** (1), 45–53.

– 1952b: Pelagische Rotatorien aus dem Titisee, Schluchsee und Windgfällweiher. Arch. Hydrobiol. Suppl. **20**, 212–237.

– 1957: Rotatorien aus dem Plankton des Van-Sees. Arch. Hydrobiol. **53** (1), 23–29.

– 1958: Rädertiere aus dem Sumpfe „Große Seewiese" bei Kist. Nachr. Naturwiss. Mus. Aschaffenburg **60**, 1–52.

HAUER-EICHARD, H., 1953: Das Zooplankton in den Seen des südlichen Schwarzwaldes. Arch. Hydrobiol. Suppl. **20**, 305–374.

IMHOF, O. E., 1888: Fauna der Süßwasserbecken. Zool. Anz. **11**, 116–172.

KLEMENT, V., 1959: Zur Rotatorienfauna des Monrepos-Teiches bei Ludwigsburg. 2. Beitrag. Jh. Ver. vaterl. Naturk. Württemberg **114**, 193–221.

KOCH-ALTHAUS, B., 1961: *Cephalodella theodora* n. sp., ein neues Rotator aus dem Stechlinsee. Zool. Anz. **116** (5/6), 219–221.

– 1962a: Weitere neue und bemerkenswerte Rotatorien aus dem Stechlinsee. Limnologica (Berlin) **1** (1), 65–82.

– 1962b: Beitrag zur Rotatorienfauna des Bodensees. Limnologica (Berlin) **1** (2), 93–110.

KRÄTZSCHMAR, H., 1908: Über den Polymorphismus von *Anuraea aculeata* EHRBG. Int. Revue ges. Hydrobiol. **1**, 623–675.

MEUCHE, A., 1939: Die Fauna im Algenbewuchs. Nach Untersuchungen im Litoral ostholsteinischer Seen. Arch. Hydrobiol. **34**, 349–520.

MÜLLER-LIEBENAU, I., 1956: Die Besiedelung der *Potamogeton*-Zone ostholsteinischer Seen. Arch. Hydrobiol. **52**, 470–606.

MYERS, F. J., 1934: New Brachionidae of the genus *Lepadella*. Americ. Mus. Nov. Nr. **760**.

NIPKOW, F., 1961: Die Rädertiere im Plankton des Zürichsees und ihre Entwicklungsphasen. Schweiz. Z. Hydrol. **23**, 398–461.

NORDQUIST, O., 1887: Die pelagische und Tiefsee-Fauna der größeren finnischen Seen. Zool. Anz. **10**, 339–345.

PESTA, O., 1929: Der Hochgebirgssee der Alpen. Die Binnengewässer 8. Stuttgart.

REMANE, A., 1929: Die Tierwelt der Nord- und Ostsee. Rotatoria. Leipzig.

ROUSSELET, CH. F., 1902: The genus *Synchaeta*: A Monographic Study with descriptions of five new Species. Journ. Micr. Soc. London, 269–290.

RUTTNER, F., 1930: Das Plankton des Lunzer Untersees, seine Verteilung in Raum und Zeit während der Jahre 1908–1913. Int. Revue ges. Hydrobiol. **23**, 1–287.

— 1938: Limnologische Studien an einigen Seen der Ostalpen. Arch. Hydrobiol. **32**, 167–319.

SCHULTE, H., 1959: Beiträge zur Kenntnis der Rädertierfauna des Speicherseegebietes bei München. Zool. Anz. **163** (5/6), 178–189.

VARGA, L., 1954: Die Rotatorien der Özberek-Quelle bei Diósjenö. Acta Zool. Hung. **1** (1/2), 155–170.

— 1957: Ujabb Adatok A Balatoni Psammon Mikrofaunajanak Ismeretehez. Ann. Inst. Biol. Hung. Acad. Sci. Tihany **24**, 271–282.

VOIGT, M., 1957: Rotatoria. Die Rädertiere Mitteleuropas. Berlin-Nikolassee.

WISZNIEWSKI, J., 1934: Les Rotifères Psammiques. Ann. Mus. Zool. Polonici Warszawa **10** (19), 1–399.

WULFERT, K., 1935: Beiträge zur Kenntnis der Rädertierfauna Deutschlands. Teil I: Notommatidae. Arch. Hydrobiol. **28**, 583–602.

— 1936: Beiträge zur Kenntnis der Rädertierfauna Deutschlands. Teil II: Dicranophorinae. Arch. Hydrobiol. **30**, 401–437.

— 1937: Beiträge zur Kenntnis der Rädertierfauna Deutschlands. Teil III: Cephalodellae. Arch. Hydrobiol. **31**, 592–635.

— 1939: Beiträge zur Kenntnis der Rädertierfauna Deutschlands. Teil IV: Die Rädertiere der Saale–Elster-Niederung bei Merseburg in ökologisch-faunistischer Beziehung. Arch. Hydrobiol. **35**, 563–624.

— 1938: Die Tierwelt der Quellen. 3. Die Rädertiere des Goldlochs von Eiserdorf. Beitr. Biol. Glatzer Schneeberg, Breslau **4**, 384–394.

— 1940: Rotatorien einiger ostdeutscher Torfmoore. Arch. Hydrobiol. **36**, 552–587.

— 1942: Neue Rotatorienarten aus deutschen Mineralquellen. Zool. Anz. **137** (11/12), 187–200.

— 1956: Die Rädertiere des Teufelssees bei Friedrichshagen. Arch. Hydrobiol. **51** (4), 457–495.

— 1960a: Die Rädertiere saurer Gewässer der Dübener Heide. Teil I: Die Rotatorien des Zedlitzmoors und des Wildhainer Bruchs. Arch. Hydrobiol. **56** (3), 261–298.

— 1960b: Die Rädertiere saurer Gewässer der Dübener Heide. Teil II: Die Rotatorien des Krebsscherentümpels bei Winkelmühle. Arch. Hydrobiol. **56** (4), 311–333.

— 1961: Die Rädertiere saurer Gewässer der Dübener Heide. Teil III: Die Rotatorien des Presseler und des Winkelmühler Teiches. Arch. Hydrobiol. **58** (1), 72–102.

ZSCHOKKE, F., 1908: Die Resultate der zoologischen Erforschung hochalpiner Wasserbecken seit dem Jahre 1900. Int. Revue ges. Hydrobiol. **1**, 221–232.

Anschrift der Verfasserin:
Dr. rer. nat. BRIGITTE KOCH-ALTHAUS
Dresden A 1, Pillnitzer Straße 24

Limnologica (Berlin)	1	5	1963	457–472

Aus dem Institut für Kulturpflanzenforschung Gatersleben
und der Forschungsstelle für Limnologie Jena-Lobeda
der Deutschen Akademie der Wissenschaften zu Berlin

ALFRED RIETH

Beiträge zur Kenntnis der Gattung *Vaucheria* X. *Vaucheria arrhyncha* HEIDINGER [= *V. uncinata* KÜTZ. = *Vaucheriopsis arrhyncha* (HEIDINGER) HEERING] im Harz

Mit Tafel IV sowie 10 Abbildungen im Text

(Eingegangen am 6. Dezember 1962)

Vaucheria arrhyncha ist nur von relativ wenigen, aber fast über die ganze Erde verteilten Orten, aus Europa, Nordamerika und China bekannt. Für Europa wurde sie in neuerer Zeit aus Dänemark (CHRISTENSEN 1952, als selten) und Finnland (LUTHER 1953) angegeben, während die aus Deutschland stammenden Fundberichte mindestens 50, in der Mehrzahl jedoch über 100 Jahre alt sind. Ich sah in der Literatur für unser Gebiet folgende Angaben: Aus der Umgebung von Freiburg i. Br. kamen sowohl die Herbarproben (von ALEXANDER BRAUN 1846 gesammelt), die KÜTZING der Erstbeschreibung als *V. uncinata* 1856 zugrunde legte, sowie auch das Material [„anfangs September 1905 in einem Wiesengraben bei der Ortschaft Neuhäuser bei Littenweiler unweit Freiburg i. Br." von HEIDINGER gesammelt und etwa einen Monat in Kultur gehalten, dann aber nicht mehr gefunden „seit dem ist es . . . nicht mehr gelungen, unser Species habhaft zu werden" (HEIDINGER 1908)], an dem HEIDINGER seine sorgfältigen Beobachtungen zur Entwicklung der Sexualorgane anstellte und nach dem er die neue Art *V. arrhyncha* beschrieb. BLUM wies dann (1953) die Species im deutschen Raum durch Herbarstudien nach für die Gegend von Frankfurt/Main [gesammelt 1846 von THEOBALD bei Großauheim a. M., KÜTZING (1856) als *V. hamatula*, mit Ortsangabe Hanau] und bei Schleusingen, Thüringer Wald [KÜTZING (1856) unter *V. sacculifera*].

Die Zahl der publizierten Originalabbildungen ist nicht groß. Mehrfach nachgedruckt wurden Figuren von HEIDINGER, die jedoch junge Sexualorgane darstellen, das Antheridium nicht zeigen und so für das Erkennen der charakteristischen Züge der Art ungeeignet sind. Nähere Angaben zur Ökologie machte, soweit ich sehe, bisher nur LUTHER (1953). Es erscheint daher angebracht, kurz über die jetzt neu im Harz gefundene Population und ihre Eigenheiten auf Grund von Untersuchungen lebenden Materials vom Standort und aus Rohkulturen zu berichten.

1. Fundort

Ende Juni 1962 sammelten wir in der Umgebung des an der Straße von Gernrode nach Harzgerode gelegenen Forsthauses „Sternhaus" (so genannt nach den von ihm aus in verschiedenen Richtungen sternartig in den Wald gehauenen Alleen) Algen. Das durchschnittlich 400 m über NN liegende Gebiet gehört geologisch zur „Tanner Grauwacke“ (Geol. Übersichskarte von Deutschland, Blatt 100, Halberstadt). Es ist recht abwechslungsreich, teils mit Laubmischwald, vorwiegend jedoch mit Fichtenforsten bedeckt. Dazwischen ziehen sich von kleinen, stellenweise Erlen-gesäumten Bächen durchzogene Waldwiesengründe hin.

Die zum größten Teil sterilen Vaucherien des aufgenommenen Materials wurden zu Hause, nach gründlichem Auswaschen in destilliertem Wasser in flachen Schalen mit filtriertem Standortwasser an einem Nordfenster aufgestellt. Nach einiger Zeit bildeten sich Sexualorgane, so daß die Artbestimmung möglich war. Von uns interessierenden Formen isolierten wir dann unter der binokularen Lupe einzelne fruchtende Fäden und kultivierten sie zur genaueren Beobachtung artrein weiter.

Vaucheria arrhyncha HEIDINGER, über die hier berichtet werden soll, entwickelte sich in Proben von zwei Stellen, die erste eine große, stehende Wagenradspurrinnenpfütze in einem schattigen Waldweg. Es waren an ihrem Rande festsitzende, in dem erdtrüben Wasser flutende zarte grüne Räschen entnommen worden. Als Begleitformen fanden sich hier in Rohkulturen:

V. aversa HASS. reichlich,
V. lii RIETH[1]) spurenweise,
Microthamnion kützingianum NAEG.,
Microthamnion strictissimum RABENH.,
Spirogyra spec.,
Moosprotonemen.

Der zweite Fundort, etwa 1000 m von der geschilderten ersten Stelle entfernt, ist ein quelliger anmooriger Hang, der sich vom Waldrand in einen Wiesengrund zieht. Hier kommt die Art zusammen mit *V. geminata* DC. vor. Weiterhin fanden sich dort u. a.:

Tetraspora lubrica (ROTH) AG. reichlich,
Draparnaldia plumosa (VAUCH.) AG. reichlich,
Eunotia pectinalis (KÜTZ.) RABENH. mit inneren Schalen (= *E. soleirolii* KÜTZ.) reichlich,

und eine noch näher zu untersuchende *Vaucheria*, die einstweilen als *V.* spec. geführt sei. In Ende August 1962 an den gleichen Orten gesammelten Proben bestätigte sich die Anwesenheit von *V. arrhyncha*; wir trafen auch am Standort fruchtendes Material.

2. Die Morphologie der Art

Vaucheria arrhyncha zeichnet sich schon bei Betrachtung unter der binokularen Lupe vor allen Süßwasser und Erde bewohnenden Arten durch große, mehr

[1]) Vgl. RIETH 1963!

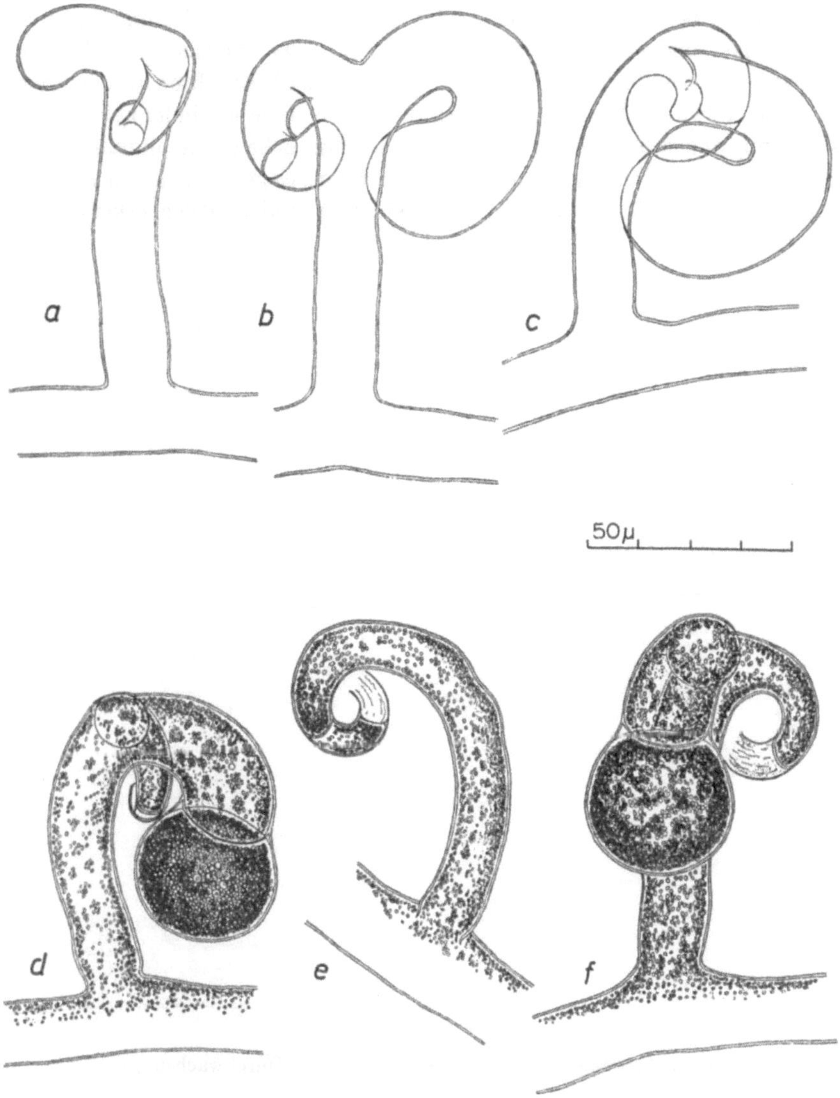

Abb. 1. Bildung der Sexualorganstände bei *V. arrhyncha*.
a)—c) verschiedene Entwicklungsstadien,
d) und f) Sexualorganstände mit fertig ausgebildeten Oosporen,
e) Solitäres Antheridium mit serialer Anlage einer zweiten Antheridialzelle.

oder minder kugelige bis quer ellipsoidische, blaugrüne Oosporen aus, die ihre grüne Färbung auch im reifen Zustand behalten. Hinsichtlich der Farbe gleichen sie den kleinen, kugeligen Oosporen der halophilen *V. intermedia* Nordst. Einen allgemeinen Eindruck vom Habitus der Sexualorganstände des Materials aus dem Harz vermitteln die Abbildungen 1 bis 3 sowie Tafel IV. Man ersieht aus den

Figuren, daß das Ende des Fruchtastes sich in einen hornförmig gekrümmten Antheridialast und einen ebenfalls übergeneigten Oogonialast teilt. Der männliche Zweig eilt, wie bei den Vaucherien allgemein zu beobachten, in der Entwicklung etwas voraus. Das junge Antheridium ist mehr oder minder zylindrisch mit etwas kopfig angeschwollenem Ende. Die das männliche Gametangium gegen den Stiel abgrenzende Wand ist in unserem Material im Gegensatz zu den Bobachtungen LUTHERS an Pflanzen aus Svartå stets klar und deutlich erkennbar. Die

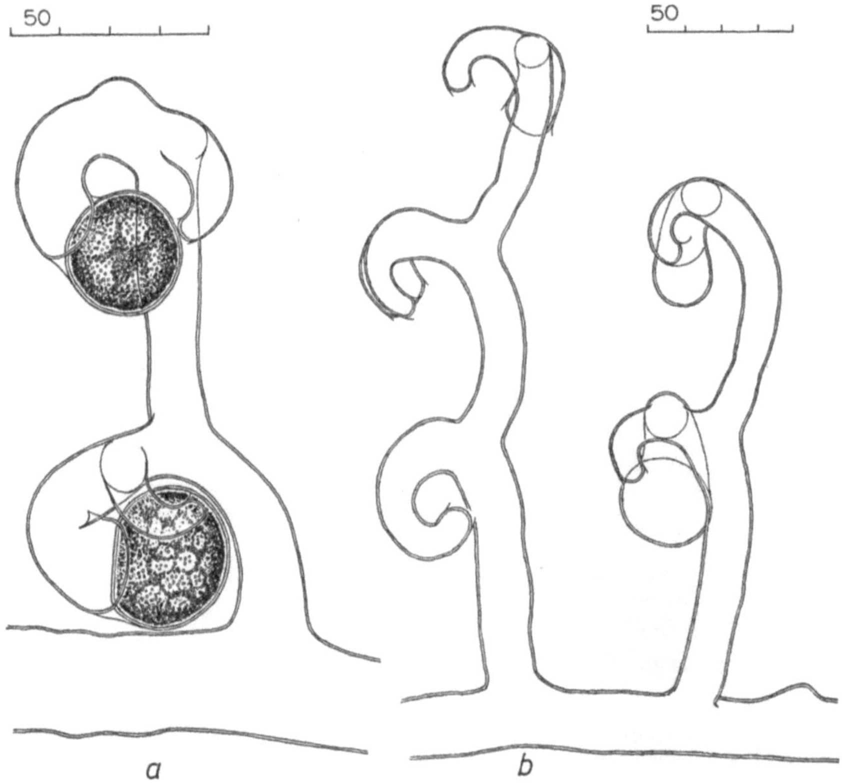

Abb. 2. *V. arrhyncha.* Sexualorganstände mit Durchwachsungen.

Außenwand des Antheridiums dagegen ist nach dem Ausschwärmen der Spermatozoiden sehr hinfällig, zersetzt sich rasch, worauf BLUM (1953) aufmerksam machte, so daß nur Rudimente überbleiben. Eine klare Vorstellung über die Gestalt des Antheridiums kann man daher in der Regel nur an jungem Material mit noch unreifen Oogonien gewinnen. Gelegentlich allerdings ist im Leben auch an älteren Stadien mit schon gebildeter Oospore das Antheridium bei sorgfältiger Beobachtung noch durchaus erkennbar. Recht häufig finden sich im Sexualorganbereich übergipfelnde Durchwachsungen, die zu „etagenartig" aufgebauten Ständen führen. Dagegen entdeckten wir unter hunderten von Fruchtständen

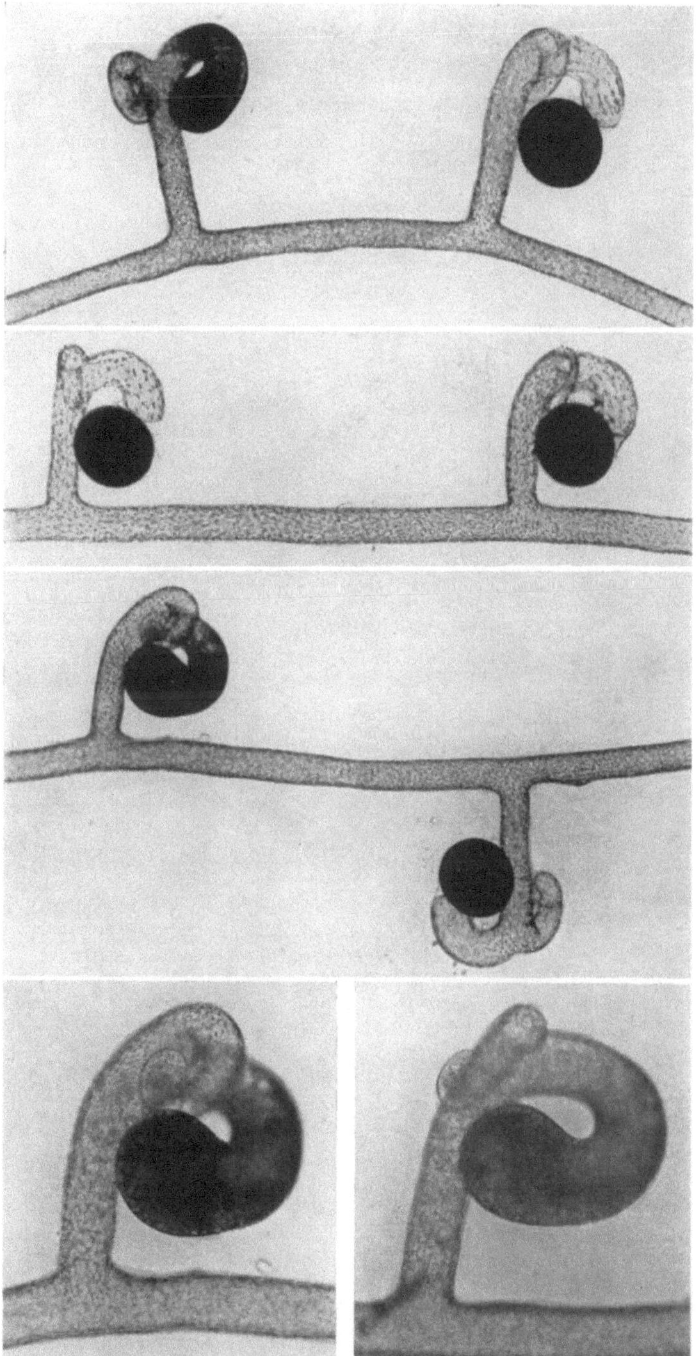

Vaucheria arrhyncha mit Sexualorganen.

nur einen einzigen, in dem einem Antheridialast zwei Oogonialäste rechts und links symmetrisch zugeordnet sind (Abb. 3). Unser Material stimmt in dieser Hinsicht mit einer Form überein, die LEY (1944) als *Vaucheriopsis sinensis* beschrieb und in seinen Figuren 1 e—g abbildete. LUTHER (1953) bezeichnet den von LEY in Figur 1 g dargestellten Fruchtast als „offenbare Abnormität“. Wir halten diese Wuchsform auf Grund unserer Beobachtungen an reichlich fruchtendem lebendem Material, sowohl vom natürlichen Standort als auch aus Kulturen jedoch für durchaus „normal“. Es bestehen wohl innerhalb der Art zwei Ausbildungstendenzen in der Anlage der Sexualorganstände. Je nachdem welche dieser Tendenzen vorherrscht, finden sich entweder Populationen mit fehlender Durchwachsung und ausschließlich bis überwiegend paarigen, symmetrisch zum zentralen Antheridialast angeordneten Oogonien, Formen, wie sie KÜTZING (1856), HEIDINGER (1908), BLUM (1953) und LUTHER (1953) bevorzugt fanden und abbildeten, oder aber Populationen der von LEY (1944) und uns beobachteten Ausbildung, in denen Fruchtstände mit solitärem Oogonast die Regel sind, verbunden mit der Neigung zur reicheren Gliederung durch Übergipflung und damit stockwerkartigem Aufbau.

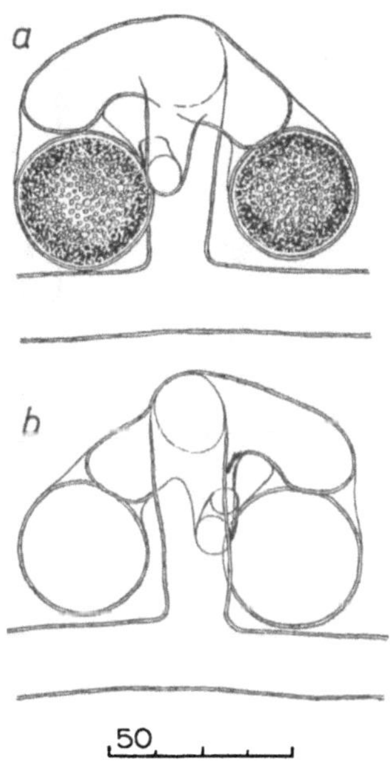

Abb. 3. *V. arrhyncha*. Sexualorganstand mit paarigen Oogonien. a) Vorderansicht, b) Rückansicht.

Man kann die verschiedenen zu beobachtenden Ausgestaltungen der Fruchtstände einheitlich nach folgendem Grundbauschema deuten (Abb. 4):

Am Mutterfaden (Tragfaden) entsteht ein Seitentrieb begrenzten Wachstums (1), der apikal in einem Antheridium endet (Abb. 4, I). Diesem „Antheridialast“ entspringt zunächst ein Seitentrieb zweiter Ordnung (2), der in der Regel weiblich gestimmt ist und seine Entwicklung mit der Bildung eines Oogons abschließt. Wird das Wachstum auf diesem Verzweigungsstadium eingestellt, so resultiert der nicht seltene — in unserem Material sogar der häufigste — Fall eines zweigliederigen Fruchtstandes mit einem Antheridium und einem Oogon (Abb. 4, II; Abb. 1, d und f). Entsteht jedoch ein zweiter Seitenast zweiter Ordnung (2a), so kann er wiederum ein weiblich determinierter Kurztrieb sein; in diesem Falle entsteht der für die Art meist als typisch und „normal“ angesehene dreigliederige Stand mit einem zentralen Antheridium und zwei zu ihm symmetrisch liegenden Oogonien (Abb. 4, III; Abb. 3). Oder aber er ist männlich geprägt und wächst zu einem übergipfelnden, mit Antheridium abschließendem Trieb aus, an dem, nun als Seitenzweig dritter Ordnung, wieder ein Oogonialast (3) entspringt (Abb. 4, IV; Abb. 2a). Diese Auffassung unterstellt, daß die beiden am Fruchtast entstehen-

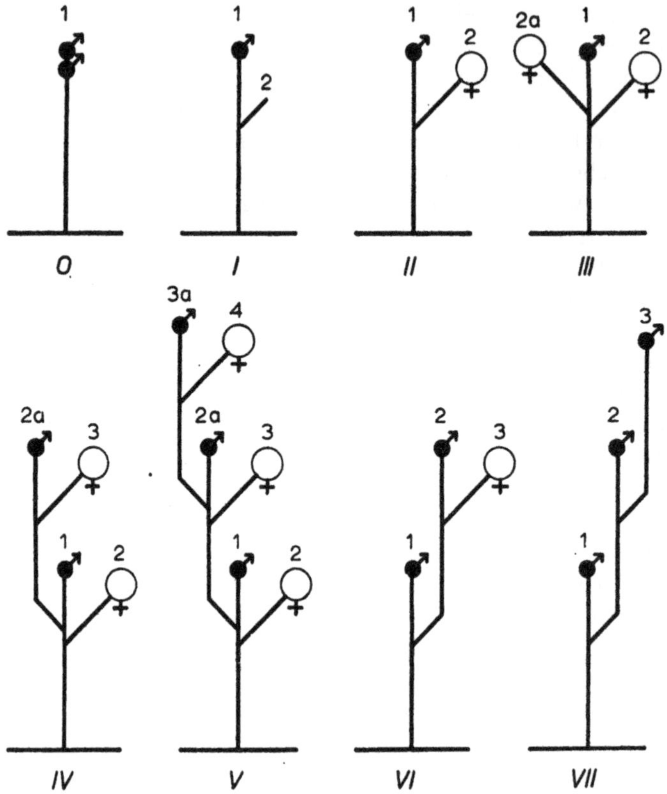

Abb. 4. Schematische Darstellung der beobachteten Fruchtstandsausbildungen bei *V. arrhyncha*

0–III: **Einfache Fruchtstände:**
0: Unverzweigter Fruchtast (Seitentrieb 1. Ordnung) mit 2 terminalen Antheridien,
I: Seitentrieb 1. Ordnung mit terminalem Antheridium und Anlage eines Seitentriebes 2. Ordnung,
II: Seitentrieb 1. Ordnung mit Antheridium, daran ein Seitentrieb 2. Ordnung mit terminalem Oogon,
III: Seitentrieb 1. Ordnung mit Antheridium, daran zwei Seitentriebe 2. Ordnung (2 und 2a) mit Oogonien.
IV–VII: **Durchgewachsene Fruchtstände:**
IV–V: Übergipfelungen ohne Reduktionen:
IV: Fruchtstand einmal „normal“ aufgebaut durchgewachsen; der zweite Seitentrieb 2. Ordnung (2a) übergipfelt, endet mit einem Antheridium und trägt einen Seitentrieb 3. Ordnung mit Oogon,
V: Fruchtstand zweimal „normal“ aufgebaut durchgewachsen; Es übergipfeln die Seitentriebe 2a und 3a.
IV–VII: Übergipfelungen mit Reduktionen von weiblichen Ästen:
VI: Am Seitentrieb 1. Ordnung fehlt ein weiblicher Seitentrieb 2. Ordnung. Der einzige Seitenast 2. Ordnung übergipfelt und ist männlich. Erst am Seitentrieb 3. Ordnung findet sich ein Oogon,
VII: Zweimalige Übergipfelung mit Unterdrückung aller weiblichen Äste.

den Seitenäste auch im Falle paariger Oogonien nicht streng gleichwertig sind, nicht völlig simultan entstehen. Man könnte dies nach dem ersten Eindruck, den solche „symmetrisch“ angelegten Stände in voll entwickeltem Zustand machen, bezweifeln. HEIDINGER (1908) hat aber tatsächlich beobachtet, daß die beiden Oogonien tragenden Äste zeitlich nacheinander angelegt werden und „das eine Oogon dem anderen in der Entwicklung um einige Stunden voraus“ ist. Regelmäßiger Wechsel der geschilderten Art in der Anlage etwas längerer männlich und etwas kürzerer weiblich determinierter Seitentriebe führt zu der bei unserer Harz-Population verbreiteten etagenartigen Fruchtstandsausbildung (Abb. 4, IV, V; Abb. 2).

Für das Zustandekommen der geschilderten Fruchtstandformen ist augenscheinlich das Zusammenwirken zweier Faktoren erforderlich:

Bestimmte Wachstumsimpulse bilden die Voraussetzung für den Aufbau des Verzweigungssystems; die Art der hinzukommenden sexuellen Determinierung entscheidet dann darüber, was aus den Gliedern dieses Verzweigungssystems wird. Gelegentlich zu beobachtende „Anomalien“ zeigen jedoch, daß die beiden Faktoren, Wachstumsimpuls und sexuelle Determinierung, nicht unauflöslich gekoppelt sind, wenngleich gewisse Abhängigkeiten bestehen. So zeigen Äste, an denen in der Folge Antheridien entstehen, stärkeres Längenwachstum als weiblich „gestimmte“. Auf dieser Tatsache beruhen die geschilderten „Übergipflungen“. [Wenn LUTHER (1953) darauf hinweist, daß Stände mit paarigen Oogonien kürzer gestielt sind als Fruchtstände mit nur einem Oogon, eine Beobachtung, die wir, allerdings nur an dem einen von uns gefundenen Beispiel eines paarigen Standes (Abb. 3), bestätigen können, so ordnet sich dies der Vorstellung zwanglos ein. Die männliche „Stimmung“ ist in Fällen mit zwei Oogonien schwächer; daher geringeres Längenwachstum des Stieles.] Verzweigungsmodus und Geschlechtsanlage stehen trotzdem, wie erwähnt, nicht in starrer Beziehung. So ist es möglich, daß einem Wachstumsimpuls zwei Determinierungsimpulse folgen können. Abbildung 2e (im Schema Abb. 4 bei 0 dargestellt) zeigt einen derartigen Fall. Der Seitentrieb 1. Ordnung weist zwei hintereinander liegende Antheridien auf. Andererseits kann auch ein ganzer Stand mit nur männlicher Determinierung seiner Glieder entstehen (Abb. 5). Interessanterweise wurde jedoch bei *V. arrhyncha* bisher ebensowenig wie früher bei *V. sescuplicaria* CHRIST. oder einer anderen monözischen Form das Auftreten eines Oogons ohne vorheriges Vorhandensein eines Antheridiums gefunden.

Beim Aufbau der typischen Sexualorganstände müssen zwei prinzipiell nicht unbedingt gekoppelte Prozesse zusammen wirken. Erstens eine nach einem bestimmten, artcharakteristischen Plan ablaufende Folge von Wachstumsimpulsen, die das Verzweigungsgrundgerüst bestimmen und zweitens die sexuelle Determinierung der Glieder dieses Gerüstes. Wir haben Vorstellungen dieser Art bereits früher an einem anderen Beispiel entwickelt (RIETH 1954).

Die Oospore füllt das Oogon völlig aus bis auf einen ringförmigen Leerraum, der sich im Halsteil des Oogons zwangsläufig aus der Kugelgestalt der Spore und der Kegelstumpfform des Oogonhalses ergibt. Das Oogon verschmälert sich bis zum Ansatz des Stieles nur relativ wenig, so daß der Tragast an der Stelle der Trennwand zum Oogon noch recht breit erscheint (Abb. 1, d und f) und sich erst gegen die Ansatzstelle am Antheridialast zu dem normalen Thallusdurchmesser annähert. Die reife grüne Oospore wird erst relativ spät frei. In der Regel findet

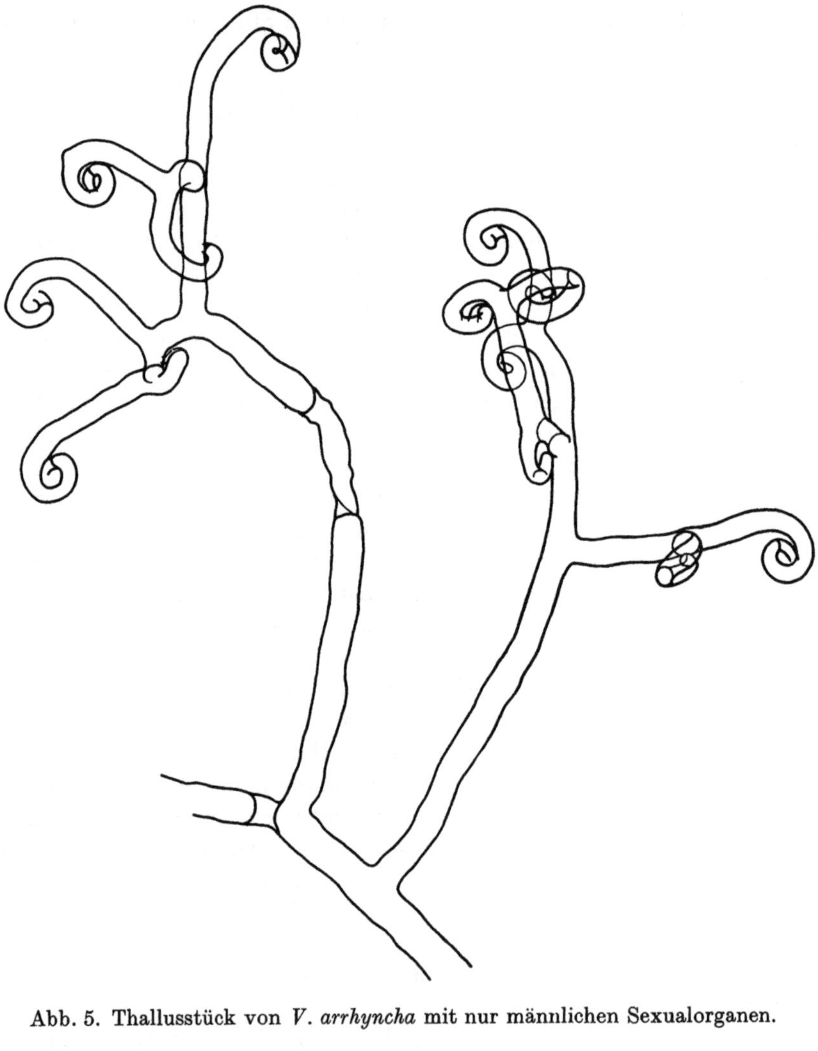

Abb. 5. Thallusstück von *V. arrhyncha* mit nur männlichen Sexualorganen.

man an bereits weitgehend abgestorbenen, farblosen und sonst wenig mehr auffallenden Thalli noch die intensiv grünen Sporen. Bei flüchtiger Beobachtung kann der Eindruck entstehen, sie würden mit einem Teil des Oogons durch Abreißen der Oogonwand unterhalb der Trennwand zum Oogonstiel abfallen und am Thallus bleibe vom Oogon nur ein kurzer Kragen zurück (Abb. 2b). Genauere Untersuchung lehrt jedoch, daß die Spore — wahrscheinlich unter mechanischer

Einwirkung von der Umwelt her — aus dem Oogon völlig frei wird. Das leere, allerdings sehr zarte, sich bald zersetzende und daher leicht zu übersehende Oogon verbleibt in der Regel an der Mutterpflanze. LUTHER (1953) schreibt nur: „Beim Freiwerden der Oospore bleiben die basalen Teile der Oogonwand am Stiel . . .". Freie Oosporen finden sich bei älterem fruchtendem Material reichlich am Boden der Kulturschalen, oder, bei Freilandmaterial — wenn man auf ihr Vorhandensein aufmerksam geworden ist und sie erkennt — im Detritus zwischen den Algenwatten. Sie sind, wie wir feststellten, in unseren Proben keineswegs immer streng regelmäßig kugelförmig oder rotationsellipsoidisch, wie es nach dem Eindruck, den die Spore im Oogon an der Pflanze macht, zu vermuten wäre, sondern zeigen in der Masse deutliche Tendenz zur Eiform (Abb. 6). Ein vorgebildeter

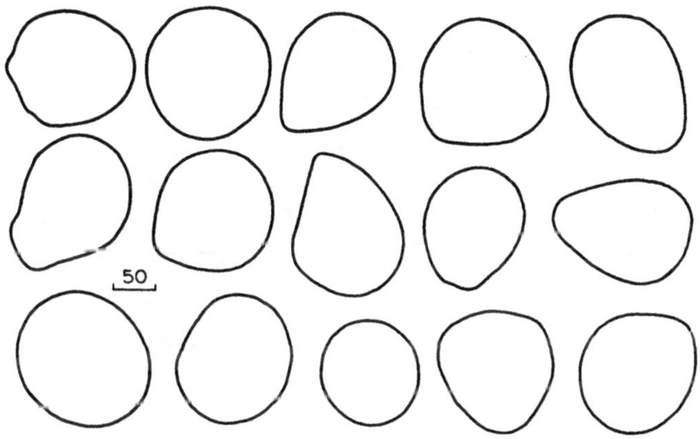

Abb. 6. *V. arrhyncha.* Oosporenformen nach freien Sporen gezeichnet.

Keimporus oder Keimriß ist durch Anfärbung mit Laktophenolbaumwollblau direkt nicht nachweisbar. In der äußeren der beiden farblosen Sporenhüllen bildet sich bei der von uns zur Färbung angewendeten Methode (RIETH 1956) jedoch ein Riß, der dem bei der Keimung auftretenden Spalt entspricht. Dieser Keimriß liegt, wie sich an noch im Oogon befindlichen Sporen erkennen läßt, in der — auf die Lage im Oogon bezogen — apikalen Sporenhälfte, ähnlich wie bei *V. litorea* HOFMAN BANG & AG. (Abb. 7). Die als Vorbereitung der Färbung durchgeführte Behandlung mit alkoholischer Kalilauge läßt auch erkennen, daß die sehr zart anmutende, zweischichtige Oosporenhülle recht undurchlässig ist. Im Gegensatz zum Verhalten der Oosporen anderer Arten wird hier der Sporeninhalt oft auch nach 24-stündigem Aufenthalt in dieser Lösung noch kaum angegriffen.

Keimversuche mit auf Kieselgelplatten ausgelegten Oosporen lieferten in Schalen, deren Böden mit Bachwasser[1]) versetzt waren, nach zwei Monaten junge Pflänzchen, die allerdings aus sehr reduzierten Thalli mit frühzeitig einsetzender

[1]) Wasser aus dem Bach, der durch den Wiesengrund in der Nähe der Standorte fließt.

Sexualorganbildung bestanden (Abb. 8). Keimversuche auf Kieselgelböden mit Wasser von den beiden Standorten („Pfützenwasser" und „Wiesenwasser") blieben dagegen bisher ergebnislos. An gekeimten Sporen kann die erwähnte Zweischichtigkeit der Wand, die sonst nur schwer zu erkennen ist, deutlich festgestellt werden. Wie die Abbildungen 7 und 8 zeigen, platzt bei der Keimung die äußere Hülle mit einem Spalt auf, durch den der aus der inneren Hülle wachsende Keimschlauch ins Freie gelangt. Über die Beschaffenheit der Oosporenhülle liegt meines Wissens nur eine Angabe HEIDINGERS vor, der von einer „einfachen Membran", die sich „auch nach ihrer Quellung in kochender Kalilauge als einfach" erweise, spricht, was nach unseren Befunden zumindest für reife, keimbereite Sporen unzutreffend ist.

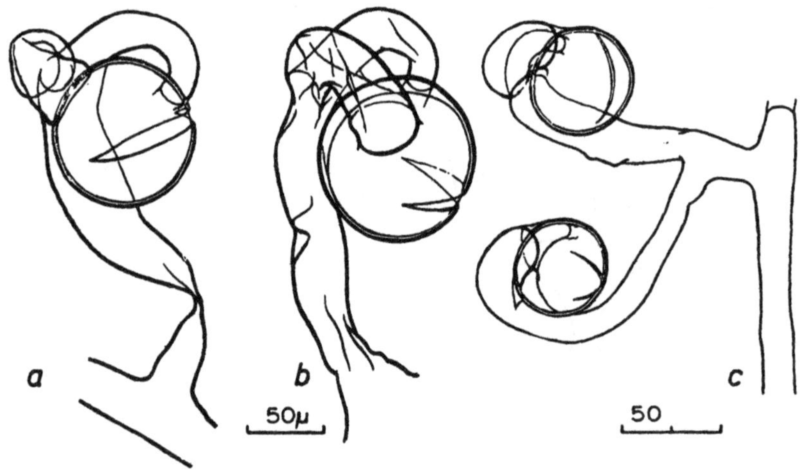

Abb. 7. *V. arrhyncha.* Mit alkoholischer Kalilauge behandeltes Material in Laktophenolbaumwollblau beobachtet.

Das uns zur Verfügung stehende reiche Material an lebenden Pflanzen vom Standort und aus Kulturen gestattete, die Variationsbreite der für die Taxonomie wichtigsten Größenmaße innerhalb einer Population genauer zu erfassen. Das Ergebnis der zahlreichen Messungen ist in den auf Abbildung 9 gegebenen Variationskurven zusammengefaßt. Für den Thallusfadendurchmesser bestätigte sich dabei eine von uns schon früher an anderen Arten gemachte Beobachtung: Die Variationsbreite ist bei Material von natürlichem Standort weit erheblicher als bei in Kulturen gezogenen Pflanzen. Im vorliegenden Falle geht die Vergrößerung der Streuung beim Freilandmaterial durchweg in Richtung auf dickere Fäden, während sich die Werte für Kulturmaterial auf den unteren Bereich der Gesamtstreuung konzentrieren. In Kulturen überwiegen so Thalli mit gleichmäßig dünneren Fäden. Die Messungen im Sexualorganbereich lassen dagegen solche Unterschiede allenfalls beim Antheridiendurchmesser erkennen. Bei den Oogonien bzw. Oosporen ist augenscheinlich die Maßkonstanz weit weniger umwelt-

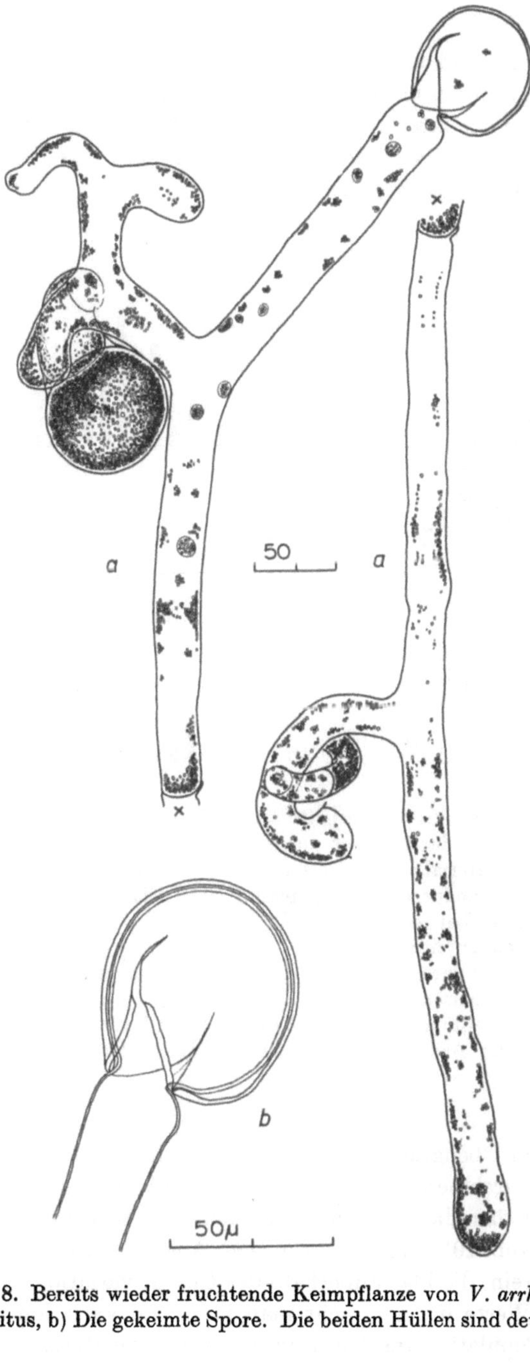

Abb. 8. Bereits wieder fruchtende Keimpflanze von *V. arrhyncha*.
a) Gesamthabitus, b) Die gekeimte Spore. Die beiden Hüllen sind deutlich sichtbar.

bedingt. Dieser Tatsache kommt besondere Bedeutung bei der Wertung von Größenangaben für taxonomische Zwecke zu.

In Abbildung 10 sind unsere Messungsergebnisse an der Population aus dem Harz zusammen mit den in der Literatur gefundenen Werten dargestellt. Dabei ist für Angaben in der Literatur leider in keinem einzigen Falle bekannt, auf wievielen Einzelmessungen sie beruhen. Wir möchten aus dieser vergleichenden Übersicht nur folgendes entnehmen:

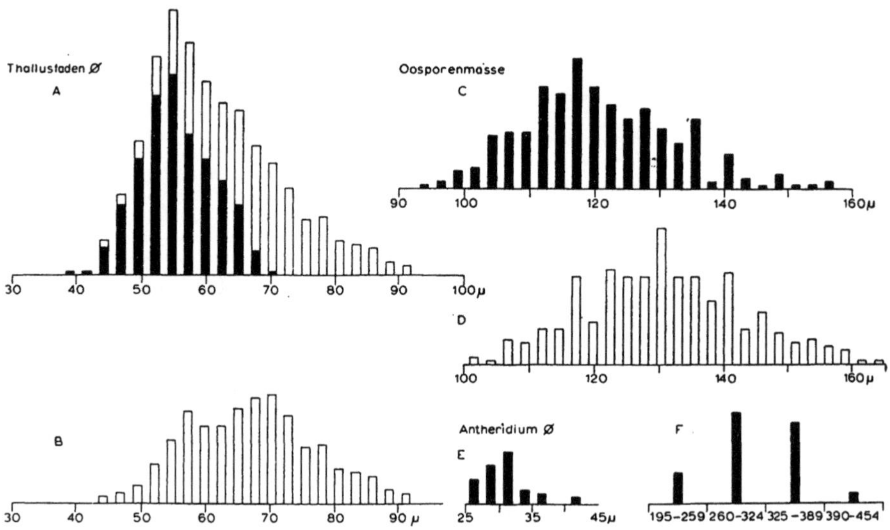

Abb. 9. Die Größenverhältnisse bei *V. arrhyncha* aus dem Harz.
A: Thallusfadendurchmesser, gemessen am Gesamtmaterial (umrandete Säulen) und an Material aus Kulturen (schwarze Säulen),
B: Thallusfadendurchmesser, gemessen an Freilandmaterial,
C: Oosporen-„Länge“,
D: Oosporen-„Breite“,
E: Antheridiendurchmesser, an der Trennwand zum Stiel gemessen,
F: Fruchtstandstiellängen.
In allen Darstellungen trägt die *X*-Achse einen Maßstab in μ; die Höhe der Säulen entspricht der Anzahl der beobachteten Exemplare der entsprechenden Größe.

1. Wie nach dem Obengesagten zu erwarten, schwanken die Angaben über den Thallusfadendurchmesser erheblicher als Maße aus dem Sexualorganbereich. Dabei stimmt das Harzmaterial, besonders aus Kulturen (schwarzer Teil des Balkens 7, Abb. 10) sehr gut mit den Angaben BLUMS (1953) (Balken 5, Abb. 10) überein, die klar außerhalb des Gesamtvariationsbereiches der bisher publizierten Werte liegen. Zieht man indes die Variation des Thallusdurchmessers der Population aus dem Harz bei Freilandmaterial in Betracht (schwar-

zer + punktierter Teil des Balkens 7, Abb. 10), so vermitteln diese Werte und die Angaben BLUMS verlieren ihre bisherige isolierte Stellung.

2. Unsere Oosporenmaße fügen sich der Gesamtvariationsbreite der veröffentlichten Oogon- bzw. Oosporengrößen gut ein. Die Übersicht zeigt aber beim

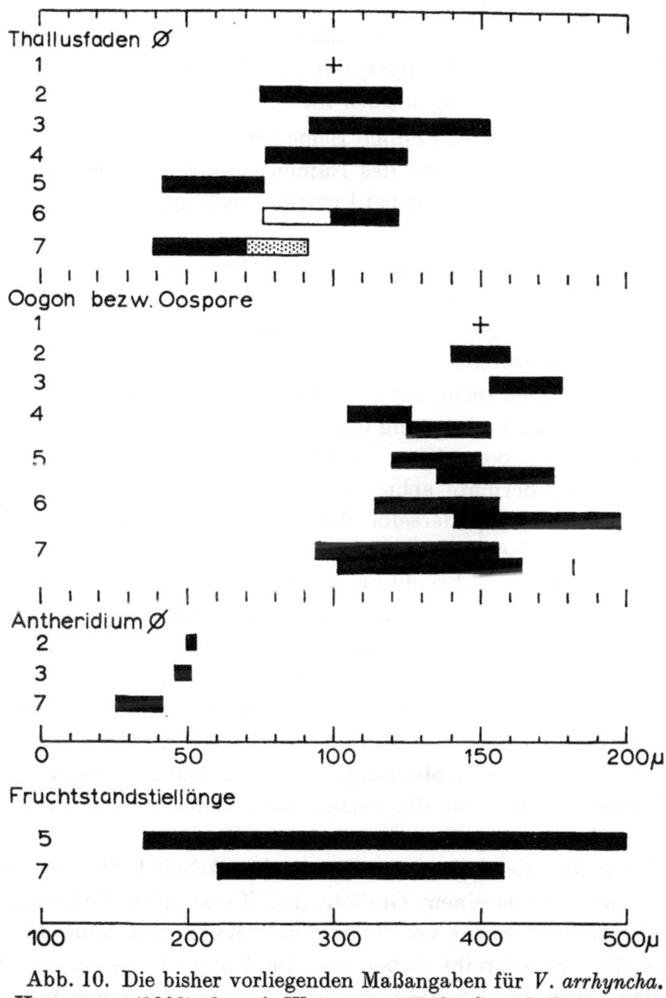

Abb. 10. Die bisher vorliegenden Maßangaben für *V. arrhyncha*. 1 nach HEIDINGER (1908), 2 nach WITHFORD (1943), 3 nach LEY (1944), 4 nach JAO (1947), 5 nach BLUM (1953), 6 nach LUTHER (1953), 7 nach RIETH (schwarzer + punktierter Balkenteil für Gesamtmaterial.

Vergleich von Längen- und Breitenangaben hinsichtlich der Oosporengestalt deutlich, daß eine taxonomische Trennung zwischen Formen mit ovaleren und solchen mit kugeligen Oosporen, wie sie JAO (1947) mit dem Vorschlag einer

„*Vaucheriopsis compressa*“ für chinesisches Material mit vorwiegend querovalen Sporen (Abb. 10, Balken 4) versucht, nicht haltbar ist. Es finden sich vielmehr alle Übergänge von völliger Kugelform (HEIDINGER, WITHFORD und LEY beobachteten nach ihren Angaben nur rein kugelige Oosporen und geben daher nur einen Durchmesserwert) bis zu Formen mit zwei erheblich längenverschiedenen Hauptachsen (JAO).

3. Antheridiendurchmesser sind in der Literatur nur wenige angeführt. Da diese Organe ihrer Bildung nach enger mit der Thallusfadendicke in Beziehung stehen, sind die Schwankungen auch hier erheblicher als bei Oosporenmaßen.

Abschließend seien kurz noch einige Bemerkungen zur Nomenklatur angefügt, wobei hinsichtlich der Geschichte des Namens unserer Species auf die ausführlichen Darstellungen der Literatur bei LUTHER (1953) und BLUM (1953) verwiesen werden kann.

Auf Grund der Abbildungen in „Tabulae phycologicae“ und der Untersuchungen BLUMS an Originalmaterial bestehen kaum Zweifel, daß KÜTZING (1856) als erster die von uns vorliegende Species, allerdings entsprechend der damaligen Einschätzung des Wertes der heute diagnostisch wichtigen Merkmale aus dem Bereich der Sexualorgane recht unvollkommen, beschrieben und *Vaucheria uncinata* benannt hat. Eine Verkennung der Art setzt jedoch schon bei RABENHORST (1868) ein, wenn er von „oogoniis . . . (rarius 3—4), brevirostris . . . oosporiis . . . fusco-maculatis, sporodermate achroo e stratis tribus composito . . .“ spricht. Bemerkenswerterweise hatte derselbe Autor fünf Jahre früher (1863) noch eine Diagnose gegeben, die bei aller Unvollkommenheit doch noch durchaus auf die KÜTZINGsche Art zutrifft: „Fruchtzweige 2—3zinkig; Zinken hakenförmig gekrümmt, gewöhnlich 2, bisweilen nur 1 mit großer rundlicher Spore.“ Eindeutig durchgesetzt hat sich der Wandel in der Auffassung der Art *uncinata* dann wohl unter dem Einfluß der an sich sehr sorgfältigen, mit guten Abbildungen versehenen Abhandlung über die Gattung *Vaucheria* von GOETZ (1897). Es entbehrt nicht einer gewissen Ironie, wenn dieser Autor, der die KÜTZINGsche Art *V. uncinata*, wie schon seine schöne klare Abbildung eindeutig erkennen läßt, völlig verkennt, schreibt: „*Vauch. uncinata* ist die einzige sichere und einwandfreie *Vaucheria*-art, welche von KUETZING aufgestellt worden ist.“

Kurze Zeit vor dem Erscheinen der GOETZschen Arbeit hatte ROTHERT (1896a, 1896b) nach Material aus einem Graben „bei Kazan (Ost-Rußland)“ in klarer Auffassung der wahren Natur von *V. uncinata* KÜTZ. eine neue Art, *Vaucheria walzi*, aufgestellt. Er schreibt dabei, um die Unterschiede zu seiner *V. walzi* herauszustellen, über die KÜTZINGsche Art: „*V. uncinata* hat meist nur zwei Oogonien, ihre Stiele sind abwärts gekrümmt, die Oosporen liegen locker in der Oogoniummembran, sie sind kugelig und erheblich größer als bei unserer Species“. *V. walzi* ROTHERT also ist augenscheinlich identisch mit der von GOETZ und Anderen in Verkennung der wahren Natur fälschlich als *V. uncinata* KÜTZ. aufgefaßten Pflanze. ROTHERTS Ansicht ist jedoch in der Folge nicht durchgedrungen; alle späteren Autoren stehen lange Zeit unter dem Einfluß der von RABENHORST und Anderen vertretenen Auffassung der *V. uncinata* und stellen daher

V. walzi, wie es schon GOETZ in einer bei der Korrektur seiner Arbeit angefügten Fußnote tut, in die Synonymie dieser Art. Zweifellos ebenfalls unter der inzwischen auch von HEERING (1907) in seine Monographie der Gattung übernommenen irrigen Interpretation von *V. uncinata* KÜTZ. beschrieb dann HEIDINGER (1908) eine neue Art, *Vaucheria arrhyncha*. Die im wesentlichen klare Schilderung und die Abbildungen lassen erkennen, daß es sich dabei um eine echte *V. uncinata* im ursprünglichen, KÜTZINGschen Sinne handelt. Allerdings ist die Darstellung mit einigen Mängeln behaftet. So werden Antheridien nicht eindeutig beschrieben, auch nicht abgebildet, sowie vor allem angegeben, daß Öl als Reservestoff fehle, und eine Sonderstellung der Art innerhalb der Gattung *Vaucheria* befürwortet. Sie soll nach HEIDINGER eine Zwischenstellung zwischen *Vaucheria* und *Dichotomosiphon* ERNST einnehmen. Dies führte dazu, daß HEERING (1921), augenscheinlich nur auf HEIDINGERS Angaben gestützt, ohne selbst lebendes Material untersucht zu haben, die Art in eine neuaufgestellte Gattung *Vaucheriopsis* versetzt. Nachdem WHITFORD (1943) und LUTHER (1953) zeigten, daß Stärke als Reservestoff nicht nachweisbar ist, sondern doch Öl auftritt, lag kein Grund zur Aufrechterhaltung der Abtrennung vor. SAGROMSKY[1]) konnte an artreinen Kulturen unseres Materials inzwischen eine mit den übrigen bisher untersuchten *Vaucheria*-Arten (SAGROMSKY 1957, 1959, 1962) übereinstimmende Chlorophyllzusammensetzung feststellen.

Aus der hier nur kurz skizzierten Geschichte der Art kamen BLUM und LUTHER zu unterschiedlichen Folgerungen hinsichtlich ihrer korrekten Benennung. BLUM (1953) tritt nach dem Wortlaut der Nomenklaturregeln dafür ein, den Namen *V. uncinata* im ursprünglichen Sinne von KÜTZING wieder zu verwenden und *V. arrhyncha* HEID. in die Synonymie zu verweisen. LUTHER (1953) dagegen fordert, ebenfalls in Anwendung der Nomenklaturregeln, im Interesse der Klarheit und Unzweideutigkeit die Bezeichnung *uncinata* als nomen confusum zu verwerfen und die Art unter dem nicht mit Mißdeutungen belasteten Namen *V. arrhyncha* HEID. zu führen.

Beide Autoren stimmen darin überein, daß die von RABENHORST, GOETZ, HEERING u. a. als *V. uncinata* angesehene Pflanze eine von der KÜTZINGschen *V. uncinata* verschiedene Species und identisch mit *V. walzi* ROTHERT, daher korrekt *V. walzi* (BLUM übernimmt die Schreibweise ROTHERTS) bzw. *V. walzii* (LUTHER ändert die Schreibweise entsprechend den Empfehlungen der Nomenklaturregeln ab) zu nennen ist. Wir sind dem Vorgehen LUTHERS gefolgt und verwenden den unzweideutigen Namen *V. arrhyncha* HEID.

Ein Großteil der oft zu langen mehr quellenkritisch, juristisch spitzfindigen Literaturstudien als zu naturwissenschaftlichen Beobachtungen der lebenden Pflanze führenden Konfusion rührt unseres Erachtens von der in Artikel 13 des Internationalen Code (1956) getroffenen Regelung her, daß als Ausgangspunkt einer gültigen Beschreibung auch für die Algen der 1. Mai 1753 (LINNÉ, Species

[1]) Frau Dr. H. SAGROMSKY danke ich für Mitteilung dieses noch unveröffentlichten Befundes.

plantarum ed. 1) zu gelten habe. Die für einige Gruppen – gegen den noch anhaltenden Widerstand mancher Dogmatiker – geschaffene Sonderregelung (later starting point) müßte auf weitere Gruppen, so auch auf die Vaucheriaceen, ausgedehnt werden. Als geeigneter Ausganspunkt ist für diese Gattung die sorgfältige Bearbeitung durch HEERING (1907) vorzuschlagen.

Zusammenfassung

Das Vorkommen von *Vaucheria arrhyncha* HEID. wird erstmals für den Harz angegeben. Auf Grund von Freilandmaterial und Pflanzen aus artreinen Kulturen werden morphologische Besonderheiten der Population beschrieben und die Variationsbreite der taxonomisch wichtigen Größenmaße ermittelt.

Literatur

BLUM, JOHN L., 1953: The racemose Vaucheriae with inclined or pendent oogonia. Bull. Torr. Bot. Club **80**, 478–497.

GOETZ, H., 1897: Zur Systematik der Gattung *Vaucheria* DC. speciell der Arten der Umgebung Basels. Flora **83**, 88–134.

HEERING, W., 1907: Die Süßwasseralgen Schleswig-Holsteins. 2. Teil Hamburg.

— 1921: Siphonales in: Die Süßwasser-Flora Deutschlands, Österreichs und der Schweiz. Herausgegeben von PASCHER, Jena.

HEIDINGER, W., 1908: Die Entwicklung der Sexualorgane bei *Vaucheria*. Ber. der Deutsch. Bot. Ges. XXVI, 303–363.

JAO, CHIN-CHIH, 1947: Studies on the freshwater algae of China. XVII. Ulotrichales, Siphonocladiales, and Siphonales from Kwangsi. Bot. Bull. Acad. sinica **1**, 257–269.

KÜTZING, F. T., 1856: Tabulae phycologicae VI, Nordhausen.

LEY, SHANG-HAO, 1944: The Vaucheriaceae from Northern Kwangtung, China. Sinensia **15**, 91–96.

LUTHER, H., 1953: Über *Vaucheria arrhyncha* HEIDINGER und die Heterokonten-Ordnung Vaucheriales BOHLIN. Acta Bot. Fenn. **52**, 3–24.

RABENHORST, L., 1863: Kryptogamenflora von Sachsen, der Oberlausitz, Thüringen und Nordböhmen. Leipzig.

— 1864 und 1868: Flora europaea Algarum aquae dulcis et submarinae. Sect. III. Lipsiae 1868.

RIETH, A., 1954: Beobachtungen zur Entwicklungsgeschichte einer *Vaucheria* der Sektion *Woroniniana*. Flora **142**, 156–182.

— 1956: Zur Kenntnis halophiler Vaucherien. Flora **143**, 127–160.

— 1963: *Vaucheria lii* RIETH in Europa. Arch. f. Protistenkde. **106**, 583–590.

ROTHERT, W., 1896a: *Vaucheria Walzi* n. sp. La Nuova Notarisia **7**, 81–83.

— 1896b: Über die Gallen der Rotatorie *Notommata wernecki* auf *Vaucheria Walzi* n. sp. Jahrb. wiss. Bot. **29**, 525–594.

SAGROMSKY, H., 1957: Chlorophyllbestimmungen an zwei Vaucherienarten. Z. f. Naturf. **12b**, 684.

— 1962: Chlorophyllbestimmungen an verschiedenen Entwicklungsstadien von *Vaucheria*. Ber. Dtsch. Bot. Ges. **LXXV**, 345–348.

SAGROMSKY, H. & A. RIETH, 1959: Untersuchungen an Vaucherien halophiler Standorte des Neapler Gebietes. Pubbl. Staz. Zool. Napoli XXXI, 90–97.

WALZ, J., 1866: Beitrag zur Morphologie und Systematik der Gattung *Vaucheria* DC. Jahrb. wiss. Bot. V, 127–158.

WHITFORD, L. A., 1943: The fresh-water algae of North Carolina. J. Elisha Mitchell Sc. Soc. **59**, 131–170.

Anschrift des Verfassers:
Prof. Dr. ALFRED RIETH
Gatersleben Krs. Aschersleben

Limnologica (Berlin)	1	5	1963	473–474

Aus dem Institut für angewandte Isotopenforschung (Direktor: Dr. G. VORNUM) der Institute für Medizin und Biologie, Berlin-Buch (Präsident: Prof. Dr. Dr. h.c. W. FRIEDRICH) der Deutschen Akademie der Wissenschaften zu Berlin

ROLAND GLASER

Der Anstieg der Radioaktivität der Wasserpflanzen des Stechlinsees in den Jahren 1961/1962

(Kurze Mitteilung)

Mit 1 Tabelle

(Eingegangen am 10. Dezember 1962)

Über die Radioaktivität einiger submerser Wasserpflanzen des Stechlinsees wurde bereits früher berichtet (GLASER 1962). Es konnte damals festgestellt werden, daß die Wasserpflanzen sehr intensiv die Radionuklide des durch die Atombombenversuche verursachten radioaktiven Ausfalls anreichern. Aus diesem Grunde wurde vorgeschlagen, diese als Indikatoren für die schwierig zu erfassende Radioaktivität von Gewässern heranzuziehen. Ein Beispiel für diese Methode wurde bereits an Hand des Anstieges der Radioaktivität von *Vaucheria dichotoma* (Chrysophyta) und des Planktons im Stechlinsee im Herbst 1961 beschrieben (GLASER 1963).

In der vorliegenden Mitteilung sollen die Werte der Beta-Aktivität von 9 Arten von Wasserpflanzen, die im Oktober 1962 entnommen und gemessen wurden, den Werten des gleichen Monats des Jahres 1960 gegenübergestellt werden, um die Signifikanz der Veränderungen festzustellen. Die Methoden der Probeentnahme, Verarbeitung und Messung waren 1962 die gleichen wie 1960; sie sind in der oben erwähnten Arbeit ausführlich dargelegt (GLASER 1962). Der statistische Fehler der Einzelmessung, der dort mit etwa $\pm 3\%$ angegeben wird, ist bei den Messungen im Herbst 1962 durch die erhöhte Impulsrate entsprechend geringer.

Im September 1961 stieg die Aktivität des Stechlinsees und seiner Organismen durch frische Spaltprodukte stark an und erreichte im Sommer 1962 ein Maximum. Es zeigte sich jedoch, daß im Herbst 1962 die Aktivität der kurzlebigen Nuklide soweit abgeklungen war, daß man vergleichbare Werte auch für solche Nuklide erwarten kann, die mit geringerer Geschwindigkeit aufgenommen werden. (Die Verhältnisse in den Jahren 1961/1962 sollen an der Aktivität des Planktons in einer späteren Arbeit demonstriert werden.)

In der Tabelle 1 sind die gemessenen Werte dargestellt; die Erhöhung gegenüber 1961 ist durch einen entsprechenden Faktor ausgedrückt. Die Mittelwerte zeigen, daß die Radioaktivität etwa um den Faktor 6 angestiegen ist. Auf Grund der Fehlerberechnung ist ersichtlich, daß die geringsten Schwankungen die auf das Aschgewicht bezogenen Werte zeigen. Jedoch sind die Unterschiede der drei angegebenen Mittelwerte insignifikant. Sie liegen sogar innerhalb der 1-σ-Grenze.

Da bei *Stratiotes aloides* die natürliche Kalium-Aktivität, die sich selbstverständlich nicht mit erhöht hat, einen großen Teil der Summenaktivität ausmacht (s. GLASER 1962, Abb. 2), ist nicht anzunehmen, daß sich die Aktivität proportional der Spaltproduktaktivität im Wasser erhöht. Die Schwankungen bei *Myriophyllum spicatum* sind auf physiologische Ursachen zurückzuführen.

TABELLE 1
Radioaktivität der Wasserpflanzen des Stechlinsees

Art	Aktivität der β-Strahlung mittlerer bis hoher Energie des Materials im Oktober 1962 in pc/g = 10^{-12} c/g bezogen auf:			Aktivität im Okt. 1962 / Aktivität im Okt. 1960 bezogen auf:		
	Frischgewicht	Trockengewicht	Aschgewicht	Frischgewicht	Trockengewicht	Aschgewicht
Potamogeton natans	11,7	135	705	7,2	6,9	6,9
Potamogeton lucens	19,4	143	310	10,1	6,5	5,9
Potamogeton perfoliatus	7,6	92	206	4,4	8,7	5,1
Potamogeton pectinatus	6,3	80	426	3,0	4,1	8,3
Stratiotes aloides	5,1	60	302	1,9	1,8	3,5
Myriophyllum spicatum	15,2	124	242	1,7	16,1	4,2
Algenaufwuchs auf *Typha*	24,2	226	331	11,3	10,2	8,4
Platyhypnidium rusciforme ¹)	19,4	187	1970	9,9	6,7	9,8
Nitellopsis obtusa ²)	11,5	82	148	6,1	3,8	4,1
Mittelwert				5,6	7,2	6,2
Mittlerer Fehler des Einzelwertes				±3,73	±4,22	±2,22
Mittlerer Fehler des Mittelwertes				±1,24	±1,41	±0,74

¹) Bei GLASER (1962) unter dem Synonym *Eurhynchium rusciforme*
²) Bei GLASER (1962) unter dem Synonym *Tolypellopsis stelligera*

Zusammenfassend kann festgestellt werden, daß sich für Indikatormessungen am besten die Werte der Aktivität der Pflanzenaschen eignen. Die günstigsten Spezies sind die mit geringer ^{40}K-Aktivität (in diesem Falle alle außer *Stratiotes aloides*) und hoher Aschaktivität (s. Tabelle). Da anzunehmen ist, daß sich die Anreicherungsbedingungen in den zwei Jahren nicht wesentlich änderten, kann aus den Werten auf eine Erhöhung der Wasseraktivität etwa um den Faktor 6 geschlossen werden. Die biologischen Folgen des erneuten Anstiegs der Radioaktivität in den Wasserpflanzen, die bereits vorher bis zum Faktor 100 über der natürlichen Aktivität durch ^{40}K lag, lassen sich noch nicht ermessen.

Literatur

GLASER, R., 1962: Über die Radioaktivität einiger submerser Wasserpflanzen. Limnologica (Berlin) **1** (1), 51–63.

— 1963: Einige Anwendungsmöglichkeiten von Bioindikatoren bei der radiologischen Überwachung von Gewässern. Limnologica (Berlin) **1** (4), 281–286.

Anschrift des Verfassers: Dr. rer. nat. ROLAND GLASER,
Institut für angewandte Isotopenforschung, Berlin-Buch, Lindenberger Weg 70.

Limnologica (Berlin)	1	5	1963	475—545

Aus dem Institut für Landesforschung und Naturschutz der Deutschen Akademie der Landwirtschaftswissenschaften zu Berlin Zweigstelle Greifswald (Leiter: Prof. Dr. TH. HURTIG)

LEBRECHT JESCHKE

Die Wasser- und Sumpfvegetation im Naturschutzgebiet „Ostufer der Müritz“

Mit Tafeln V – VIII, 12 Abbildungen und 28 Tabellen

(Eingegangen am 14. Dezember 1962)

Inhaltsverzeichnis

A. Vorwort

Der Reichtum an Seen und Mooren ist eine der auffälligsten Besonderheiten des mecklenburgischen Landes. Deren floristisch-vegetationskundliche Erforschung ist jedoch lange vernachlässigt worden; erst in den letzten Jahren wurde mit der genaueren Aufnahme einzelner Objekte begonnen (JESCHKE 1959, 1961). Nachdem 1959 ein Seengebiet im Bereich der Pommerschen Hauptendmoräne und 1961 ein Küstenmoor untersucht wurden, soll die vorliegende Arbeit mit Ergebnissen der vegetationskundlichen Erforschung einiger Seen und Moore einer typischen Sanderlandschaft bekanntmachen.

Der Verfasser lernte das Gebiet im Jahre 1957 kennen. Als es sich dann herausstellte, daß auch Herr Dr. H. FREITAG mit soziologischen Aufnahmen im Gebiet begonnen hatte, wurde eine gemeinsame Bearbeitung beschlossen. Dieser Plan konnte jedoch leider infolge einer Reihe unvorhergesehener Ereignisse nicht durchgeführt werden. Bei seinem Ausscheiden aus der Forschungsstelle für Limnologie der Deutschen Akademie der Wissenschaften zu Berlin hatte Herr Dr. H. FREITAG zahlreiche Vegetationsaufnahmen zurückgelassen, die z. T. bereits zu Tabellen zusammengestellt waren. Dem Direktor der Forschungsstelle, Herrn Dozent Dr. habil. TH. SCHRÄDER, Jena-Lobeda, danke ich für die Zurverfügungstellung dieser Aufnahmen zur Mitverwertung für die vorliegende Arbeit.

Bei den Außenarbeiten unterstützte mich der Leiter der Zentralen Lehrstätte für Naturschutz Müritzhof, Herr Dipl.-Biol. LINKE, dem ich auch an dieser Stelle danken möchte. Dank schulde ich auch dem Direktor des Botanischen Instituts der Ernst-Moritz-Arndt-Universität Greifswald, Herrn Professor Dr. H. BORRISS, der mir zum Bestimmen der Moose ein Mikroskop zur Verfügung stellte.

Einen Teil der Moosproben bestimmte in entgegenkommender Weise Herr Studienrat Dr. KOPPE, Bielefeld, dem ebenfalls an dieser Stelle herzlich für seine Mühe gedankt sei.

B. Das Untersuchungsgebiet

Lage und Grenzen

Das Naturschutzgebiet „Ostufer der Müritz" liegt am Ostufer des größten Binnensees Norddeutschlands, in den Kreisen Waren und Neustrelitz; es umfaßt eine Fläche von etwa 6000 ha. Die mittlere Höhe der Wasserspiegel der Seen liegt bei 62,5 m über NN; die größte Erhebung wird östlich des Priesterbäker Sees mit 81,7 m über NN erreicht.

Geomorphologie und Morphologie

In geologischer Hinsicht gehört das Untersuchungsgebiet zum Sander des Pommerschen Stadiums des Würmglazials. Trotz der verhältnismäßig großen

Reliefarmut der Landschaft konnte SCHMIDT (1962a) eine Reihe von Satzendmoränen oder Sanderwurzeln konstruieren, die gewissermaßen die geomorphologischen Leitlinien des Gebietes darstellen (Abb. 1).

Als Besonderheit muß das Vorkommen glazialen Beckentons, der von Sanddecken wechselnder Mächtigkeit überlagert wird, hervorgehoben werden. Besonders in der Nähe des Müritz-Ufers sind diese Sanddecken von geringer Mächtigkeit[1]), und stellenweise erreicht der Ton die Bodenoberfläche oder bildet in den Seen den Seeboden (SCHMIDT 1962a).

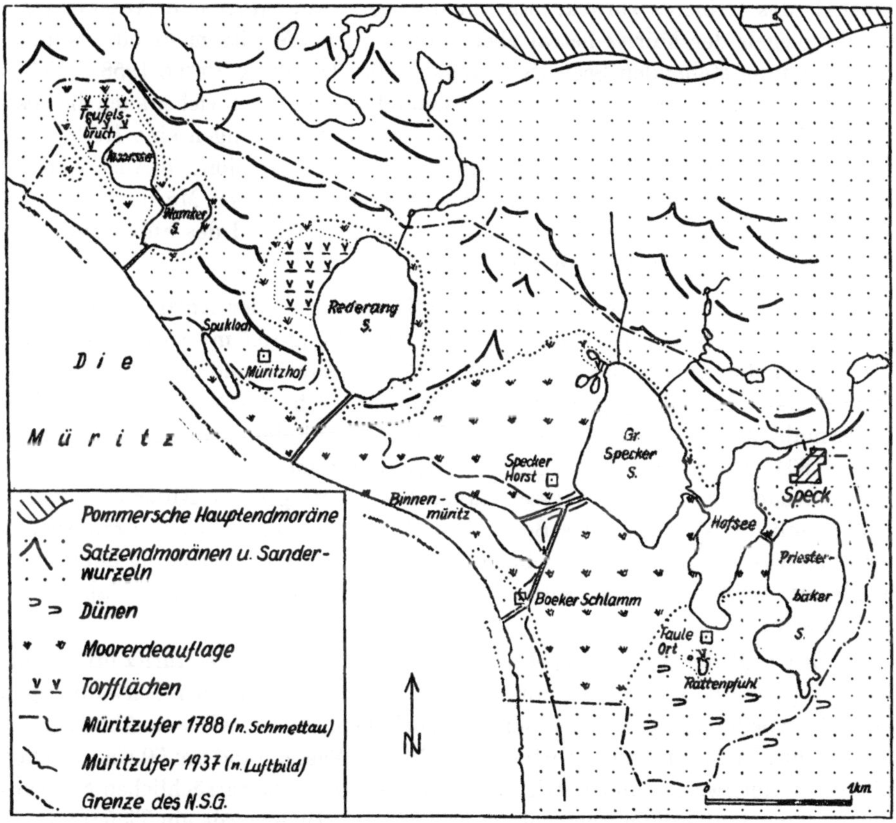

Abb. 1. Karte des Naturschutzgebietes „Ostufer der Müritz".

Im Süden des Gebietes verdienen große Dünenbildungen Aufmerksamkeit. Besonders um die beiden Restseen bei Faule Ort (auch Rattenpfuhl genannt) treten sie bestimmend im Landschaftsbild hervor.

[1]) GEINITZ (1922, S. 115) gibt folgendes Profil für die ehemalige Tongrube bei Müritzhof an: Glazialer Beckenton, bis 12 m erbohrt, darüber 0,20 m schwarzer, toniger Sand, darüber 0,20 m weißer Sand, an der Grenze mit Süßwasserkonchylien und zuoberst 0,20 m Wiesenlehm.

Hydrographie

Die hydrographischen Verhältnisse der Müritz und ihrer Trabantenseen, denen die vorliegende Arbeit gilt, sind verwickelter als es auf den ersten Blick scheint. Besonders lange reicht gerade hier der Einfluß des Menschen auf den Wasserhaushalt des Gebietes zurück. Ein mehrmaliges Aufstauen und Absenken des Wasserspiegels der Müritz betraf ebenso die mit der Müritz mehr oder weniger in Verbindung stehenden Seen (STEUSLOFF 1905, DEPPE & PRILL 1958). Neben diesen anthropogen bedingten Wasserspiegeländerungen spielt sicher auch die postglaziale Klimaentwicklung bei den Wasserstandsschwankungen eine Rolle. Insbesondere dürften die Auswirkungen der *Litorina*transgression ein Ansteigen des während des Boreals etwa um 4 m tiefer als heute gelegenen Müritzspiegels zur Folge gehabt haben (DEPPE & PRILL l.c.). Auch während des Subatlantikums dürfte ein Ansteigen der Seespiegel erfolgt sein.

Der Mensch gewann im 12. und 13. Jahrhundert mit der Anlage von Mühlen Einfluß auf den Wasserhaushalt. Die erste Absenkung (0,5 m) wurde vermutlich 1273 durch die Anlage des sogenannten Bolter Kanals und der Bolter Mühle bewirkt. Im 17. Jahrhundert wurde wahrscheinlich durch die Anlage einer Pulvermühle bei Eldenburg der Wasserspiegel wieder aufgestaut (STEUSLOFF l.c.). 1797–1804 erfolgte die erste größere Absenkung im Zusammenhang mit der Schiffbarmachung der Elde-Wasserstraße. Die zweite größere Absenkung wurde 1836/37 mit der Verlegung des Bolter Kanals durchgeführt. Der weitere Ausbau der Elde-Wasserstraße brachte schließlich 1880 eine letzte Absenkung um 0,15 m. Insgesamt dürfte seit dem Mittelalter der Müritzspiegel um 1,5 m abgesenkt worden sein.

Zur Zeit liegt der Müritzspiegel bei 62,0 m über NN. Da die Müritz offensichtlich nur geringfügige Zuflüsse aus Quellen erhält, machen sich Schwankungen der Jahresniederschlagssummen sehr deutlich bemerkbar, wie aus Abbildung 2 hervorgeht. Im langjährigen Mittel schwankt der Wasserstand um 50 cm zwischen mittlerem Hochwasser und mittlerem Niedrigwasser. Die tatsächlichen Schwankungen können allerdings beträchtlich größer sein. 1959 wurde ein Tiefstand von 61,85 m über NN gemessen (HOBUSCH 1960).

1960, 1961 und 1962 stieg der Wasserspiegel der Müritz schnell an und erreichte besonders im letzten Jahre eine Rekordhöhe, so daß weite Bruchwaldgebiete um die Specker Seen, im Großen Bruch, im Gebiet der Binnenmüritz und im Müritzvorland unter Wasser gesetzt wurden. Am wenigsten machte sich dieser Spiegelanstieg am Moorsee und im Teufelsbruch bemerkbar.

Bei der Genese der Seebecken, des Moorsees, des Warnker Sees, des Rederangsees, des Gr. Specker Sees, des Hofsees und des Priesterbäker Sees hat wahrscheinlich Toteis eine verantwortliche Rolle gespielt, das vermutlich als Rest von flachen breiten Gletscherzungen, die auf dem Beckenton satzendmoränenartige Bildungen aufbauten und dann z. T. verschüttet wurden, anzusehen ist (SCHMIDT

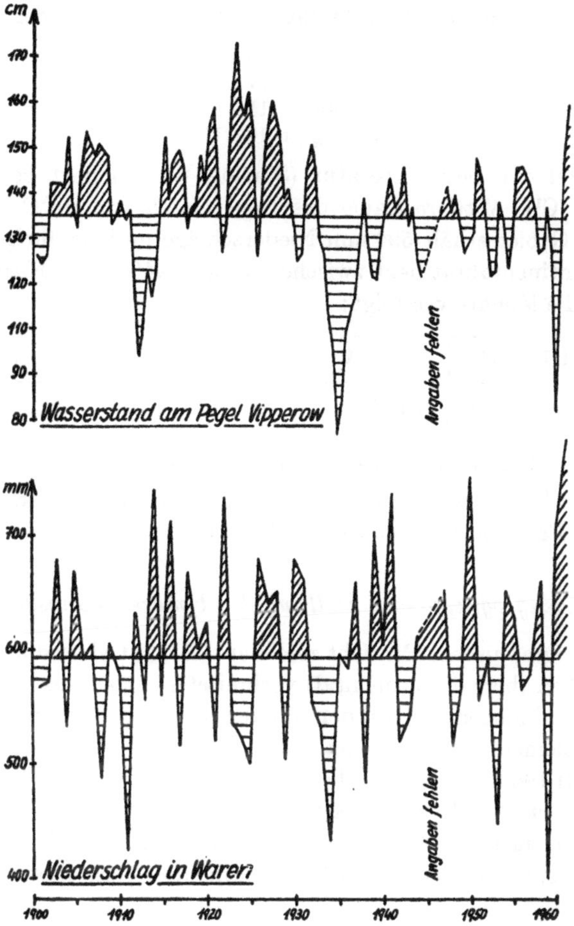

Abb. 2. Schwankungen des Jahresmittels des Wasserstandes der Müritz (Pegel Vipperow und der Jahressummen des Niederschlags (Waren) für die Jahre 1900 bis 1961.

1962). Ebenso verdanken auch die Hohlformen des Rattenpfuhls im Sander wahrscheinlich verschüttetem Toteis ihre Existenz.

Klima

Das Müritzgebiet gehört nach Kliewe (1951) zum „Zentralmecklenburgischen Binnenklima“, das deutlich zwischen dem maritimeren westmecklenburgischen und dem kontinentaleren ostmecklenburgischen Klima steht. Von der zentralmecklenburgischen Klimaregion unterscheidet Kliewe eine Unterregion des „Endmoränenzwischenlandes“, mit starker „binnenländischer Klimaformung“, zu dem unser Untersuchungsgebiet gehört.

Die mittleren Lufttemperaturen betragen (nach Klimaatlas der DDR)

Januar	0— 1 °C
Juli	17—18 °C
April—Juni	11—12 °C
Juli—August	16—17 °C

Das Jahresmittel der Lufttemperatur (Station Waren) liegt bei 7,9°; Jahresamplitude 18,4 °C[1]). Mittlere Dauer des Tagesmittels von 10 °C und darüber = 152 Tage. Das Gebiet erhält 594 mm Niederschläge im langjährigen Mittel. Die Thermische Kontinentalität liegt zwischen 42 und 44%. Die Niederschläge verteilen sich auf die Monate wie folgt:

I	II	III	IV	V	VI	VII	VIII	IX	X	XI	XII
40	36	42	43	44	54	77	67	44	48	40	51 mm

Die erhebliche Wassermasse der Müritz ist nicht ohne Einfluß für das Klima des Gebietes: Im Herbst wird das Absinken der Temperaturen verzögert, während andererseits im Frühjahr die Erwärmung langsamer vor sich geht.

Pflanzengeographische Stellung des Untersuchungsgebietes

In pflanzengeographischer Hinsicht zeichnet sich das Gebiet durch einen Reichtum an nördlichen (boreal-kontinental) verbreiteten Arten aus. In den Wäldern der Hochflächenbildungen und auf den Mooren dürfte die Kiefer (*Pinus silvestris*) ein wichtiges Element der ursprünglichen Vegetation sein (vgl. Verbreitungskarte 6, SCAMONI 1960). Neben den borealen Hochmoorarten, wie *Ledum palustre*, *Vaccinium oxycoccus*, *Andromeda polifolia*, *Sphagnum fuscum*, *Sphagnum dusenii* sei besonders das fast an allen Ufern beobachtete Gras *Calamagrostis neglecta* hervorgehoben, eine betont nordische, kontinental verbreitete Art (JESCHKE 1962b).

Einen gemäßigt subozeanischen Einschlag erhält das Gebiet u. a. durch die großen Vorkommen von *Cladium mariscus*, *Rhynchospora alba*, *Drosera intermedia* und *Schoenus nigricans*.

C. Methodik

Die Vegetationsaufnahmen wurden nach der Methode BRAUN-BLANQUETS (1929/1951) gewonnen, wobei auf eine festgelegte Umgrenzung der Aufnahmeflächen verzichtet wurde. Ebenso wurde von einer Wiedergabe der Sozialitätszahlen in den Tabellen abgesehen.

Als Ziel der Arbeit wird die Darstellung der Vegetationsverhältnisse des Gebietes betrachtet. Zu diesem Zwecke wurden eine Reihe von Profil- und Ausschnitts-Kartierungen vorgenommen. Zur Darstellung des lokalen Vegetationsmosaiks wurden mit Hilfe eines Netzes Quadrate von 5 m Seitenlänge genauer aufgenommen. Diese Flächen können gleichzeitig als Dauerquadrate zur Beobachtung von Sukzessionsvorgängen dienen.

---

[1]) nach Klimakunde d. Dt. Reiches 1939.

Für die Untersuchung der Wasservegetation wurde ein Schlauchboot sowie eine Krautangel benutzt. Die Bodenbedeckung in den Seen wurde in allen Fällen durch Tauchen mit einer Brille überprüft.

Mit ganz wenigen Ausnahmen wurden alle vorhandenen Vegetationsaufnahmen in die Listen aufgenommen. Neben der Herausarbeitung von Typen, wozu möglichst einheitliche, homogene Aufnahmen von optimal entwickelten Einzelbeständen verwendet werden müssen, erblicken wir eine wesentliche Aufgabe der Vegetationskunde in der Erklärung und Einordnung jedes beliebigen Vegetationsfleckes. Erst wenn wir dazu in der Lage sind, wird die Vegetationskunde auch in der Praxis einen größeren Widerhall finden.

Die Vegetationssystematik gerade der Wasser- und Sumpfvegetation dürfte im mitteleuropäischen Rahmen besonders auch nach den Arbeiten von Müller & Görs (1960) und Müller (1962) in den Hauptzügen feststehen. Lediglich im Bereich unterhalb der Assoziationsebene können systematische Fragen zu klären sein. Im übrigen bleiben die Dynamik der Vegetationsentwicklung und ihre raumzeitlichen Beziehungen ein lohnendes Forschungsobjekt, abgesehen von mehr ökologisch ausgerichteten Untersuchungen. Die Nomenklatur der Phanerogamen folgt Rothmaler (1961) und — bei verschiedenen Kleinarten — Oberdorfer (1949). Die Moose wurden nach Gams (1957) und die Characeen nach Olsen (1944) benannt.

D. Die Pflanzengesellschaften

1. Die Characeen-Gesellschaften (Charion ?) [1]

Die Seen des Naturschutzgebietes sind im allgemeinen arm an Characeen. Nur am Rederangsee konnten ausgedehnte Wiesen der Armleuchteralgen beobachtet werden. Die bereits früher (Jeschke 1959) festgestellte Gliederung in eine Groß-Characeen-Gesellschaft („Magnocharetum“) und eine Gemeinschaft kleinwüchsiger Characeen konnte auch hier wieder bestätigt werden. Die Verbreitung in Abhängigkeit von der Tiefe soll folgende Aufstellung veranschaulichen (vgl. auch das Vegetationsprofil Abb. 6):

0,8—1,5 m	reine *Chara aspera*-Siedlungen,
(1,5) 1,8—2,5 m	*Chara aspera* und nach der Tiefe zunehmend *Chara tomentosa*,
ab 2,8—4 m	reine *Chara tomentosa*-Wiesen,
4 —5 m	*Chara tomentosa* mit *Nitellopsis obtusa*, nach der Tiefe schließlich Reinbestände der letzteren Art.

Neben *Nitellopsis obtusa* und *Chara tomentosa* tritt in tieferen Zonen eine große Form der *Chara fragilis* (ssp. *hedwigii*) mit großer Konstanz auf, ähnlich wie es bereits im Feldberger Seengebiet beobachtet werden konnte und wie Freitag (1962) es vom Gr. Stechlinsee mitteilt.

Die Charen-Gesellschaften des Süßwassers sind wahrscheinlich in mindestens vier Assoziationen (vgl. auch Freitag l.c.) zu gliedern: (1) Das Charetum asperae (Tab. 1) der windexponierten Flachwasserbereiche mit Sandgrund; (2) Das Charetum filiformis-polyacanthae der windschattigen Ufer mit eutropher Gyttja, in größere Tiefen vordringend (vgl. Jeschke 1959, Tab. 1, p. 169); (3) Das Charo-Nitellopsidetum obtusae mit *Chara tomentosa* und *Nitellopsis obtusa* (Tab. 2) der Tiefenzone mit bedeutenden Schlammschichten; (4) die von Freitag (1962) so benannte *Nitella flexilis*-*Vaucheria dichotoma*-Gesellschaft. Daneben kommt

[1]) Vgl. den Nachtrag S. 545

wahrscheinlich nach vorliegenden, noch nicht publizierten Aufnahmen eine *Chara rudis–Nitellopsis obtusa*-Gesellschaft in flachen, extrem eutrophen, aber nicht verunreinigten Seen vor.

Die Mengenverhältnisse des Charetum asperae werden durch Tabelle 1 wiedergegeben.

Das Charetum asperae kann sowohl ursprünglich als auch Ersatzgesellschaft sein. Letzteres ist an solchen Uferstrecken der Fall, wo ein Scirpo-Phragmitetum und andere Vegetationstypen durch eine starke Beweidung vernichtet worden sind, wie z. B. am NE-Ufer des Hofsees und am NW-Ufer des Priesterbäker Sees, oder im Spukloch bei Müritzhof. Am besten ist das Charetum asperae im Rederang entwickelt. Die Bestände in den übrigen Seen zeigen eine deutlich herabgesetzte Vitalität.

TABELLE 1

Chara aspera-Gesellschaft

Aufnahme-Nr.	1	2	3	4	5	6
Artenzahl	1	2	2	2	1	2
Chara aspera	5	5	5	1	·	·
Chara tomentosa	·	2	3	5	5	3
Eleocharis palustris	·	·	·	·	·	+

1–4 (170a–d) 19. 7. 62 Rederangsee, Westseite, 0,8–2,5 m, Sandgrund mit dünner Gyttja-Auflage.
5 (97a) 7. 7. 62 Hofsee, Ostseite, 0,8 m Tiefe, Sand.
6 (114) 18. 7. 62 Priesterbäker See, Westseite, 1 m, Sand.

Die Zahlen bedeuten: Aufnahme-Nr. in der Tabelle, Aufnahme-Nr. im Gelände, Datum und am Schluß Wassertiefe. Ein (F) zeigt an, daß diese Aufnahme von FREITAG stammt.

TABELLE 2

Chara tomentosa-Nitellopsis obtusa-Gesellschaft

Aufnahme-Nr.	1	2	3	4	5	6	7	8	
Artenzahl	2	3	2	4	3	3	2	1	
Kennarten:									
Chara tomentosa	5	5	5	3	5	4	·	·	75
Nitellopsis obtusa	·	·	·	1	1	3	5	5	62
Begleiter:									
Chara fragilis (hedwigii)	·	1	2	2	1	1	+		75
Utricularia vulgaris	+	+	·	1	·	·	·		37

1–4 (47a–d) 17. 8. 62 NW- u. NE-Ufer des Gr. Specker Sees, 1,5–2,0 m Tiefe, graue Gyttja.
5–9 (171a–d) 19. 8. 62 3–6 m Tiefe, schwarzer Schlamm.

Die gleiche Tatsache trifft auch für das Charo-Nitellopsidetum obtusae zu. Nur an einer Stelle im Nordteil des Gr. Specker Sees konnte *Nitellopsis obtusa* beobachtet werden; hier jedoch kümmerte der Bestand sichtlich. Das hängt zweifellos mit der geringeren Sichttiefe in diesen Seen zusammen, die im Gr. Spekker See und Priesterbäker See bei 60 bis 80 cm liegt, während im Hofsee kaum 50 cm erreicht werden.

Nach Auskunft des Fischereimeisters Janzen, Speck, waren die Specker Seen vor einigen Jahrzehnten wesentlich klarer und krautreicher. Worauf die Verschlechterung der Verhältnisse zurückzuführen ist, ist unbekannt. Eine Einleitung von dörflichen Abwässern in den Hofsee kann wohl nicht allein dafür verantwortlich gemacht werden. Ob hier ein Fall einer rasanten See-Eutrophierung (vgl. Bauch 1956) vorliegt, wäre noch genauer zu untersuchen.

2. Die Glanzlaichkraut-Gesellschaft, Potametum lucentis (Tab. 3)

Bestände dieser Gesellschaft wurden in allen Specker Seen, im Rederang und im Warnker See beobachtet. Trotz dieser relativen Häufigkeit ist nicht zu verkennen, daß die in Tabelle 3 vereinigten Aufnahmen gegenüber den bekannt gewordenen Ausbildungen aus Mecklenburg (Jeschke 1959) und Brandenburg (Hueck 1931) verarmt sind. Als einzige Eupotamion-Art neben *Potamogeton lucens* erreicht *Potamogeton pectinatus* eine Stetigkeit von 15%. Lediglich im Hofsee, im Eutrophierungsbereich des Dorfes Speck (Aufn. 1 und 2), sind anspruchsvollere Arten wie *Ranunculus circinatus* und *Potamogeton perfoliatus* vorhanden. Die Bestände aus dem Rederangsee verraten durch das Dominieren einiger *Chara*-Arten ihren Pioniercharakter besonders deutlich. Es sind eine Variante des Flachwassers mit *Chara aspera* und eine Tiefenvariante mit *Chara tomentosa* zu unterscheiden.

Aufnahme 3 repräsentiert eine Abbauphase mit Nymphaeion- und Phragmition-Arten, während die einartigen Bestände (Aufn. 6—20) offensichtlich unter Lichtmangel zu leiden haben. Sie wären als Degenerationsphase aufzufassen.

Das Potametum lucentis steht im Kontakt mit dem Potamo-Nupharetum, Nymphaeetum (albae) minoris oder dem Charo-Nitellopsidetum.

3. Die Tausendblatt-Teichrosen-Gesellschaft, Myriophyllo-Mupharetum (Tab. 4)

Bedeutend seltener als erwartet trafen wir im Gebiet das Myriophyllo-Nupharetum an. Es wurde lediglich in einigen Buchten am Nordwestufer des Gr. Specker Sees und in Torfstichen im Gr. Bruch beobachtet. Es bewohnt durchweg seichte Wasserbecken und Torfstiche mit mächtigen organogenen Schlammablagerungen in einem Tiefenbereich von 1,5 bis 0,4 m. Wie bereits bei dem Potameton lucentis angedeutet, ist auch das Myriophyllo-Nupharetum des Gebietes artenärmer als der Typus der Gesellschaft in Mecklenburg (Jeschke 1959). Besonders das Fehlen von *Ceratophyllum demersum* ist bemerkenswert. Das Hornkraut konnte bisher

TABELLE 3
Potametum lucentis

	1	2	3	4	5	6	7	8	9	10	11	12	13	14	15	16	17	18	19	20	
Aufnahme Nr.	1	2	3	4	5	6	7	8	9	10	11	12	13	14	15	16	17	18	19	20	
Artenzahl	5	3	5	3	3	4	3	3	4	2	3	4	2	2	3	2	1	1	1	1	
Kennart:																					
Potamogeton lucens	+	5	3	2	3	2	2	1	2	5	5	5	4	3	4	5	4	5	5	5	100
Potamion-Arten:																					
Potamogeton pectinatus vulgaris	.	.	1			1			+		.										15
Myriophyllum spicatum	2	.	.			.			.		1										10
Potamogeton perfoliatus	2	1	.			.			.		.										10
Ranunculus circinatus	3	1	.			.			.		.										10
Nymphaeion-Arten:																					
Nymphaea alba var. *minor*			1								.	.									5
Nuphar luteum			.								.	+									5
Charion-Arten:																					
Chara aspera			.	3	3	3	3	4	3	.	.	.	.	.	.	.					30
Chara tomentosa			.	4	3	4	4	3	4	4	2	2	3	4	2	.					60
Chara fragilis			.	.	.	.	.	.	.	.	.	1	.	.	.	1					10
Nitellopsis obtusa			.	.	.	.	.	.	.	.	.	.	.	.	1	.					5
Phragmition-Arten:																					
Schoenoplectus lacustris	.	.	2																		5
Phragmites communis	.	.	1																		5

Außerdem in Aufn. 1: *Sagittaria sagittifolia* 1.

1 (111) 18. 7. 62 Hofsee, SE-Ufer, 1 m. Schwarzer Schlamm.
2 (93) 14. 8. 62 Hofsee, Ostseite, 3 m.
3 (157) 19. 8. 62 Rederangsee, NW-Ufer, 0,8 m.
4—9 (F) 19. 8. 59 Rederangsee, SE-Seite, 0,8 m.
10 (169) 19. 7. 62 Rederangsee, N-Teil, 3,5 m.
11 (148) 18. 7. 62 Hofsee, SW-Ecke, 1,4 m.
12 (149) 18. 7. 62 Hofsee, SW-Ecke, 1,4 m.
13 (166) 19. 7. 62 Rederangsee, N-Teil, 4 m.
14 (167) 19. 7. 62 Rederangsee, N-Teil, 3,5 m.
15 (168) 19. 7. 62 Rederangsee, N-Teil, 4 m.
16 (97b) 17. 7. 62 Hofsee, E-Ufer, ca. 3 m.
17 (131) 18. 7. 62 Hofsee, E-Ufer, 2 m.
18 (185) 20. 7. 62 Warnker See, E-Ufer, 1,4 m.
19 (44—46) 17. 7. 62 W-Ufer d. Gr. Specker Sees, 2—2,5 m, 5 m breiter Gürtel.
20 (94) 15. 8. 62 Hofsee, Ostseite, 3 m.

TABELLE 4
Myriophyllo-Nupharetum

Aufnahme-Nr.	1	2	3	4	5	6	7	8	9	10	11	12	13	14	15	16	17	18	19	20	21	
Artenzahl	5	6	3	4	3	2	3	3	3	2	2	4	4	5	4	4	7	6	7	5	4	
Kennarten:																						
Myriophyllum verticillatum	2	3	3	3	2	5	4	5	1	5	2	3	2	3	5	2	3	2	1	3	1	100
Nymphaea alba	5	5	·	+	2	·	1	+	2	·	4	·	1	4	2	4	3	4	3	·	·	71
Nuphar luteum	·	·	5	4	3	3	3	3	4	2	·	4	2	2	·	·	1	3	1	·	·	66
Potamion-Arten:																						
Potamogeton natans		·	·	·								3	4	1	·	1	1		2	1	2	38
Potamogeton lucens		·	1	+								·	·	·	·	·	·		·	1	·	14
Myriophyllum spicatum		·	·	·								·	·	·	·	·	·		+	2	1	14
Utricularia vulgaris		2	·	·								·	·	·	+	·	·		·	·	·	9
Potamogeton pectinatus		1	·	·								·	·	·	·	·	·		·	·	·	4
Stratiotes aloides		·	·	·								·	·	·	·	·	·		·	+	·	4
Phragmitetalia-Arten:																						
Phragmitea communis	+	+												·	+	·	+	·	·		·	19
Schoenoplectus lacustris	1	·												1	·	3	·	·	1		·	19
Typha angustifolia	·	·												·	·	·	1	1	1		2	19
Charion-Arten:																						
Chara tomentosa	1	1	·	·	·	·	·	·		·	·							·				9
Chara hispida	·	·	·	·	·	·	·	·		·	·							1				4

Außerdem in Aufn. 12: *Sparganium erectum* +; Aufn. 17 und 18: *Carex rostrata* 2.

1	(48)	17. 7. 62 NE-Ecke d. Gr. Specker Sees, 1 m.
2	(49)	
3–7	(54–58)	17. 7. 62 Restsee im NW d. Gr. Specker Sees (Die Lübow), 1,5 m.
8–9	(59a, b)	1. 7. 62 Restsee im NW d. Gr. Specker Sees, 1,8 m.
10	(65)	7. 7. 62 Restsee im NW d. Gr. Specker Sees, 1,5 m.
11–12	(68–69)	17. 7. 62 Ostseite d. Restsees im NW d. Gr. Specker Sees, 1 m.
13	(72)	17. 7. 62 S-Seite d. Restsees im NW des Gr. Specker Sees, 0,8 m.
14–17	(73–76)	17. 7. 62 Mittlerer Restsee in d. NW-Ecke des Gr. Specker Sees, 1,2 m.
18	(86)	17. 7. 62 Südl. Restsee und NW-Ecke d. Gr. Specker Sees, 1 m.
19–21	(F)	19. 8. 59 Torfstiche im Gr. Bruch, 0,4–0,6 m.

nur aus einem Kanal am NE-Ufer des Gr. Specker Sees in einer *Stratiotes*-Gesellschaft nachgewiesen werden.

Gegenüber anderen Nymphaeion-Gesellschaften ist das Myriophyllo-Nupharetum durch *Myriophyllum verticillatum* gut abgegrenzt (vgl. MÜLLER & GÖRS 1960).

Als Kontaktgesellschaften wurden die *Typha angustifolia*-Variante des Scirpo-Phragmitetum und bestimmte Varianten des Cicuto-Caricetum beobachtet.

4. Die Schwimmlaichkraut-Mummel-Gesellschaft, Potamo-Nupharetum (Tab. 5)

Häufiger sind im Naturschutzgebiet Teichrosenbestände, denen die kennzeichnende Art des Myriophyllo-Nupharetum, *Myriophyllum verticillatum*, fehlt. Auch *Nymphaea* meidet diese Artengruppierung weitgehend. Dafür dominiert hier oft *Potamogeton natans* neben einer Reihe anderer Potamion-Arten wie *Myriophyllum spicatum* und *Potamogeton lucens*; auch scheinen *Chara*-Arten etwas häufiger zu sein als im Myriophyllo-Nupharetum.

Das Potamo-Nupharetum ist im Priesterbäker und Hofsee recht verbreitet. Es besiedelt Tiefen von 1,1—1,5 m, gewöhnlich in einem Gürtel zwischen *Potamogeton lucens* und *Phragmites* bzw. *Equisetum fluviatile* und anderen Phragmitetalia-Arten, von denen besonders *Carex rostrata* den nährstoffärmeren Standort charakterisiert.

Im Gr. Rattenpfuhl notierten wir die Aufnahmen 12—14, die zumindest eine eigene Variante der Gesellschaft darstellen. Neben *Nymphaea alba* sind hier Lemnetalia-Arten häufiger. Aufnahme 14 dürfte ein Übergangsstadium zum Hydrocharitetum darstellen.

Als Kontaktgesellschaften des Potamo-Nupharetum kommen verschiedene Ausbildungen des Scirpo-Phragmitetum sowie Pionier-Bestände der Phragmitetalia oder — bei den *Nymphaea*-Varianten — die *Calla*-Subassoziation des Cicuto-Caricetum in Betracht.

Es ist das Verdienst von MÜLLER & GÖRS (1960), diesem „verarmten Nupharetum" einen Platz im soziologischen System zugewiesen zu haben, der ihm besser gerecht wird als die bisherigen Notlösungen. Neben den floristischen Unterschieden ist die ökologische Struktur bei den Gesellschaften deutlich verschiedenartig. Das Potamo-Nupharetum zeichnet sich durch seine geringeren Nährstoff- und Wärmeansprüche aus und gehört geographisch gesehen, wie MÜLLER & GÖRS betonen, zu einer borealen (montanen) Assoziationsgruppe.

5. Die Gesellschaft der Kleinen Seerose, Nymphaeetum (albae) minoris (Tab. 6)

Auch das Nymphaeetum minoris muß auf Grund seines Areals zur nordischen Assoziations-Gruppe gestellt werden. Die Gesellschaft scheint im Müritzgebiet recht verbreitet zu sein und variiert, wie aus Tabelle 6 hervorgeht, erheblich.

TABELLE 5

Potamo-Nupharetum

Aufnahme-Nr.	1	2	3	4	5	6	7	8	9	10	11	12	13	14	
Artenzahl	4	3	5	7	7	7	3	2	5	6	5	4	4	5	
Kennarten:															
Nuphar luteum	3	4	2	5	3	2	3	3	2	1	5	.	.		78
Nymphaea alba	.	.	.	.	.	.	.	.	.	.	.	5	5		14
Potamion-Arten:															
Potamogeton natans (Trennart)	2	+	4	1	3	2	1	2	5	5	.	+		5	85
Myriophyllum spicatum	.	.	.	2	.	.	+	.	1	1	1	.		.	35
Potamogeton lucens	+	3	.	.	.	.	.	.	1	1	.	.		.	28
Potamogeton perfoliatus	.	.	.	+	.	.	.	.	.	.	.	.		.	7
Lemnetalia-Arten:															
Lemna minor					.							1	1	3	21
Hydrocharis morsus-ranae					.							1	2	+	21
Stratiotes aloides					2							.	.	.	7
Phragmitetalia-Arten:															
Equisetum fluviatile	.		2	+	1	1			.	1	+				46
Phragmites communis	.		.	.	+	2			.	.	.				14
Typha latifolia	.		.	.	+	1			.	.	.				14
Carex rostrata	.		.	.	r	1			.	.	.				14
Typha angustifolia	1		.	.	.	.			+	.	.				14
Sparganium erectum	.		.	.	.	2			.	.	.				7
Sagittaria sagittifolia	.		1	.	.	.			.	.	.				7
Charion-Arten:															
Chara tomentosa	.	.	3	.	.	.	.	.	.	2	2				21
Chara fragilis	.	.	.	1	.	.	.	.	.	.	2				14

Außerdem in Aufn. 4: *Schoenoplectus lacustris* +; Aufn. 14: *Agrostis stolonifera* +; *Nasturtium officinale* r.

1— 2 (112—113) 18. 7. 62 Priesterbäker See, W-Ufer, nördl. des Kanals, 2,1 m.
3 (150) 18. 7. 62 Hofsee, SW-Ecke, 1,1 m.
4 (152) 18. 7. 62 Hofsee, W-Ufer, 1,3 m.
5 (125) 18. 7. 62 Priesterbäker See, W-Ufer, 1,5 m.
6— 7 (126, 124a) 18. 7. 62 Priesterbäker See, W-Ufer.
8—10 (124b, 134, 135) 18. 7. 62 Priesterbäker See, s. d. Kanals, 1,5 m.
11 (147) 18. 7. 62 Hofsee, S-Ufer, 1,3 m.
12—14 (138—140) 18. 7. 62 Gr. Rattenpfuhl, 1—1,5 m.

TABELLE 6
Nymphaeetum (albae) minoris

Aufnahme-Nr.	1	2	3	4	5	6	7	8	9	10	11	12	13	14	
Artenzahl	7	4	3	3	4	4	8	4	6	7	7	3	3	2	
Kennart:															
Nymphaea alba var. *minor*	4	2	5	5	5	5	5	5	4	5	5	4	5	3	100
Trennarten der U.G. und Varianten:															
Phragmites communis	1	1	1	1	1	.	.	.	.	.	.				35
Potamogeton lucens	1	+	+	.	1	.	.	.	.	.	.				28
Myriophyllum spicatum	+	.	.	.	.	.	.	.	.	.	.				7
Potamogeton pectinatus	1	.	.	.	.	.	.	.	.	.	.				7
Utricularia vulgaris	.	.	.	.	.	2	2	1	2	3	2				42
Scorpidium scorpidioides	.	.	.	.	.	1	1	1	2	3	.				35
Chara vulgaris et *fragilis*	.	.	.	.	.	.	1	.	1	1	3				28
Carex elata	.	.		.	.	+	+	+	.	.	.				21
Cladium mariscus	.	.		.	.	.	+	.	.	+	+				21
Utricularia intermedia	.	.		.	.	.	.	.	1	1	+				21
Utricularia minor	.	.		.	.	.	.	.	+	1	1				21
Nymphaeion-Art:															
Potamogeton natans	1			1	2							3	2	4	42
Übrige Arten:															
Schoenoplectus lacustris	+	3					.				.	.	.		14
Comarum palustre	.	.					+				.	.	+		14
Eriophorum angustifolium	.	.					+				.	.	.		7
Carex rostrata	.	.					.				+	.	.		7
Carex lasiocarpa	.	.					.				.	r	.		7

1	(158)	19. 7. 62	Rederangsee, NW-Ufer, 0,8 m, Sand.
2–5	(37–40)	17. 7. 62	NE-Ecke des Gr. Specker Sees, 1,2 m, Kalkschlamm über Ton.
6–8	(240, 249, 250)	24. 9. 62	Torfstich im Teufelsbruch, 0,5 m, Torfschlamm.
9–11	(253–255)	24. 9. 62	Torfstich im Teufelsbruch.
12–14	(273–275)	25. 9. 62	Torfstich im Teufelsbruch, 1–1,5 m, Torfschlamm.

Am Nordost-Ufer des Gr. Specker Sees gedeiht die Kleine Seerose in sehr lockeren *Phragmites*- und *Schoenoplectus lacustris*-Herden bei Wassertiefen von ca. 1 m. Der Boden ist mit einer dünnen Schicht kalkreicher (grauweißlicher) Gyttja bedeckt und besteht aus festem Sand bzw. sandüberlagertem Ton. Diese Ausbildung der Gesellschaft entspricht der Subassoziation von *Myriophyllum spicatum* Müller & Görs 1960. Als Trennarten bieten sich *Potamogeton lucens* und *Phragmites communis* an. Als unmittelbare Kontaktgesellschaft wurde hier kein „Mariscetum“ beobachtet, vielmehr ein Scirpo-Phragmitetum in der *Phragmites*- bzw. in der *Schoenoplectus lacustris*-Variante. *Cladium* kommt allerdings auch in diesem Verlandungsgürtel vor.

Die zweite Untergesellschaft (Aufn. 6—11) wird durch *Utricularia vulgaris*, *Scorpidium scorpidioides* und *Chara*-Arten differenziert. Sie besiedelt Schlenken im Zwischenmoor-Bereich im Teufelsbruch mit einem pH bis 5,5. Das Auftreten von *Utricularia intermedia* und *U. minor* sowie *Scorpidium* deuten die Weiterentwicklung der Gesellschaft zum Scorpidio-Utricularietum an und charakterisieren gleichzeitig das Gesellschaftsmosaik. Die Schlenken haben eine Größe von 2—10 m^2; ihre Wassertiefe schwankt zwischen 0,5—0,8 m. Die Schlenken verlanden von den Rändern her durch *Cladium*-Herden und *Carex elata*-Horste.

In einem großen Torfstich im Teufelsbruch schließlich wurde die artenarme typische Ausbildung aufgenommen (Aufn. 12—14). Allein für diese Phase des Nymphaeetum minoris scheint *Potamogeton natans* besonders typisch zu sein. Auch in diesen Torfstichen ist *Cladium* einer der aktivsten Verlander.

Eine Subassoziation von *Utricularia neglecta* des Nymphaeetum minoris, wie sie Müller & Görs beschrieben, konnte nicht festgestellt werden. Überhaupt ist die Verbreitung und Soziologie von *Utricularia neglecta* in Norddeutschland noch unklar.

6. Bestände des Schwimmenden Knöterichs, *Polygonum amphibium*-Stadium (Tab. 7)

An der Nordost-Seite des Hofsees ist das Röhricht auf größeren Strecken durch das Weidevieh vernichtet worden. Auf den Standorten des Scirpo-Phragmitetum ist das *Polygonum amphibium*-Stadium als Ersatzgesellschaft entwickelt. Ähnliches wurde bereits über das Charetum asperae gesagt. Zum Unterschied von diesem bevorzugt das *Polygonum amphibium*-Stadium weniger windexponierte, schlammreichere Uferstrecken. Wird der Verbiß der Röhricht-Arten durch das Weidevieh unterbunden, so leiten *Equisetum fluviatile* und *Eleocharis palustris* eine Entwicklung zu Phragmition-Gesellschaften ein. Hervorgehoben werden soll das Auftreten von *Potamogeton gramineus*, das vielleicht die Entwicklung einer selbständigen *Potamogeton gramineus*-Gesellschaft andeutet, die eventuell mit dem Potametum panormitano-graminei W. Koch 1926 zu vergleichen wäre. Einige Beobachtungen an anderen Seen deuten darauf hin, daß eine ähnliche Artenkombination, oft im Kontakt mit Littorellion-Gesellschaften, auf Primärstandorten auftritt.

TABELLE 7
Polygonum amphibium (var. *natans*)-Stadium

Aufnahme-Nr.	1	2	3
Artenzahl	4	4	5
Artenkombination:			
Polygonum amphibium var. *natans*	2	4	4
Myriophyllum spicatum	1	2	1
Potamogeton natans	1	·	2
Chara tomentosa	2	1	1
Equisetum fluviatile	·	1	1

1—3 Hofsee, NE-Ufer, „beweidet", schlammiger Sand, 0,6 m.

7. Die Froschbißgesellschaft, Hydrocharitetum morsus-ranae (Tab. 8)

Wir halten es wie Müller & Görs für besser, das Hydrocharitetum zu den Lemnetalia-Gesellschaften zu stellen, sind doch nicht — oder nur zeitweise (*Stratiotes*) — wurzelnde Wasserschweber die wesentlichen Arten der Assoziation. Auch *Utricularia vulgaris* ist hier einzureihen.

An Potametalia-Arten reichere Bestände stehen an der Grenze zu Nymphaeion-Gesellschaften (z. B. Aufn. 13, 14 und 15). Aufnahme 12 weist zum Scorpidio-Utricularietum, während die Aufnahmen 4—11 den Typ der Gesellschaft repräsentieren. Die Aufnahmen 1 und 2 vom Gr. Rattenpfuhl stellen eine äußerst artenarme Variante saurer Moorgewässer dar.

Die Aufnahmen 3 und 4 sind insofern bemerkenswert, als sie im stärker aufgelockerten Cladietum gedeihen. Aufnahme 3 mit *Callitriche* cf. *verna* von einem Primärstandort am E-Ufer des Warnker Sees sei als Besonderheit erwähnt.

Die beste Entwicklung (Aufn. 7—11) zeigt die Gesellschaft an wärmebegünstigten Standorten, im Flachwasser über dunklem Moorgrund oder im strahlungsreichen Röhricht (vgl. Freitag, Markus & Schwippel 1958). Im Moorgraben mit stärkerer Beschattung kümmern die kennzeichnenden Arten (Aufn. 5 und 6), so daß diese Bestände zum Lemnetum minoris vermitteln.

Das Hydrocharitetum morsus-ranae ist in Mecklenburg wahrscheinlich auf Primärstandorten relativ selten; erst die Anlage ausgedehnter Torfstiche in den großen Flachmoorgebieten (und z. T. auch auf Hochmooren) ermöglichte der Gesellschaft eine weitere Verbreitung. Es ist anzunehmen, daß sie als wärmeliebende Artengemeinschaft (Meusel 1960) in den östlichen Bezirken unseres Landes auch auf Primärstandorten häufiger wird.

Andere Lemnetalia-Gesellschaften, wie das Lemnetum minoris und das Riccietum kommen zwar im Gebiet vor, aber doch in so fragmentarischen „Beständen", daß wir von einer Aufnahme absahen.

8. Die Skorpionsmoos-Wasserschlauch-Gesellschaft, Scorpidio-Utricularietum (Tab. 9)

Aus der Ordnung der Littorelletalia treten im Müritzgebiet im wesentlichen zwei Gesellschaften auf: Das schon länger bekannte Sparganietum minimi und

TABELLE 8

Hydrocharitetum morsus-ranae

Aufnahme-Nr. Artenzahl	1 2	2 2	3 7	4 8	5 4	6 4	7 6	8 4	9 7	10 4	11 5	12 4	13 7	14 9	15 4	
Kennarten:																
Hydrocharis morsus-ranae	3	3	3	3	1	+	2	2	5	1	4	2	.	.	.	80
Stratiotes aloides	.	.	.	.	.	.	3	4	+	.	4	.	3	5	5	46
Lemnetalia-Arten:																
Lemna minor	1	+	2	1	2	4	1	+	1	5	1	1	.	.		80
Lemna trisulca	.	.	1	2	3	3	2	.	1	2	.	.	.	1		53
Utricularia vulgaris	.	.	2	2	1	1	r	2	2	+	.	.	1	1		66
Callitriche cf. *verna*	.	.	3	.	.	.	.	.	.	.	.	.	.	.		6
Phragmitetalia-Arten:																
Phragmites communis			$+^0$	+					1				+	1	+	40
Cladium mariscus			$+^0$	$+^0$					.				.	.	.	9
Carex elata			.	r					.				.	.	.	6
Typha angustifolia			.	.					.				.	+	.	6
Equisetum fluviatile			.	.					.				.	.	1	6
Sphagno-Utricularion-Arten:																
Utricularia intermedia												3				6
Utricularia minor												1				6
Nymphaeion-Arten:																
Potamogeton natans									2				2	+	2	26
Ceratophyllum demersum									.				2	1	.	13
Nymphaea alba									.				2	+	.	13
Myriophyllum spicatum									.				.	+	.	6
Sonstige Arten:																
Comarum palustre				.			r				+					13
Sium erectum				+			.				.					6
Juncus articulatus				.			.				+					6

Außerdem in Aufn. 3: *Typha latifolia* r.

1 – 2 (142 – 143) 18. 7. 62 Gr. Rattenpfuhl, 1 m², 0,8 m.
3 (16) 16. 7. 62 SE-Ufer d. Warnker Sees, freies Wasser zw. Cladictum und Weidengebüschen, 0,3 m.
4 (24a) 16. 7. 62 SE-Ufer d. Warnker Sees, abgestorbene *Cladium*-Herden, 0,2 m.
5 – 9 (217 – 220b) 24. 9. 62 Torfgraben am Nordende des Teufelsbruches, ca. 0,5 m.
10 – 11 (230 – 231) 24. 9. 62 Schlenken im Teufelsbruch zwischen *Carex elata*-Horsten, 0,5 m.
12 (116) 18. 7. 62 NE-Ufer des Priesterbäker Sees, auf einem „Spülsaum" im Cladictum.
13—14 (35—36) 17. 7. 62 NE-Ufer des Gr. Specker Sees, „im Kanal", 1.5m.
15 (144) 18. 7. 62 S-Ufer des Hofsees. 1,0 m.

TABELLE 9

Scorpidio-Utricularietum

	1	2	3	4	5	6	7	8	9	10	11	12	13	14	15	16	17	18	19	20	21	22	23	24	25	26	
	5	3	4	9	7	5	10	12	9	4	4	5	5	3	5	6	7	8	6	7	8	6	4	6	6	3	
Kennarten:																											
Utricularia intermedia	1	3	4	3	2	2	2	4	5	2	2	5	5	1	2	4	1	1	2	3	1	2	3	4	5	2	100
Utricularia minor	+	·	·	1	1	·	1	1	1	1	·	1	1	4	1	2	3	1	2	2	2	4	2	3	2	·	80
Scorpidium scorpidioides	·	·	·	4	5	·	5	5	·	3	5	·	·	3	4	2	3	4	3	·	3	·	4	·	·	3	57
Trennarten der U.G. und Varianten:																											
Potamogeton gramineus	4	3	2	1	1	3	2	+	·	·	·	·	·			·			·	·	·	·	·	·	·	·	30
Utricularia vulgaris	1	·	·	+	·	·	+	1	+	·	·	+	1			·			·	·	·	·	·	·	·	·	26
Hydrocharis morsus-ranae	·	+	1	·	·	+	·	·	·	·	·	·	·			·			·	·	·	·	·	·	·	·	11
Chara fragilis et *vulgaris*	·	·	·	·	·	+	+	+	+	2	1	·	·			·			·	1	+	·	·	·	·	·	30
Drepanocladus intermedius	·	·	·	+	·	·	·	1	3	·	·	·	·			2			·	·	·	·	·	·	·	·	15
Campylium stellatum	·	·	·	·	·	·	·	2	2	·	·	·	·			·			·	·	·	·	·	·	·	·	7
Sphagnum auriculatum	·	·	·	·	·	·	·	·	·	·	·	·	·			·			·	1	·	·	+	2	1	·	15
Sphagnum inundatum	·	·	·	·	·	·	·	·	·	·	·	·	·			·			·	·	·	2	·	·	·	2	7
Sphagnum contortum	·	·	·	·	·	·	·	·	·	·	·	·	·			·			·	·	1	·	·	·	·	·	3
Littorelletalia-Arten:																											
Juncus bulbosus																	1	1						·	·	·	7
Drepanocladus fluitans																	·	·						1	1	·	7
Scheuchzerio-Caricetea fuscae-Arten:																											
Carex lasiocarpa				+	r		+	+	·			·	·		·	+°	·	·	+	+	·	·	·	r	r	·	34
Eriophorum angustifolium				·	·		·	·	·			·	·		+	·	1	+	+	+	r	+	·	·	·	·	26
Carex fusca				+	·		·	+	+			r	+		·	·	·	·	·	·	·	·	·	·	·	·	19
Calamagrostis neglecta				·	r		r	·	·			·	·		+	·	·	·	·	·	·	·	·	·	·	·	11
Juncus articulatus				·	·		·	·	·			·	r		·	·	·	·	r	·	r	·	·	·	·	·	11
Hydrocotyle vulgaris				·	·		·	+	·			·	·		·	·	·	·	·	·	·	·	·	+	·	·	7
Rhynchospora alba				·	·		·	·	·			·	·		·	+	·	·	·	·	·	+	·	·	·	·	7
Sonstige Arten:																											
Phragmites communis				·	r°		r°	r°				·					·	·		·						·	11
Carex panicea				·	·		·	·				·					+	1		r						·	11
Ranunculus flammula				+	·		·	·				+					·	·		·						·	7
Riccardia pinguis				·	·		·	·				·					1	·		·						·	3

Außerdem in Aufn. 1: *Carex rostrata* +; Aufn. 3: *Carex pseudocyperus* r; Aufn. 6: *Chara tomentosa* +; Aufn. 7: *Carex elata* r; Aufn. 9: *Taraxacum palustre* +, *Acrocladium cuspidatum* 1; Aufn. 11: *Comarum palustre* +; Aufn. 18: *Drosera intermedia* 1, *Drosera anglica* r; Aufn. 22: *Menyanthes trifoliata* 1; Aufn. 25: *Galium palustre* +.

das erst vor kurzem erkannte Scorpidio-Utricularietum (ILSCHNER 1959), dessen soziologische Stellung MÜLLER & GÖRS (1960) klarlegten.

Neben einer Initialphase mit *Potamogeton gramineus* und *Hydrocharis morsus-ranae* [Aufn. 1, 3, (5)], die besonders in Schlenken innerhalb des Caricetum elatae auftritt, konnten wir eine *Chara*-Subassoziation (Aufn. 6—11), eine typische Subassoziation (Aufn. 12—19) und eine bisher noch nicht beschriebene *Sphagnum*-Subassoziation (Aufn. 20—26) nachweisen.

Die Initialphase findet man, wie bereits angedeutet, im Komplex mit Magnocaricion-Gesellschaften (vgl. auch Tab. 7). Die innige Verschmelzung dieser Wasserschlauch-Schlenkengesellschaft mit den höher organisierten Gesellschaften macht es z. T. unmöglich, in allen Fällen eine Trennung vorzunehmen. Andererseits lassen sich die Glieder des Scorpidio-Utricularietum in diesen Fällen als Trennarten bestimmter Entwicklungsphasen, z. B. des Caricetum acutiformis (JESCHKE 1959), verwenden.

Erst bei einer gewissen Größe der Schlenken in *Carex elata*-Beständen läßt sich ein eigenständiges Scorpidio-Utricularietum unterscheiden. Bei relativ hohem Wasserstande stellen sich hier *Potamogeton gramineus* und *Utricularia vulgaris* ein. Eventuell sind diese als Relikte eines Potametum panormitano-graminei zu betrachten. *Scorpidium* kann hier noch fehlen. Bei flacherem Wasser stellen sich Charen ein, die eine Untergesellschaft differenzieren.

Die typische Ausbildung stockt in der Regel in flacheren Schlenken im Bereich des Caricetum lasiocarpae, bzw. steht schon im Kontakt mit initialen Phasen des Rhynchosporetum albae.

Die dritte Untergesellschaft von *Sphagnum auriculatum* tendiert eindeutig zu *Sphagnum* (*subsecundum* s.l. et *contortum*)-reichen Ausbildungen des Rhynchosporetum albae bzw. des Caricetum lasiocarpae.

In zahlreichen Aufnahmen bei ILSCHNER (1959) tritt *Sphagnum contortum* auf. In unseren Beständen ist *Sphagnum auriculatum* und *S. inundatum* (= *subsecundum* s.l.) häufiger als *S. contortum*. Wir halten die *Sphagnum*-Subassoziation für die typische Ausbildung der Gesellschaft im Bereich der Zwischenmoore.

Legende zu Tab. 9

1 – 3 (330, 226, 328)	25. 9. 62	Schlenken zw. *Carex elata*-Horsten am NE-Ufer des Moorsees, 0,2 m.
4 – 5 (177, 180)	20. 7. 62	Müritzufer zw. *Carex elata*-Bulten, 0,3 m.
6 (329)	25. 4. 62	NE-Ufer des Moorsees zw. *Carex elata*, 0,2 m.
7 – 8 (179, 178)	20. 7. 62	Müritzufer zw. *Carex elata*-Bulten, 0,30 m.
9 (176)	20. 7. 62	Müritzufer zw. *Carex elata*-Bulten, 0,18 m.
10 (241)	24. 9. 62	Teufelsbruch, im Kontakt mit Cladietum und *Carex elata*, 0,20 m.
11 (252)	24. 9. 62	Teufelsbruch, in Schlenken im Caricetum elatae, 0,20 m.
12 –13 (174 –175)	20. 7. 62	Müritzufer unterhalb Müritzhof, zw. *Carex lasiocarpa*-Beständen, 0,15 m.
14 (357)	25. 9. 62	Teufelsbruch, *Rhynchospora*-Schlenke, 0,1 m.
15 (358)	24. 9. 62	Teufelsbruch, im Kontakt mit Nymphaeetum minoris 0,3 m.
16 (258)	25. 9. 62	Teufelsbruch, in *Rhynchospora alba*-Schlenken, 0,1 m.
17 –18 (249, 244)	24. 9. 62	Teufelsbruch, im Rhynchosporetum albae 0,5 –0,1 m.
19 (239)	24. 9. 62	Teufelsbruch, im Caricetum lasiocarpae, 0,10 m.
20 (233)	24. 9. 62	Teufelsbruch, Schlenken am Rande eines Cladietum, 0,10 m.
21 (240)	24. 9. 62	Teufelsbruch, im Caricetum lasiocarpae, 0,15 m.
22 (282)	25. 9. 62	Teufelsbruch, im Rhynchosporetum albae, 0,10 m.
23 (245)	24. 9. 62	Teufelsbruch, im Caricetum lasiocarpae-Rhynchosporetum, 0,10 m.
24 –25 (228, 229)	24. 9. 62	Teufelsbruch, im Caricetum lasiocarpae, 0,25 m.
26 (257)	24. 9. 62	Teufelsbruch, im Kontakt mit *Carex elata*- bzw. *Carex lasiocarpa*-Beständen, 0,30 m.

9. Die *Utricularia vulgaris*-Schlenke (Tab. 10)

Im Anschluß an das Scorpidio-Utricularietum sei hier kurz auf ein Schlenken-Stadium aus dem Flachmoorbereich eingegangen, das in erster Linie im Teufelsbruch beobachtet wurde. Zwischen das Nymphaeetum minoris und das Scorpidio-Utricularietum schiebt sich vielfach ein Vegetationstyp, der mit *Scorpidium* bereits ein wichtiges Element unserer Gesellschaft besitzt, dem aber noch die kennzeichnenden kleinen Utricularien fehlen. Physiognomisch bestimmt *Utricularia vulgaris* dieses Stadium. Die übrigen Arten haben allem Anschein nach nur akzessorischen Charakter. Die Wassertiefe in diesen Schlenken schwankt zwischen 0,2 und 0,5 m.

TABELLE 10
Utricularia vulgaris-Schlenke

Aufnahme-Nr.	1	2	3	4	
Artenzahl	5	3	4	2	
Kennart:					
Utricularia vulgaris	4	5	4	3	4
Sphagno-Utricularion-Art:					
Scorpidium scorpidioides	2		1	2	3
Übrige Arten:					
Comarum palustre	+	+	+	·	3
Chara vulgaris	1	1	·	·	2
Calamagrostis neglecta	+	·	·	·	1
Carex rostrata	·	·	1	·	1

1–4 (377–380) 24. 9. 62 Teufelsbruch, ca. 0,5 m² große Flächen zwischen *Carex elata*-Bulten und Nymphaeetum minoris.

Das von MIJAWAKI & TÜXEN (1960) sowie von PASSARGE (1961) erwähnte Lemno-Utricularietum v. Soó 28 bedarf u. E. noch genauer Überprüfung. V. Soó selbst betrachtet das Lemno-Utricularietum synonym zur *Lemna minor-Lemna trisulca*-Ass. Tx. 55 (vgl. Soó 1957); PASSARGES (1961) Aufnahmen gehören wenigstens z. T. zum Sparganietum minimi und z. T. sind sie vielleicht Initialstadium des Scorpidio-Utricularietum (mit *Utricularia intermedia*).

10. Die Gesellschaft des Kleinen Igelkolbens, Sparganietum minimi (Tab. 11)

Diese verhältnismäßig seltene Littorelletalia-Gesellschaft, deren wichtigste Art *Sparganium minimum* ist, konnte im Gebiet nur in zwei Einzelbeständen angetroffen werden.

Aufnahme 1 (221), 24. 9. 62, stammt aus dem östlichen Hauptgraben des Teufelsbruches. Zwischen und unter einer Decke von *Potamogeton natans* wuchs ein dichter Bestand des Kleinen Igelkolbens. Neben einigen Lemnetalia-Arten enthält die Aufnahme noch Relikte aus dem Phragmition. Die charakteristische Artenkombination des Sparganietum minimi ist noch nicht vorhanden.

Aufnahme 2 (276), 25. 9. 62, kann dagegen schon eher mit dem Typus der Assoziation verglichen werden. Der Bestand stammt aus dem Teufelsbruch, wo er zwischen Scorpidio-Utricularietum und Nymphaeetum minoris vermittelt.

Über die systematische Stellung des Sparganietum minimi vergleiche MÜLLER & GÖRS (1960, S. 91).

TABELLE 11
Sparganietum minimi

Aufnahme-Nr.	1	2	
Artenzahl	6	5	
Kennart:			
Sparganium minimum	3	4	2
Nymphaeion-Art:			
Potamogeton natans	5		1
Sphagno-Utricularion-Arten:			
Utricularia intermedia		2	1
Scorpidium scorpidioides		1	1
Übrige Arten:			
Hydrocharis morsus-ranae	1	·	1
Lemna minor	1	·	1
Phragmites communis	+	·	1
Rumex hydrolapathum	r	·	1
Utricularia vulgaris	·	3	1
Sphagnum subsecundum s.l.	·	2	1

11. Das Röhricht, Scirpo-Phragmitetum (Tab. 12)

Die Ufer aller Seen im Naturschutzgebiet werden von einem mehr oder weniger breiten [1—50 (150) m] Röhrichtgürtel umsäumt. Wassertiefe und Substrat können dabei außerordentlich wechseln. Im allgemeinen bestehen die Uferzonen der Seen aus sandigen, z. T. sogar tonigen Ablagerungen. Ausgesprochene Faulschlammbildungen sind selten. Wo sie auftreten, wie am N-Ufer des Moorsees, am NE-Ufer des Gr. Specker Sees und am S-Ufer des Hofsees, prägt sich das sofort im Vegetationscharakter aus.

Am Südufer des Hofsees notierte FREITAG (7. 8. 58) folgende Aufnahme des Glycerietum maximae:

Kennarten:	
Glyceria maxima	4
Stachys palustris	1
Phragmition-Arten:	
Phragmites communis	2
Rumex hydrolapathum	1
Sium latifolium	1
Magnocaricion-Arten:	
Galium palustre	2
Cicuta virosa	+
Scutellaria galericulata	+
Übrige Arten:	
Solanum dulcamara	1

TABELLE 12
Scirpo-Phragmitetum

Aufnahme-Nr.	1	2	3	4	5	6	7	8	9	10	11	12	13	14	15	16	17	18	19	20	
Artenzahl	2	3	7	2	4	4	4	2	4	3	3	5	4	7	6	5	4	4	6	2	
Kennarten (Phragmition)																					
Equisetum fluviatile	5	5	·	·	·	·	·	·	·	1	·	·	·	·	·	·	·	·	·	·	15
Phragmites communis	·	·	4	3	1	2	5	4	5	5	5	4	5	5	+	+	·	·	·	1	75
Schoenoplectus lacustris	·	·	3	1	5	2	·	·	·	·	1	·	1	·	·	·	·	·	1	·	35
Typha angustifolia	·	·	·	·	+	·	·	·	·	·	·	·	2	1	5	5	5	1	·	·	35
Typha latifolia	·	·	·	·	·	·	·	·	·	·	·	·	·	·	·	·	·	5	3	·	10
Sparganium erectum	·	·	1	·	·	·	·	·	·	·	+	1	·	·	·	·	·	·	1	4	25
Rumex hydrolapathum	·	·	·	·	·	·	r	·	·	·	·	·	·	+	·	·	·	+	+	·	20
Sium latifolium	·	·	·	·	·	·	·	·	+	·	·	·	·	·	·	·	·	·	+	·	10
Magnocaricion-Arten:																					
Carex rostrata			1		+	·			·	·				·	1	2	·	2	1		30
Carex elata			·		·	1			1	2				·	·	·	·	·	·		15
Cicuta virosa			+		·	·			·	·				+	·	·	+	·	·		15
Nymphaeion- und Lemnion-Arten:																					
Potamogeton natans	1	2	·						·			2	·	·	1	1	·				25
Myriophyllum verticillatum	·	·	+						·			·	·	1	2	1	+				25
Nymphaea alba	·	·	+						·			1	·	1	·	·	+				20
Utricularia vulgaris	·	·	·						+			·	2	·	·	·	·				10

Nur einmal treten auf: Aufn. 2: *Nuphar luteum* +; Aufn. 6: *Eleocharis palustris* 1; Aufn. 7: *Carex acutiformis* 2, *Lysimachia vulgaris* +; Aufn. 8: *Cladium mariscus* 2; Aufn. 12: *Ranunculus lingua* +; Aufn. 15: *Schoenoplectus tabernaemontani* +; Aufn. 14: *Lemna trisulca* +.

Das Glycerietum maximae vermittelt zwischen Scirpo-Phragmitetum und Salicion- bzw. Alnion-Gesellschaften.

Am Südufer des Hofsees sind ziemlich reine Bestände von *Equisetum fluviatile* nicht selten (Aufn. 1 und 2, Tab. 12). Ebenso tritt am Nordostufer des Moorsees Teichschachtelhalm z. T. als dominierende Art auf (vgl. Tab. 12). Jene Bestände könnten als Initialphase zum Cicuto-Caricetum pseudocyperi gestellt werden.

Die *Equisetum fluviatile*-Bestände im Hofsee sind vielleicht auch an das Sparganio-Sagittarietum anzuschließen. *Sagittaria sagittifolia* wurde am Südufer des Hofsees beobachtet, jedoch einmal im Potametum lucentis (Tab. 3) und ein zweites Mal im Potamo-Nupharetum, dem *Equisetum fluviatile*-Bestand benachbart (Tab. 5). Möglicherweise ist die von Tüxen 1953 aufgestellte Subassoziation von *Equisetum fluviatile* des Sparganio-Sagittarietum eine Artengruppierung von größerer Selbständigkeit, in der dem Teichschachtelhalm eine höhere soziologische Bewertung zugesprochen werden muß.

Die sonstige Gliederung des Scirpo-Phragmitetum weicht wenig von dem bekannten Schema ab. Eine Pionierphase von *Schoenoplectus lacustris* (Aufn. 3—6) wird von der *Phragmites*-Phase abgelöst (Aufn. 7—14). Eine *Typha angustifolia*-Fazies kann die *Phragmites*-Fazies ersetzen (Aufn. 15—17); in der Regel löst sie die letztere auf Torfböden größerer Mächtigkeit ab. Schließlich sei die *Typha latifolia*-Fazies (Aufn. 18—19) genannt, die faulschlammreichere Ufer und ruhiges Wasser zu bevorzugen scheint. Selten begegnet man fast reinen Siedlungen von *Sparganium erectum* (ssp. *polyedrum*), ebenfalls auf Faulschlammbildungen.

Das Scirpo-Phragmitetum steht in Kontakt mit Potametalia- und Magnocaricion-Gesellschaften. Die *Phragmites*-Fazies und die *Schoenoplectus*-Fazies grenzen an Potamo-Nupharetum und Nymphaeetum minoris auf der einen und an das Caricetum elatae bzw. Cladietum marisci auf der anderen Seite. Die *Typha*

Legende zu Tabelle 12:

1	(145)	18. 7. 62	Südufer des Hofsees, 0,8 m.
2	(146)	18. 7. 62	Südufer des Hofsees, 0,1 m.
3	(67)	17. 7. 62	NW-Ecke d. Gr. Specker Sees, 0,5 m.
4	(42, F)	8. 8. 58	Gr. Bruch, Torfstich.
5	(159)	19. 7. 62	N-Ufer des Rederangsees, Sand, 1,0 m.
6	(240, F)	19. 8. 59	E-Ufer d. Müritz w. Müritzhof.
7	(110)	17. 7. 62	SE-Ufer d. Gr. Specker Sees, 0,3 m.
8	(162)	19. 7. 62	W-Ufer des Rederangsees vor d. Gr. Bruch, Sand, 0,6 m.
9	(163)	19. 7. 62	W-Ufer des Rederangsees, 0,6 m, Sand.
10	(127)	18. 7. 62	W-Ufer d. Priesterbäker Sees, 0,5 m.
11	(123)	18. 7. 62	W-Ufer d. Priesterbäker Sees, 1,5 m.
12	(401, F)	8. 8. 58	Torfstich im Gr. Bruch.
13	(260, F)	6. 8. 58	Alte Tongrube w. Müritzhof, 0,3 m.
14—16	(53, 50, 51)	17. 7. 62	NW-Ufer d. Gr. Specker Sees, 0,5—0,7 m.
17	(66)	17. 7. 62	NW-Ecke d. Gr. Specker Sees, 0,6 m.
18—19	(63—64)	17. 7. 62	NW-Ecke d. Gr. Specker Sees, 0,3—0,5 m.
20	(124)	18. 7. 62	W-Ufer d. Priesterbäker Sees, 1,0 m.

angustifolia- und *Typha latifolia*-Fazies stehen in der Regel mit dem Myriophyllo-Nupharetum und Cicuto-Caricetum in Kontakt. Es sind wohl auch andere Kombinationen verwirklicht.

Die *Sparganium polyedrum*-Siedlungen könnten in einen Zusammenhang mit den *Equisetum fluviatile*-Herden gebracht werden. Es liegen Beobachtungen von anderen Stellen vor, daß *Sparganium erectum* gehäuft in *Equisetum fluviatile*-reichen Vegetationstypen auftreten kann.

Als Sonderausbildung kommt am Südufer des Rederangsees im Scirpo-Phragmitetum (*Phragmites*-Fazies) der salzliebende *Bolboschoenus maritimus* vor. Auch am Ufer der Müritz wurde er beobachtet.

12. Das *Schoenoplectus tabernaemontani-Eleocharis palustris*-Stadium (Tab. 13)

Als Ersatzgesellschaft des Scirpo-Phragmitetum (*Phragmites*-Fazies) an mäßig beweideten Seeufern bzw. Viehtränken wurden die in der Tabelle 13 wiedergegebenen Bestände zu einem *Schoenoplectus tabernaemontani-Eleocharis palustris*-Stadium zusammengefaßt. Alle Aufnahmen (16. 7. 62) stammen vom Südufer des Warnker Sees, von einem humosen Sandboden. Die Wassertiefe betrug

TABELLE 13

Schoenoplectus tabernaemontani-Eleocharis palustris-Stadium

Aufnahme-Nr. Artenzahl	1 5	2 7	3 6	4 9	
Kennarten (Phragmition):					
Schoenoplectus tabernaemontani	2	2	3	1	4
Eleocharis palustris	3	2	1	1	4
Magnocaricion-Arten:					
Carex disticha	+	2	1	1	4
Lycopus europaeus	.	.	.	+	1
Agropyro-Rumicion crispi- und Bidention-Arten:					
Agrostis stolonifera var. *prorepens*	2	1	1	2	4
Apium repens	1	3	1	2	4
Juncus articulatus	.	1	1	+	3
Carex hirta	.	1	.	.	1
Ranunculus flammula	.	.	.	1	1
Myosotis caespitosa	.	.	.	+	1

0,30–0,10 m. Seewärts grenzen die Bestände an ein schütteres Scirpo-Phragmitetum bzw. an das freie Wasser, landwärts an ein beweidetes Caricetum appropinquatae. Solche *Eleocharis palustris*-reichen Bestände wurden an vielen mecklenburgischen Seen beobachtet; in der Mehrzahl der Fälle liegen diese Seen in Weidegebieten. Auffällig ist, daß dort, wo eine Beweidung nicht stattfindet, der Standort der Gesellschaften von einem Scirpo-Phragmitetum eingenommen wird. Ob es daneben noch eine *Eleocharis palustris*-Gesellschaft (vgl. JESCHKE 1959) an nichtbeeinflußten Seeufern (auf Primärstandorten) gibt, bedarf weiterer Untersuchungen.

13. Das Wasserschierling-Röhricht, Cicuto-Caricetum pseudocyperi (Tab. 14)

Die auf den ersten Blick sehr inhomogen erscheinende Wasserschierling-Gesellschaft läßt sich im Naturschutzgebiet an mehreren Orten studieren.

Im Gr. Rattenpfuhl bei Faule Ort wird die gesamte Seefläche von einer artenarmen Subassoziation des Cicuto-Caricetum umsäumt: in den Varianten von *Calla palustris*. Ein dichtes Gewirr von *Thelypteris palustris*-Rhizomen bildet schwimmende Decken, auf denen sich die übrigen Arten ansiedeln. Auch in Torfstichen im Gr. Bruch trifft man diese Ausbildungen des Cicuto-Caricetum, hier allerdings ohne *Calla palustris*.

Wir möchten von diesen Beständen eine Subassoziation von *Carex rostrata* abtrennen (Aufn. 15—26), die durch zahlreiche Phragmition-Arten gut umgrenzt ist. Die *Carex rostrata*-Subassoziation besiedelt die mesotrophen Standorte, während die *Thelypteris*-Subassoziation noch nährstoffärmere Biotope bevorzugt. Ob von einer *Thelypteris*-Initialphase (Aufn. 1—4), wie wir sie auf abgestorbenen *Cladium*-Herden am E-Ufer des Warnker Sees beobachteten, eine Sukzession in Richtung zur *Carex rostrata*-Subassoziation erfolgen kann, müßte noch genauer untersucht werden.

Die *Carex rostrata*-Subassoziation bildet ausgedehnte Schwingrasen am NE-Ufer des Moor-Sees. Den äußersten Schwingrasensaum nimmt dabei eine *Phragmites*-freie Variante ein (Aufn. 5 und 16), während landwärts *Phragmites communis* ziemlich dichte und hohe Bestände bilden kann, in denen unsere Ass.-Kennarten etwas weniger regelmäßig vorkommen. Man könnte geneigt sein, diese *Phragmites*-Variante noch zum Scirpo-Phragmitetum zu stellen. Auf jeden Fall demonstrieren diese Verhältnisse den Phragmitioncharakter des Cicuto-Caricetum.

Eine typische Subassoziation der eutrophen Standorte, wie sie v. DONSELAAR (1961) aus Holland anführt, ist im Gebiet selten; wir möchten nur die Aufnahmen 27 und 28 dazu rechnen. Lediglich *Sium erectum* käme als Trennart in Frage.

Nach dem Vorgehen der Holländer möchten wir das Cicuto-Caricetum als eine Röhricht-Gesellschaft betrachten. Sie steht in Kontakt mit Nymphaeion-Phytozönosen auf der einen und Magnocaricion- bzw. Alnion-Gesellschaften auf der anderen Seite. Es sei hier besonders auf eine *Carex rostrata*-Phytozönose verwiesen, die z. T. von der *Carex rostrata*-Subassoziation des Cicuto-Caricetum umschlossen wird (vgl. Tab. 20).

Eine Entstehung des Cicuto-Caricetum pseudocyperi auf trockengefallenen Faulschlammstreifen am NE-Ufer des Moorsees konnten wir im Herbst 1959 beobachten. Die folgende Aufnahme gibt eine solche Initialphase wieder [18. 9. 59 (F)]:

TABELLE 14
Cicuto-Caricetum pseudocyperi

Aufnahme-Nr.	1	2	3	4	5	6	7	8	9	10	11	12	13	14	15	16	17	18	19	20	21	22	23	24	25	26	27	28	
Artenzahl	5	7	8	5	8	10	5	10	11	13	11	17	8	16	12	11	9	9	13	11	10	13	17	17	11	10	13	9	
Kennarten:																													
Carex pseudocyperus	·	+	·	1	1	2	1	2	2	2	3	+	2	1	2	+	1	+	1	+	·	+	1	2	·	+	1	2	85
Cicuta virosa	·	·	·	+	1	1	+	1	1	1	1	1	3	2	2	2	·	·	·	+	+	3	2	2	2	1	·	2	75
Calla palustris	·	·	·	·	3	3	3	1	2	3	2	·	·	·	·	·	·	·	·	·	·	·	·	·	·	·	·	·	25
Trennarten der U. G. und Varianten:																													
Thelypteris palustris	5	5	5	5	3	4	5	4	4	3	4	5	2	5	1	·	·	·	·	+	·	1	·	1	·	·	·	·	64
Carex rostrata	(+)	·	·	·	·	·	·	·	·	·	·	·	·	1	2	2	2	1	1	1	1	1	5	1	3	3	·	·	50
Lysimachia thyrsiflora	·	·	·	·	·	·	·	·	·	·	·	1	·	·	·	+	+	+	+	·	+	1	·	+	3	2	·	·	35
Phragmition-Arten:																													
Phragmites communis	1	1	1	·	·	·	·	·	·	·	·	3^0	·	1	·	·	3^0	5^0	5^0	5^0	5^0	4^0	1	2	2	1	3^0	+	60
Typha latifolia	·	·	·	·	3	2	+	2	+	·	1	·	+	2	1	+	·	·	·	·	+	·	2	+	·	·	2	1	53
Ranunculus lingua	·	·	·	·	·	·	·	·	·	·	·	·	·	·	2	·	1	1	2	+	1	+	2	·	1	·	·	·	32
Rumex hydrolapathum	·	·	·	·	·	·	·	·	·	·	·	+	·	·	2	·	·	·	+	·	·	·	2	+	·	·	r	+	25
Equisetum fluviatile	·	·	·	·	·	·	·	·	·	·	·	·	·	·	·	·	3	2	2	1	2	1	1	·	·	·	·	·	25
Eleocharis palustris	·	·	·	·	·	·	·	·	·	·	·	·	·	·	·	·	·	·	·	+	1	·	1	·	+	1	·	·	17
Typha angustifolia	·	·	·	·	·	·	·	·	·	·	·	·	·	+	·	3	·	·	·	·	·	·	·	+	·	·	·	·	10
Alisma plantago-aquatica	·	·	·	·	·	·	·	·	·	·	·	·	·	·	·	1	·	·	·	·	·	·	+	·	·	·	·	·	7
Sparganium erectum	·	·	·	·	·	·	·	·	·	·	·	·	·	·	·	·	·	·	·	+	·	·	+	·	·	·	·	·	7
Magnocaricion-Arten:																													
Galium palustre	·	·	+	·	1	1	·	·	1	+	1	2	·	·	·	·		·	+	·	·	1	·	1	+	1	2	·	46
Lycopus europaeus	·	·	·	·	·	·	·	+	+	+	+	+	·	·	·	+		·	+	·	·	2	+	1	1	2	1	·	46
Calamagrostis canescens	·	·	·	·	·	+	·	·	+	+	+	·	·	·	·	·		·	·	·	·	·	·	·	·	·	·	·	14
Cardamine pratensis	·	·	·	·	·	·	·	·	·	·	+	1	·	·	·	·		·	·	·	·	·	·	·	+	·	1	·	14
Lythrum salicaria	·	·	·	·	·	·	·	·	·	·	·	1	·	+	·	·		·	·	·	·	·	·	+	·	·	·	·	10
Mentha aquatica	·	·	·	·	·	·	·	·	·	·	·	1	·	·	·	1		·	·	·	·	·	·	1	·	·	·	·	10
Cladium mariscus	1	·	+	·	·	·	·	·	·	·	·	·	·	·	·	·		·	·	·	·	·	·	·	·	·	·	·	7
Carex paniculata	·	·	·	·	·	·	·	·	·	+	·	·	·	1	·	·		·	·	·	·	·	·	·	·	·	·	·	7

Lemnetalia- und Nymphaeion-Arten:																													
Hydrocharis morsus-ranae	.	.	+	+	3	1	.	1	.	.	.		2	3	2	+	1	2	2	1	1	.	3	+		.	+	+	64
Lemna minor	.	1	2	1	2	2	.	1	1	1	+		1	+	+	+	.	.	+	.	.	.	2	+		.	1	.	60
Potamogeton gramineus	.	.	.	.	.	.	.	.	.	.	.		.	.	.	.	3	+	1	1	+	.	.	.		.	.	.	17
Utricularia vulgaris	.	2	1	.	.	.	.	.	.	.	.		.	.	.	.	.	.	.	.	.	.	1	.		.	.	.	10
Nymphaea alba (minor)	.	.	.	.	.	.	.	.	.	.	.		2	.	.	.	.	.	.	.	.	.	+	.		.	.	.	7
Stratiotes aloides	.	.	.	.	.	.	.	.	.	.	.		2	.	1	.	.	.	.	.	.	.	.	.		.	.	.	7
Lemna trisulca	.	.	1	.	.	.	.	.	.	.	.		.	1	.	.	.	.	.	.	.	.	.	.		.	.	.	7
Riccia fluitans	.	.	.	.	.	.	.	+	.	+	.		.	.	.	.	.	.	.	.	.	.	.	.		.	.	.	7
Scheuchzerio-Caricetea fuscae-Arten:																													
Epilobium palustre					.	+	.	+	+	.	+	1	.			.	.	.	.		.	2	r	+	1	2	3	.	39
Calamagrostis neglecta					.	.	.	.	.	.	.	.	.			.	1	+	1		.	.	.	.	.	.	.	.	10
Stellaria palustris					.	.	.	.	.	+	.	.	.			.	.	.	.		.	.	.	.	.	+	.	.	7
Sonstige Arten:																													
Rorippa amphibia		.						.	+	+	.	.										.	.	.	.	.	.	1	10
Agrostis stolonifera		.						.	.	.	.	1										.	.	.	.	.	1	.	7
Sium erectum		.						.	.	.	.	.										.	.	.	.	.	+	+	7
Mnium seligeri		1						.	.	.	.	.										3	.	.	.	.	2	.	10
Acrocladium cuspidatum		1						.	.	.	.	.										1	.	.	.	.	.	.	7
Myosotis palustris		.						.	.	.	.	+										.	.	+	.	.	.	.	7

Außerdem in Aufn. 1: *Solanum dulcamara* +; Aufn. 10: *Hydrocotyle vulgaris* +; Aufn. 12: *Scutellaria galericulata* +, *Bidens tripartitus* +; Aufn. 14: *Carex acutiformis*+, *Carex lasiocarpa*+, *Comarum palustre* 1; Aufn. 15: *Carex elata* 2; Aufn. 24: *Schoenoplectus tabernaemontani* 1.

1—3	(22—24)	16. 7. 62	E-Ufer d. Warnker Sees auf abgestorbenem *Cladium mariscus*, 0,30—0,50 m.
4	(1151)	18. 7. 62	SW-Ufer d. Hofsees, Schwingrasen.
5	(48, 7F)	7. 8. 58	Gr. Rattenpfuhl.
6	(50, F)	7. 8. 58	Gr. Rattenpfuhl, SW-Ufer.
7	(136)	18. 7. 62	Gr. Rattenpfuhl, N-Ufer.
8—11	(2—4, 8)	16. 9. 59	Gr. Rattenpfuhl, Schwingrasen.
12	(192)	20. 7. 62	N-Ufer d. Moorsees, Schwingrasen.
13	(20, F)	8. 8. 58	Torfstich im Gr. Bruch.
14	(90, F	8. 8. 58	Torfstich im Gr. Bruch.
15	(30, F)	8. 8. 58	Torfstich im Gr. Bruch.
16	(190)	20. 7. 62	N-Ufer d. Moorsees, Schwingrasen.
17—22	(331—333, 335—337)	15. 9. 62	NW-Ufer d. Moorsees, Schwingrasen über Faulschlamm.
23	(70, F)	8. 8. 59	NE-Ufer d. Moorsees.
24—26	(193—195)	20. 7. 62	NE-Ufer d. Moorsees.
27—28	(62, 59)	17. 7. 62	NW-Ecke d. Gr. Specker Sees, schwimmende *Typha latifolia*-Inseln

TABELLE 15
Cladietum marisci

Aufnahme-Nr.	1	2	3	4	5	6	7	8	9	10	11	12	13	14	15	16	17	18	19	20	21	22	23	24	25	26	
Artenzahl	9	4	6	5	6	4	8	6	7	7	8	6	4	6	9	6	6	6	8	10	13	12	9	11	9	11	
Kennart:																											
Cladium mariscus	3	5	5	5	5	5	4	5	3	5	5	5	5	5	5	5	5	5	5	5	5	5	5	5	5	5	100
Trennarten der U. G. und Varianten:																											
Utricularia vulgaris	·	·	1	·	+	1	+	1	1	+	·			·	·		·		·	·	·		·	·	·	·	26
Potamogeton natans	2	+	+	1	r	·	·	·	·	·	·			·	·		·		·	·	·	·	·	·	·	·	19
Hydrocharis morsus-ranae	+	·	·	·	·	·	·	1	+	·	·			·	·		·		·	·	·	·	·	·	·	·	11
Sium erectum	·	·	1	1	·	·	·	·	1	·	·			·	·		·		·	·	·	·	·	·	·	·	11
Mentha aquatica	·	·	·	·	·	·	·	·	·	·				·	·	·	·	·	·	1	+	2	1	1	1	·	23
Acrocladium cuspidatum	·	·	·	·	·	·	·	·	·	·				·	·	·	·	·	·	4	·	·	·	2	3	2	15
Carex panicea	·	·	·	·	·	·	·	·	·	·				·	·	·	·	·	·	+	+	·	+	·	1	·	15
Hypericum tetrapterum	·	·	·	·	·	·	·	·	·	·				·	·	·	·	·	·	·	·	+	+	·	·	·	7
Comarum palustre	·		·											·	r	+	+	·	+	·	·	·	·	·	·	·	15
Sphagnum contortum	·		·											·	2	·	+	1	·	·	·	·	·	·	·	·	11
Campylium stellatum	·		·											·	1	·	·	·	1	·	·	·	2	·	·	·	11
Magnocaricion-Arten:																											
Carex elata	1	·	·	·	+	·	2	1	·	+	1	+	+	1	r^0	·	·	·	·	·	·	·	·	·	·	+	42
Lythrum salicaria	·	·	·	+	·	r	·	·	·	+	·	·	·	·	r	+	·	1	·	·	+	·	·	·	1	+	34
Galium palustre	·	·	·	·	·	·	·	·	·	·	+	·	·	·	·	+	·	+	·	1	1	+	·	+	·	+	30
Lysimachia vulgaris	·	·	·	·	·	·	·	·	·	1	+	·	·	+	·	·	+	·	+	·	1	1	·	·	·	2	30
Peucedanum palustre	·	·	·	·	·	·	·	·	·	·	1	·	·	·	·	·	·	·	·	·	2	·	1	+	1	+	23
Scutellaria galericulata	·	·	·	·	·	·	·	·	·	+	·	·	·	·	·	·	·	·	·	+	·	+	+	·	·	·	15
Carex rostrata	1	·	·	·	·	·	2	·	1	·	·	·	·	·	·	·	·	·	·	·	·	·	·	·	·	·	11
Carex pseudocyperus	·	·	+	·	·	·	·	·	1	·	·	·	·	·	·	·	·	·	·	·	·	·	·	·	·	·	7
Carex disticha	·	·	·	·	·	·	·	·	·	·	1	·	·	·	·	·	·	·	·	·	2	·	·	·	·	·	7
Lycopus europaeus	·	·	·	·	·	·	·	·	·	·	·	·	·	·	·	·	·	·	·	·	+	·	·	·	·	+	7
Phragmition-Arten:																											
Phragmites communis	1	·	·	·	1	1	1	1^0	2	1^0	1	2^0	1^0	1	$+^0$	·	·	·	·	1^0	2^0	1^0	1^0	1^0	1^0	1	73
Typha latifolia	·	·	+	+	·	·	·	·	·	·	·	·	·	·	·	·	·	·	·	·	·	·	·	·	·	·	7

Scheuchzerio-Caricetea fuscae-Arten:																											
Carex lasiocarpa		1						1				1	·	·	1	+	+	+	+	·	·		·	+	·	·	34
Scorpidium scorpidioides		·						·				·	·	2	·	2	1	2	1	·	·		2	2	·	·	26
Calamagrostis neglecta		·						·				·	1	+	·	·	·	·	·	1	+		·	1	+	1	26
Carex fusca		·						·				·	·	·	·	·	·	·	·	2	·		1	·	·	·	7
Epilobium palustre		·						·				·	·	·	·	·	·	·	·	·	+		·	·	+	·	7
Sträucher:																											
Salix cinerea	·	·	·	·	·	·	·	·	·	·	1	·	·	·	·	·	·		+	·	·	·	·	·		·	7
Salix aurita	·	·	·	·	·	·	·	·	·	·	·	+	·	·	·	·	·		·	·	·	·	·	+		·	7

Nur einmal treten auf: Aufn. 1: *Typha angustifolia* 2, *Schoenoplectus lacustris* +, *Myriophyllum verticillatum* 1; Aufn. 2: *Schoenoplectus tabernaemontani* 1; Aufn. 5: *Thelypteris palustris* +; Aufn. 7: *Carex acutiformis* 1, *Cicuta virosa* +, *Lemna trisulca* +; Aufn. 12: *Alnus glutinosa* juv. +; Aufn. 15: *Pinus silvestris* (1m h) +; Aufn. 19: *Sphagnum palustre* +; Aufn. 20: *Calamagrostis canescens* +; Aufn 22: *Hydrocotyle vulgaris* +; Aufn. 24: *Iris pseudacorus* +; Aufn. 21: *Calystegia sepium* +; Aufn. 22: *Equisetum palustre* 1, *Potentilla anserina* 1, *P. reptans* 1, *Cirsium palustre* +.

1	(52)	17. 7. 62	NE-Ufer des Gr. Specker Sees.	13	(10b, F)	6. 8. 58	E-Ufer d. Müritz, w Müritzhof, 0,06 m
2	(29)	16. 7. 62	S-Ufer d. Warnker Sees, 0,2 m, Sand.	14	(14a, F)	6. 8. 58	E-Ufer d. Müritz, w Müritzhof, 0,03 m.
3—4	(26, 26a)	16. 7. 62	SE-Ufer d. Warnker Sees, 0,3—0,4 m, Sand.	15	(232)	12. 9. 62	Teufelsbruch, Torfstich, 0,3 m.
5—6	(14—15)	16. 7. 62	E-Ufer d. Warnker Sees, 0,3—0,5 m, Sand.	16—19	(33a—33d)	18. 9. 59	Torfstiche im Teufelsbruch, 0,3—0,1 m Torf.
7	(115)	18. 7. 62	NE-Ufer d. Priesterbäker Sees, 0,3 m, Sand.	20	(6b, F)	6. 8. 58	E-Ufer d. Müritz, w Müritzhof, 0,07 m.
8	(300, F)	6. 8. 58	E-Ufer der Müritz, 0,2 m.	21	(280, F)	6. 8. 58	E-Ufer d. Müritz s Rederang-Kanal, 0,1 m.
9	(30)	16. 7. 62	E-Ufer d. Warnker Sees, 0,3 m, Sand.	22	(10a, F)	6. 8. 58	Tongrube b. Müritzhof.
10	(31a, F)	7. 8. 58	Binnenmüritz, b. Boeker Schlamm, 0,2—0,01 m.	23	(5b, F)	6. 8. 58	s. Rederangkanal.
				24	(14b, F)	6. 8. 58	E-Ufer d. Müritz, 0,05 m.
11	(1b, F)	6. 8. 58	Am Abfluß des Rederangsees, 0,07 m.	25	(270, F)	8. 8. 58	Verlandungsgebiet w Warensche Wold, 0,02 m.
12	(310a, F)	6. 8. 58	Tongrube b. Müritzhof.	26	(220, F)	6. 8. 58	E-Ufer d. Müritz s Rederangsee, sandiger Ton.

Kennarten:	*Carex pseudocyperus* (Keimpfl.)	+
	Cicuta virosa	2
	Typha latifolia	2
	Phragmites communis	2
	Alisma plantago-aquatica	1
	Rumex hydrolapathum	1
	Sparganium ramosum	1
	Galium palustris	+
	Lycopus europaeus	3
	Agrostis stolonifera var. *prorepens*	2
	Bidens cernuus	3
	Myosotis caespitosa	+
	Cardamine pratensis	+
	Lemna minor	1

Es besteht wohl kein Zweifel, daß diese Bestände zum Cicuto-Caricetum gehören; ebenso dominieren hier die Phragmition-Arten in so augenfälliger Weise, daß wir hier mit gutem Recht von einer „Röhricht-Gesellschaft“, die im Phragmition steht, sprechen können.

14. Das Schneiden-Ried, Cladietum marisci (Tab. 15)

Das Schneiden-Ried ist der auffälligste Vegetationstyp des Naturschutzgebietes. *Cladium mariscus* kommt an allen Seen, mit Ausnahme des Rattenpfuhls, vor. Die Schneide besiedelt die verschiedenen Standorte wie Sand- und Tonböden und im Teufelsbruch auch Torfböden größerer Mächtigkeit. Wir möchten im Naturschutzgebiet drei Untergesellschaften (Subass. ?) unterscheiden:

a) Untergesellschaft von *Utricularia vulgaris* (Aufn. 1—10) mit einigen Relikten aus Lemnion und Nymphaeion als Trennarten.

Sie besiedelt Wassertiefen bis zu 0,5 m und Sand und sandigen Tonböden in der Röhrichtzone der Seen (Müritz, Rederang, Specker Seen, Warnker See, Binnenmüritz). Die *Utricularia*-Untergesellschaft ist in Mecklenburg wahrscheinlich die häufigste Ausbildung des Cladietum. Sie führt im Verlaufe der Sukzession zu anderen Magnocaricion-Gesellschaften (Caricetum elatae, Caricetum acutiformis), häufiger auch zu Salicion- und Alnion-Phytozönosen.

b) Typische oder *Carex lasiocarpa*-Untergesellschaft mit einer typischen und einer *Comarum palustre*-Variante.

Die typische Variante (Aufn. 11—14) wurde in erster Linie auf den feuchteren Kalktonböden am Müritzufer beobachtet, während alle Aufnahmen der *Comarum palustre*-Variante (Aufn. 15—19) aus dem Teufelsbruch stammen. Sie stehen hier in Kontakt mit Scheuchzerio-Caricetea fuscae-Gesellschaften (Caricetum lasiocarpae, Rhynchosporetum albae).

c) *Mentha aquatica*-Untergesellschaft.

Die Wassertiefe, in der diese Gesellschaft (Aufn. 20—26) stockt, schwankt zwischen + 0,10 und etwa — 0,05 m. Sie kommt in großer Ausdehnung auf dem während der letzten großen Müritzabsenkung trockengefallenen ehemaligen Müritzboden vor. Größere Teile dieses Bereiches werden extensiv beweidet oder zur Streunutzung unregelmäßig gemäht. Diese Untergesellschaft steht in Kontakt mit dem Caricetum lasiocarpae bzw. der *Eleocharis pauciflora*-Gesellschaft (Caricion davallianae). Das von PFEIFFER (1961) aufgestellte Sukzessionsschema kann auf Grund der vorliegenden Untersuchung wesentlich erweitert werden.

Cladium mariscus ist in Mecklenburg verbreitet, insbesondere in den Seen des Höhenrückens östlich der Müritz (vgl. Verbreitungskarte bei JESCHKE (1963)).

TABELLE 16

Caricetum ripariae-acutiformis

Aufnahme-Nr.	1	2	3	4
Artenzahl	9	9	11	12
Kennarten:				
Carex acutiformis	4	3	5	·
Carex riparia	·	·	·	4
Magnocaricion-Arten:				
Carex elata	+	+	+	1
Lysimachia vulgaris	·	+	2	1
Mentha aquatica	3	2	+	·
Scutellaria galericulata	+	+	·	+
Galium palustre	·	+	+	·
Lycopus europaeus	1	·	·	+
Peucedanum palustre	·	·	+	+
Cicuta virosa	·	1	·	·
Calamagrostis canescens	·	·	2	·
Phragmition-Art:				
Phragmites communis	3	4		3
Begleiter (Trennarten der Ass.):				
Stachys palustris	1	·	1	2
Solanum dulcamara	1	2	·	·
Humulus lupulus	+	·	·	·
Polygonum amphibium	·	·	+	·
Sonchus oleraceus	·	·	·	1
Eupatorium cannabinum	·	·	·	1
Calystegia sepium	·	·	·	1

Außerdem in Aufn. 3: *Calamagrostis neglecta* 1, *Carex lasiocarpa* +; Aufn. 4: *Lythrum salicaria* 1.

Legende zu Tabelle 16:

1	(190, F)	7. 8. 58	E-Ufer d. Müritz w Boeker Schlamm, Strandwall.
2	(22a, F)	7. 8. 58	E-Ufer d. Müritz w Boeker Schlamm, Strandwall, ca. 2 m breit, 0,30 m.
3	(230, F)	10. 8. 58	E-Ufer d. Müritz wsw Müritzhof, dicht hinter der Uferlinie.
4	(20a, F)	7. 8. 58	E-Ufer d. Müritz, w Boeker Schlamm, hinter dem Strandwall, 0,10 m.

15. Die Uferseggen-Gesellschaft, Caricetum ripariae-acutiformis (Tab. 16)

Carex acutiformis ist im Naturschutzgebiet auffallend selten im Verlandungsgürtel der Gewässer. Etwas häufiger trifft man sie in den Erlen-Eschenwäldern und im Erlenbruch sowie in dessen Ersatzgesellschaften, dem Polygono-Cirsietum (vgl. FUKAREK 1960).

An den Seen, besonders am Ostufer der Müritz, tritt *Carex acutiformis* auf den Strandwällen an der landwärtigen Grenze des Scirpo-Phragmitetum auf, eine charakteristische Gesellschaft, die zum Caricetum ripariae-acutiformis zu stellen ist. Die zweite Art, *Carex riparia*, wurde nur in einem Bestand festgestellt. Beide Seggenarten scheinen sich auszuschließen; jedenfalls beobachteten wir sie selten zusammen. Es könnten wahrscheinlich zwei Subassoziationen unterschieden werden.

Der Standort des Caricetum ripariae-acutiformis ist in allen Fällen ein Strandwall, der infolge des dort abgelagerten und verwesenden organischen Materials günstige Nährstoffverhältnisse aufweist, wie auch von *Calystegia sepium*, *Stachys palustris* und *Mentha aquatica* angedeutet wird. Auch *Carex acutiformis* selbst ist eine anspruchsvollere Art.

Das Caricetum ripariae-acutiformis stockt zwischen dem Scirpo-Phragmitetum und dem Caricetum elatae. Die geringe Anzahl von Aufnahmen läßt eine eindeutige soziologisch-systematische Bewertung unserer Bestände nicht zu.

16. Das Steifseggen-Ried, Caricetum elatae (Tab. 17)

Ähnlich verbreitet wie das Cladietum ist im Gebiet das Steifseggenried. Allerdings nehmen die Bestände insgesamt gesehen keine großen Flächen ein. Das Caricetum elatae schiebt sich als schmaler Gürtel zwischen Scirpo-Phragmitetum bzw. Cladietum und Scheuchzerio-Caricetea fuscae-Gesellschaften.

Die Ausbildung des Caricetum elatae im Müritzgebiet weist gegenüber anderen Beständen Mecklenburgs (PASSARGE 1959, JESCHKE 1959) eine Reihe von Besonderheiten auf, wie z. B. eine auffallend niedrige Artenzahl und die starke Beteiligung von Scheuchzerio-Caricetea fuscae-Arten. In der Tat steht das Caricetum elatae in der Regel in enger Verzahnung mit dem Caricetum lasiocarpae und es ist nicht immer leicht, eine scharfe Grenze zwischen beiden Gesellschaften zu finden.

Die vorgenommene Untergliederung trägt nur vorläufigen Charakter.

a) Untergesellschaft von *Utricularia vulgaris* (Aufn. 1—11).

Sie besiedelt größere Wassertiefen (bis 0,50 m) auf verschiedenen nicht zu armen Substraten, humosen Sand-Tonböden, am Ostufer der Müritz und der Specker Seen zwischen Cladietum und Caricetum lasiocarpae.

b) Typische Untergesellschaft (Aufn. 12—21).

Auf mäßig reichen Standorten und geringerer Wassertiefe wachsend, fehlt diesen Aufnahmen die Trennartengruppe (*Utricularia vulgaris*, *Potamogeton gramineus* u. a.) der ersten Ausbildungsform.

c) Die Untergesellschaft von *Comarum palustre* (Aufn. 22—32).

Diese Ausbildung des Caricetum elatae ist für die deutlich mesotrophen Standorte charakteristisch.

Innerhalb der verschiedenen Untergesellschaften lassen sich außerdem noch einige Varianten (und Subvarianten) unterscheiden.

In der *Utricularia*-Untergesellschaft ist eine *Potamogeton natans*-Variante (Aufn. 1—4), wobei Aufnahme 1 mit *Eleocharis palustris* schon zu einer Phragmition-Gesellschaft vermittelt und *Potamogeton natans* selbst als Relikt des Nymphaeetum minoris die ökologische Stellung dieser Variante umreißt, von einer *Hydrocharis*-Variante (Aufn. 5—7) und einer typischen Variante (Aufn. 8—11) abzutrennen.

Die Aufnahmen der typischen Untergesellschaft lassen zwei Gruppierungen erkennen, eine typische (Aufn. 12—14) und eine *Acrocladium*-Variante (Aufn. 15 bis 21). Auch hier dürfte der Wasserstand für die verschiedenen Ausbildungen verantwortlich zu machen sein.

Die *Comarum*-Untergesellschaft entspricht der Subassoziation Comaretosum von Simon (1960); vgl. auch van Donselaar (1961). Sie läßt sich nach unseren Aufnahmen in eine *Utricularia intermedia*- (Aufn. 23—26) und in eine *Agrostis canina*- (od. *Sphagnum*-)Variante (Aufn. 28—32) gliedern. Besonders die letztere läßt überzeugend den gesteigert mesotrophen Charakter dieser Subassoziation deutlich werden. Sie wurde nur im Teufelsbruch im Kontakt mit Zwischenmoorgesellschaften angetroffen, während die Variante von *Utricularia intermedia* auch an anderen Seeufern auftritt.

17. Das Rispenseggen-Ried, Caricetum paniculatae (Tab. 18)

Verhältnismäßig selten wurde im Naturschutzgebiet das Caricetum paniculatae gefunden. Die Gesellschaft scheint im mecklenburgischen Hügelland überhaupt selten zu sein; sie wurde bisher nur von Rügen nachgewiesen (Jeschke 1962 a). Das Caricetum paniculatae erinnert in vieler Hinsicht an das Caricetum elatae, doch ist *Carex paniculata* hinsichtlich der Standortsverhältnisse anspruchsvoller. Die Artenkombination ist sehr ähnlich der des Steifseggen-Rieds; Phragmitetalia- und Caricetalia fuscae-Arten bauen im wesentlichen diese Großseggengesellschaft auf. Im Verlaufe der Sukzession wird sie von Salicion- und Alnion-Gesellschaften abgelöst. Es ließe sich auch hier eine typische Subassoziation von einem Comaretosum unterscheiden.

Das Caricetum acutiformis-paniculatae der holländischen Autoren (vgl. v. Donselaar 1961) ist wohl besser in ein Caricetum paniculatae und ein Caricetum acutiformis zu trennen.

18. Das Wunderseggen-Ried, Caricetum appropinquatae (Tab. 19)

Das Caricetum appropinquatae ist die dritte Großseggengesellschaft, deren kennzeichnende Art durch einen bultigen Horstwuchs ausgezeichnet ist. Von den

TABELLE 17

Caricetum elatae

Aufnahme-Nr.	1	2	3	4	5	6	7	8	9	10	11	12	13	14	15	16	17	18	19	20	21	22	23	24	25	26	27	28	29	30	31	32	
Artenzahl	11	9	8	12	15	13	13	8	15	9	8	9	20	9	15	15	14	20	10	15	13	7	11	16	18	20	14	9	9	13	14	13	
Kennart:																																	
Carex elata	3	4	4	3	5	3	5	5	2	3	3	3	5	2	4	4	4	5	5	4	3	3	3	4	5	4	3	5	4	5	5	4	100
Trennarten der U. G. und Varianten:																																	
Utricularia intermedia	·	1	·	·	·	1	·	1	1	1	+	·	·	·	·	·	·		·	2	1	·	1	+	+	+	2	·	·	·	·	·	40
Potamogeton gramineus	2	·	·	2	+	2	·	1	+	·	·	·	·	·	·	·	·		·	·	·	·	2	+	1	+	1	·	·	·	·	·	34
Utricularia vulgaris	1	1	1	·	·	+	·	+	+	+	·	·	·	·	·	·	·		·	·	·	·	·	·	·	·	+	·	·	+	·	·	28
Utricularia minor	·	·	·	·	·	1	·	+	1	·	+	·	·	·	·	·	·		·	·	·	·	2	·	·	·	1	·	·	·	·	·	19
Hydrocharis morsus-ranae	·	·	·	·	3	+	1	·	·	·	·	·	·	·	·	·	·		·	·	·	·	·	+	+	+	+	·	·	·	·	·	21
Lemna minor	·	·	·	+	+	+	+	·	·	·	·	·	·	·	·	·	·		·	·	·	·	·	·	·	·	+	·	·	·	·	·	15
Comarum palustre	·	·	·	·	·	·	·	·	·	·	·	·	·	·	·	·	·		·	·	·	1	1	+	+	1	+	+	1	1	1	+	34
Eriophorum angustifolium	·	·	·	·	·	·	·	·	·	·	·	·	·	·	·	·	·		·	·	·	·	·	·	1	1	·	+	1	+	·	·	15
Agrostis canina	·	·	·	·	·	·	·	·	·	·	·	·	·	·	·	·	·		·	·	·	·	·	·	·	·	·	1	1	1	1	1	15
Sphagnum contortum	·	·	·	·	·	·	·	·	·	·	·	·	·	·	·	·	·		·	·	·	·	·	·	·	·	·	3	3	·	2	·	9
Sphagnum cf. *subbicolor*	·	·	·	·	·	·	·	·	·	·	·	·	·	·	·	·	·		·	·	·	·	·	·	·	·	·	·	·	·	2	4	6
Magnocaricion-Arten:																																	
Lysimachia vulgaris	·	·	·	·	·	·	·	·	·	·	·	1	+	·	1	2	2	1	2	+	1	+	·	+	·	+	·	1	·	1	+	+	50
Galium palustre	1	·	·	·	1	·	·	·	·	·	·	1	1	·	1	·	1	1	+	·	+	·	·	+	+	1	+	·	·	·	1	+	46
Peucedanum palustre	·	·	+	·	·	·	·	·	·	·	·	·	·	·	2	2	·	·	1	+	1	·	·	+	+	+	·	·	+	1	+	+	40
Cladium mariscus	1	1	+	·	·	·	·	·	·	+	1	·	1	·	2	·	2	1	·	·	2	·	·	·	·	·	·	·	·	r	·	·	34
Lythrum salicaria	·	·	·	·	·	·	·	·	+	·	·	·	+	·	+	1	+	+	·	+	+	·	+	·	·	+	·	·	·	·	·	·	31
Mentha aquatica	·	·	·	1	·	·	+	·	·	·	·	3	1	+	·	+	+	·	1	+	·	·	·	·	·	·	+	·	·	·	·	·	31
Lycopus europaeus	·	·	·	·	·	·	+	·	·	·	·	·	1	+	·	·	·	1	·	·	·	·	·	+	+	+	·	·	·	·	+	·	25
Calamagrostis canescens	·	·	·	·	2	+	1	·	2	·	·	·	·	·	·	1	·	·	·	·	·	·	1	·	·	·	·	·	·	·	·	·	18
Lysimachia thyrsiflora	·	·	·	·	·	·	·	·	·	·	·	·	1	·	·	·	·	+	·	·	·	·	·	1	+	+	·	·	·	·	+	·	18
Cicuta virosa	·	·	·	·	·	·	+	·	·	·	·	·	1	r	·	·	+	1	·	·	·	·	·	·	+	·	·	·	·	·	·	·	18
Carex appropinquata	·	·	·	·	·	·	·	·	·	·	·	·	+	·	·	·	·	1	·	·	·	·	·	1	2	3	·	·	·	·	·	·	15
Thelypteris palustris	·	·	·	·	·	·	·	·	1	·	·	·	+	·	·	·	·	+	·	·	·	·	+	·	·	·	·	·	·	·	·	·	12
Cardamine pratensis	·	·	·	·	+	·	+	·	·	·	·	·	+	·	·	·	·	·	·	+	·	·	·	·	·	·	·	·	·	·	·	·	12
Scutellaria galericulata	·	·	·	·	·	·	·	·	·	·	·	·	+	·	+	·	+	·	+	·	·	·	·	·	·	·	·	·	·	·	·	·	12
Carex acutiformis	·	·	·	1	+	·	·	·	·	1	·	1	·	·	·	·	·	·	·	·	·	·	·	·	·	·	·	·	·	·	·	·	12

Iris pseudacorus	·	·	·	·	·		·	·	1	·				·	1																·	6
Stachys palustris	·	·	·	+	·		·	·	·	·				·	+																·	6
Phragmition-Arten:																																
Phragmites communis	+	2	2	2	2⁰	+	2	+	3⁰	2	1	4⁰	1⁰	2	·	1	3	2⁰	+	1	1	1	2	1	1	+	1	·	·	·	·	·	81
Schoenoplectus lacustris	1	·	·	1	1	·	+	·	·	·	·	·	·	+	·	·	·	·	·	·	·	·	·	·	·	·	·	·	·	·	·	·	15
Equisetum fluviatile	·	·	·	·	·	·	·	·	·	·	·	·	·	·	1	·	·	·	·	1	·	·	·	+	1	+	·	·	·	·	·	·	15
Rumex hydrolapathum	·	·	·	·	·	·	1	·	·	·	·	+	+	+	·	·	·	·	·	·	·	·	·	·	·	+	·	·	·	·	·	·	15
Ranunculus lingua	·	·	·	·	·	+	·	·	·	·	·	·	+	·	·	·	·	·	·	·	·	·	·	·	·	·	·	·	·	·	·	·	6
Eleocharis palustris	3	·	·	·	·	·	·	·	·	·	·	·	·	·	·	·	·	·	·	·	·	·	·	·	·	·	·	·	·	·	·	·	3
Scheuchzerio-Caricetea fuscae-Arten:																																
Carex lasiocarpa	·	3	2	2	1	3	·	+	2	3	3	·	1	+	2	2	2	+	+	2	3	2	2	·	·	·	3	+	1	2	·	·	75
Calamagrostis neglecta	·	1	·	1	·	1	·	1	+	2	1	·	·	·	1	1	2	+	2	+	1	2	1	1	2	3	1	1	·	2	1	+	75
Campylium stellatum	·	·	·	·	·	·	·	·	·	·	·	·	·	·	3	·	·	1	·	·	3	·	·	·	·	·	·	·	·	2	·	·	12
Stellaria palustris	·	·	·	·	·	·	·	·	·	·	·	·	+	·	·	·	+	+	·	·	·	·	·	·	·	·	·	·	·	·	·	·	9
Scorpidium scorpidioides	·	·	·	·	·	·	·	·	·	·	·	·	·	·	2	·	·	·	·	·	·	·	·	·	·	·	·	·	1	3	·	·	9
Epilobium palustre	·	·	·	·	+	·	·	·	·	·	·	·	·	·	·	+	·	·	·	·	·	·	·	·	·	·	·	·	·	·	·	·	6
Sonstige Arten (Trennarten der Varianten):																																
Acrocladium cuspidatum	·	·	·	·	·	·								·	3	3	2	1	3	3	1	·	·	+	+	+	·		·	2	1	·	37
Mnium seligeri	·	·	·	·	·	·								·	·	·	·	·	·	·	·	·	·	+	+	+	·		·	·	·	·	9
Potamogeton natans	2	1	1	1	·	·								·	·	·	·	·	·	·	·	·	·	·	·	·	·		·	·	·	·	12
Chara tomentosa	4	·	·	·	·	·								·	·	·	·	·	·	·	·	·	·	·	·	·	·		·	·	·	·	3
Sträucher:																																
Salix cinerea	·	+	+	·			·	·	1	+	+	·	+	·	·	1		1	·	·	1	·						·	+	·		·	31
Salix repens	·	·	·	·			·	·	3	·	·	·	+	·	·	·		1	·	·	·	·						·	·	·		·	9
Salix aurita	·	·	·	·			1	·	·	·	·	·	·	·	·	·		·	·	2	·	·						·	·	·		·	6

Außerdem in Aufn. 1: *Juncus alpino-articulatus* 1; Aufn. 4: *Myriophyllum verticillatum* 2; Aufn. 5: *Carex rostrata* +, *Alisma plantago-aquatica* +, *Spirodela polyrrhiza* 1; Aufn. 6: *Carex rostrata* 1; Aufn. 7: *Alnus glutinosa* juv. +; Aufn. 9: *Betula pubescens* juv. +; Aufn. 12: *Carex riparia* 1, *Solanum dulcamara* +; Aufn. 14: *Eupatorium cannabinum* +; Aufn. 16: *Carex disticha* 1, *Juniperus communis* +, *Carex panicea* +; Aufn. 17: *Campylium elodes* 1; Aufn. 18: *Cirsium palustre* +, *Taraxacum palustre* +; Aufn. 20: *Salix pentandra* +, *Pedicularis palustris* +; Aufn. 22: *Carex paniculata* 1; Aufn. 25: *Carex pseudocyperus* +; Aufn. 26: *Typha latifolia* +; Aufn. 27: *Carex rostrata* +; Aufn. 28: *Hammarbya paludosa* r; Aufn. 31: *Molinia coerulea* +, *Calypogeia* spec. +; Aufn. 32: *Molinia coerulea* 2, *Sphagnum auriculatum* 1, *Vaccinium oxycoccus* 2, *Sphagnum plumulosum* 1, *Rhynchospora alba* +.

Legende zu Tabelle 17

1	(12b, F)	6. 8. 58	E-Ufer d. Müritz w Müritzhof, 0,15 m.
2	(7b$_1$, F)	6. 8. 58	E-Ufer d. Müritz wsw Müritzhof, 0,18 m.
3	(7b$_2$, F)	6. 8. 58	E-Ufer d. Müritz wsw Müritzhof, 0,20 m.
4	(170, F)	19. 8. 58	Moorsee, E-Ufer.
5	(15a, F)	19. 8. 58	E-Ufer d. Müritz, 0,15 m, humoser Sand.
6	(117)	18. 7. 62	NE-Ufer d. Priesterbäker Sees, 0,50 m.
7	(160$_2$, F)	19. 8. 58	E-Ufer der Müritz, 0,30 m, Feinsand und Mollusken-Schalen.
8	(119)	18. 7. 62	NE-Ufer d. Priesterbäker Sees.
9	(89)	17. 8. 62	NW-Ufer d. Gr. Specker Sees, 0,30 m, Sand.
10—11	(98, 101)	17. 8. 62	S-Ufer d. Gr. Specker Sees, 0,50 m, Sand.
12	(21a, F)	8. 8. 58	E-Ufer d. Müritz, w Warensche Wold.
13	(6)	17. 9. 59	SE-Ufer d. Moorsees, 0,10 m, Torf über Sand.
14	(160$_1$, F)	19. 8. 58	E-Ufer d. Müritz, 0,30 m, Feinsand mit Muscheln und Schneckenschalen.
15	(9b, F)	6. 8. 58	E-Ufer d. Müritz s Rederang-Kanal, 0,04 m, sand. Ton.
16	(6b, F)	6. 8. 58	E-Ufer d. Müritz s Rederang-Kanal.
17	(20a, F)	7. 8. 58	E-Ufer d. Müritz b. Boeker Schlamm, 0,10 m.
18	(5)	17. 9. 59	SE-Ufer d. Moorsees, 0,05 m, Torf üb. Sand.
19	(7b$_3$, F)	6. 8. 58	E-Ufer d. Müritz, wsw Müritzhof, 0,10 m.
20	(3b, F)	6. 8. 58	E-Ufer d. Müritz s Rederang-Kanal, im Kontakt mit Cladietum.
21	(16, F)	6. 8. 58	E-Ufer d. Müritz w Müritzhof.
22	(78)	17. 7. 62	W-Ecke d. Gr. Specker Sees, Mittlerer Restsee (Torfstich), 0,20 m.
23	(87)	17. 7. 62	NW-Ufer des Gr. Specker Sees, 0,60 m, Sand.
24—26	(327, 338—339)	25. 9. 62	NE-Ufer d. Moorsees, 0,20—0,30 m.
27	(118)	18. 7. 62	NE-Ufer d. Priesterbäker Sees, 0,4—0,5 m, Sand.
28	(277)	24. 9. 62	Teufelsbruch, NE-Teil, Torfstich, 0,20—0,40 m.
29	(238)	24. 9. 62	Teufelsbruch, SE-Teil, Torfstich, 0,10 m.
30	(251)	24. 9. 62	Teufelsbruch, NE-Teil, Torfstich, 0,40 m.
31—32	(31, 31a)	18. 9. 59	Teufelsbruch NE-Seite, Torfstich.

TABELLE 18
Caricetum paniculatae

Aufnahme-Nr.	1	2	3	4	5	6	7	
Artenzahl	5	7	14	18	14	14	18	
Kennart:								
Carex paniculata	4	5	5	5	2	3	3	100
Magnocaricion-Arten:								
Peucedanum palustre	·		1	+	+	1	+	85
Thelypteris palustris	2		·	+	2	1	·	57
Lysimachia vulgaris	·		·	1	+	+	1	57
Calamagrostis canescens	·		·	·	1	3	·	28
Carex rostrata	·		·	·	1	+	·	28
Carex elata	·		·	·	2	·	·	14
Carex disticha	·		·	·	·	·	3	14
Scutellaria galericulata	·		·	·	·	·	+	14
Galium palustre	·		·	1	·	·	·	14
Phragmition-Arten:								
Phragmites communis	2			+		·	3	42
Typha latifolia	·			+		1	·	28
Equisetum fluviatile	·			·		+	·	14
Rumex hydrolapathum	·			·		·	+	14
Scheuchzerio-Caricetea fuscae-Arten:								
Comarum palustre		+	·	·	+	+	·	42
Stellaria palustris		+	+	+	·	·	·	42
Hydrocotyle vulgaris		2	1	·	·	·	·	28
Epilobium palustre		·	·	·	+	+	·	28
Carex lasiocarpa		·	·	·	·	2	2	28
Calamagrostis neglecta		·	·	·	·	·	3	14
Lemnetalia-Arten:								
Utricularia vulgaris			+	+	·	1		42
Hydrocharis morsus-ranae			·	·	+	2		28
Lemna minor			·	·	2	·		14
Sonstige Arten:								
Mentha aquatica		+	+	+		·	2	57
Cirsium palustre		1	1	1		·	+	57
Lathyrus paluster		·	+	+		·	1	42
Acrocladium cuspidatum		·	1	3		3	·	42
Mnium seligeri		·	1	1		·	·	28
Veronica scutellata		·	+	1		·	·	28
Festuca rubra		·	·	·		·	2	14
Sträucher:								
Salix pentandra	·		1	·	2	·	·	28
Salix repens	·		·	·	+	·	1	28
Alnus glutinosa (1,5 m h)	1	·	·	·	·	·	·	14
Salix cinerea	·	·	·	1	·	·	·	14
Salix aurita	·	·	·	·	1	·	·	14

Außerdem in Aufn. 1: *Lycopus europaeus* +; Aufn. 2: *Galium uliginosum* +; Aufn. 3: *Achillea ptarmica* +, *Sium erectum* 2; Aufn. 4: *Carex acutiformis* 1, *Carex pseudocyperus* +; Aufn. 7: *Lythrum salicaria* 1, *Molinia coerulea* 1, *Polygonum amphibium* r, *Caltha palustris* +.

1	(187)	20. 7. 62 E-Ufer des Warnker Sees, 0,20 m, Sand.
2–4	(153)	19. 7. 62 N-Ufer des Rederangsees, Graben.
5–7	(110, 120, 140, F)	8. 8. 58 Torfstichgelände im Gr. Bruch.

TABELLE 19

Caricetum appropinquatae

Aufnahme-Nr. Artenzahl	1 18	2 20	3 25	4 25	5 26	6 28	7 19	8 20	9 16	10 23	11 19	12 16	
Kennart:													
Carex appropinquata	5	5	5	5	5	5	3	5	5	5	5	3	100
Trennarten der Varianten:													
Stellaria palustris	+	1	+	+	1	1						·	50
Holcus lanatus	+	1	+	+	+	·						·	41
Carex rostrata	·	+	+	+	+	+						·	41
Magnocaricion-Arten:													
Galium palustre	1	+	+	1	1	1	1	1	1	1	1	1	100
Lysimachia vulgaris	1	1	1	1	1	1	+	+	+	+	1	1	100
Peucedanum palustre	1	1	1	1	1	1	+	+	·	·	+	·	75
Carex elata	·	·	2	1	2	1	2	1	1	+	1	·	75
Thelypteris palustris	3	2	+	·	·	·	·	·	2	1	·	3	50
Lycopus europaeus	·	·	·	·	1	+	·	·	+	+	+	·	41
Lysimachia thyrsiflora	·	·	·	·	·	·	1	+	·	+	·	·	25
Phragmition-Arten:													
Equisetum fluviatile	·	1	+	1	+	1	+	1	·	·	·	1	66
Rumex hydrolapathum	+	+	+	1	+	+	·	·	·	·	·	+	58
Typha latifolia	+	+	+	+	+	+	·	·	·	·	r	·	58
Phragmites communis	1	·	·	·	·	·	·	·	1	r	r	·	33
Ranunculus lingua	+	+	·	·	·	·	·	r	·	·	·	·	25
Scheuchzerio-Caricetea fuscae-Arten:													
Comarum palustre	1	1	1	1	2	+	2	1	2	1	2	·	91
Calamagrostis neglecta	·	·	1	1	1	2	2	3	1	2	2	·	75
Menyanthes trifoliata	·	·	·	1	1	3	3	3	1	1	1	·	66
Epilobium palustre	·	·	·	·	1	+	·	+	+	1	+	1	58
Eriophorum angustifolium	·	·	·	+	+	·	1	·	·	·	·	·	25
Sphagnum contortum	·	·	·	·	·	·	1	2	·	+	·	·	25
Pedicularis palustris	·	·	·	·	·	·	+	+	·	·	·	·	16
Sphagnum teres	·	·	·	·	·	·	·	·	·	·	2	·	8

TABELLE 19 (Fortsetzung)

Caricetum appropinquatae

Aufnahme-Nr.	1	2	3	4	5	6	7	8	9	10	11	12	
Artenzahl	18	20	25	25	26	28	19	20	16	23	19	16	
Lemnetalia-Arten:													
Lemna minor	1	1	1	1	1	+	1	1	+	+	·	+	91
Utricularia vulgaris	1	1	1	1	1	1	·	·	·	+	·	·	58
Hydrocharis morsus-ranae	1	1	+	+	·	·	·	·	·	·	1	+	50
Lemna trisulca	·	·	·	·	+	+	·	·	·	·	·	1	25
Utricularia intermedia	·	·	·	·	·	·	·	1	·	·	+	·	16
Sonstige Arten (Molinietalia):													
Acrocladium cuspidatum	1	1	2	2	1	1	2	2		1	1	1	91
Mnium seligeri	1	+	1	1	1	1	·	·		+	1	2	75
Cirsium palustre	·	+	+	+	·	·	·	·		·	·	·	25
Cardamine pratensis	·	·	·	+	+	1	·	·		·	·	·	25
Chiloscyphus pallescens	·	·	1	·	2	2	·	·		·	·	·	25
Poa trivialis	·	·	·	1	1	+	·	·		·	·	·	25
Lychnis flos-cuculi	·	·	+	+	·	·	·	·		·	·	·	16
Waldpioniere:													
Salix cinerea		+	+	+		1	·	1	1	1	·	5	66
Salix repens		·	·	·		+	3	5	2	2	2	·	50
Betula pubescens		·	·	·		+	1	·	2	2	2	·	41
Salix pentandra		·	+	·		1	·	·	2	1	·	·	33
Sphagnum squarrosum		·	·	·		·	1	·	·	·	·	2	16
Salix aurita		·	·	·		·	·	·	·	·	·	1	8

Nur einmal treten auf: Aufn. 1: *Dactylorchis incarnata* +; Aufn. 3: *Marchantia polymorpha* 1; Aufn. 5: *Cicuta virosa* r; Aufn 6: *Lythrum salicaria* +; Aufn. 7: *Agrostis canina* 1; Aufn. 8: *Bryum* spec. +; Aufn. 10: *Scutellaria galericulata* +, *Galium uliginosum* +; Aufn. 12: *Calamagrostis canescens* 1.

1—6	(199—204)	20. 7. 62	NE-Seite des Moorsees, zwischen Caricetum elatae und Caricetum lasiocarpae (Schwingmoor).
7—8	(213—214)	21. 7. 61	NE-Rand des Moorsees am Übergang zum Teufelsbruch, zwischen Caricetum elatae und Carici-Agrostidetum caninae.
9—11	(352—354)	24. 9. 62	NW-Rand des Moorsees, zwischen Carici-Agrostidetum und Salicion-Ges.
12	(198)	20. 7. 62	NE-Rand des Moorsees zwischen Caricetum lasiocarpae und den Aufn. 1—6.

anderen unterscheidet sie sich auffallend durch die höheren Artenzahlen. Vor allem sind die Scheuchzerio-Caricetea fuscae-Arten mit *Menyanthes trifoliata*, *Comarum palustre*, *Sphagnum contortum* differenzierende Elemente, die den Boden der Schlenken zwischen mehr oder weniger großen *Carex*-Horsten weitgehend bedecken. Immerhin vermögen dazwischen noch Lemnetalia-Arten in größerer Zahl zu gedeihen.

Es wurde eine typische Subassoziation (Aufn. 1—6) und eine *Salix repens*-Subassoziation unterschieden. Beide stocken auf Torfschichten über Faulschlamm am Nordrand des Moorsees. Die Sträucher in der *Salix repens*-Subassoziation zeigen die Weiterentwicklung der Gesellschaft an.

Als Autor dieser Gesellschaft hat VON ROCHOW (1951) zu gelten (1 Aufn.); KOCH (1926) und VOLLMAR (1947) stellen das Caricetum appropinquatae (und auch das Caricetum paniculatae) als Subassoziation zum Caricetum elatae. Eine vollständige Tabelle publizierte erstmals wohl KUHN (1954) vom Federseeried. Aus Österreich wurde sie durch KRISAI (1960) und aus der ČSSR (Schlesien) durch BALÁTOVÁ-TULÁCKOVÁ & ZAPLETAL (1959) bekannt.

19. Das Schnabelseggen-Ried, *Lysimachia thyrsiflora-Carex rostrata*-Gesellschaft (Tab. 20)

Am Nordufer des Moorsees fanden wir Bestände von *Carex rostrata* in einer eigenartigen Vergesellschaftung. Physiognomisch lassen sich eine *Eleocharis palustris*- und eine *Calamagrostis neglecta*-Fazies unterscheiden. Die Gesellschaft ist nicht nur räumlich eng mit dem Cicuto-Caricetum verbunden, sondern auch in der Artenkombination zeigen sich Übereinstimmungen, z. B. stehen die Phragmition-Arten so sehr im Vordergrund, daß man versucht sein könnte, diese Phytozönose ebenfalls dort einzureihen.

An der Eigenständigkeit dieser Gesellschaft, die in ähnlicher Zusammensetzung bereits aus dem Feldberger Gebiet beschrieben wurde, ist wohl nicht mehr zu zweifeln. Trennarten gegen das Wasserschierling-Röhricht sind einige Scheuchzerio-Caricetea fuscae-Arten, wie *Stellaria palustris* und *Calamagrostis neglecta*. Unser Schnabelseggenried entspricht der „Subass. von *Carex inflata* des Caricetum inflatae-vesicariae" TÜXEN 1937.

In der Sukzession löst die *Lysimachia thyrsiflora-Carex rostrata*-Gesellschaft das Cicuto-Caricetum pseudocyperi ab und geht landwärts in ein Caricetum elatae über.

20. Der Bestand der Stumpfblütigen Binse, *Juncus subnodulosus*-Gesellschaft

Am E-Ufer des Warnker Sees konnten wir einen Bestand von *Juncus subnodulosus* in der Röhrichtzone in Kontakt mit dem Cladietum aufnehmen (16. 7. 62, 9 m², Sand mit dünner Moderauflage, Wassertiefe 0,20—0,30 m):

Juncus subnodulosus	5
Cladium mariscus	+
Utricularia vulgaris	1
Lemna trisulca	1

TABELLE 20

Lysimachia thyrsiflora-Carex rostrata-Gesellschaft

Aufnahme-Nr.	1	2	3	4	5	6	7	8	9	10	11	12	
Artenzahl	13	17	14	18	20	17	16	18	17	19	19	19	
Kennarten:													
Carex rostrata	4	1	3	4	3	4	4	5	5	4	4	3	100
Lysimachia thyrsiflora	1	1	2	1	1	+	+	+	+	+	+	+	100
Phragmitetalia-Arten:													
Typha latifolia	+	2	+	1	+	+	+	+	+	+	+	+	100
Equisetum fluviatile	·	1	2	1	2	2	2	1	1	1	3	1	91
Ranunculus lingua	+	1	·	·	+	1	+	+	+	+	+	·	75
Rumex hydrolapathum	+	+	·	·	·	+	+	+	+	+	1	1	75
Schoenoplectus tabernaemontani	·	+	·	1	2	·	+	+	1	1	+	1	75
Sparganium erectum	r	+	+	+	+	·	·	+	+	+	·	·	66
Eleocharis palustris	·	5	4	3	1	·	+	+	1	2	·	·	66
Phragmites communis	·	·	·	+	·	r	·	·	+	+	·	3⁰	41
Typha angustifolia	2	·	·	·	·	·	·	+	·	·	·	·	16
Alisma plantago-aquatica	·	·	·	·	·	·	·	·	+	+	·	·	16
Cicuta virosa (übergr.)	1	1	+	1	+	1	1	1	1	1	1	1	100
Carex pseudocyperus (übergr.)	·	·	·	·	1	1	·	·	·	+	+	1	41
Lycopus europaeus	+	+	1	+	+	+	1	1	+	1	1	1	100
Cardamine pratense	·	1	+	+	·	+	1	+	+	+	+	+	83
Galium palustre	·	1	+	1	+	·	·	·	·	·	1	1	50
Lysimachia vulgaris	·	·	·	·	·	·	·	·	·	·	+	1	16
Peucedanum palustre	·	·	·	·	·	·	·	·	·	·	+	+	16
Scheuchzerio-Caricetea fuscae-Arten:													
Epilobium palustre	+	·	1	+	+	+	+	1	1	+	·	+	84
Stellaria palustris	·	+	·	+	+	+	+	+	+	+	1	+	84
Calamagrostis neglecta	·	·	·	1	3	2	3	1	1	+	1	2	75
Trennarten der Varianten:													
Hydrocharis morsus-ranae	+	2	3	3	2	·				·	+	·	50
Lemna minor	1	1	1	1	+	·				·	·	·	41
Utricularia vulgaris	·	1	1	1	3	·				·	·	·	33
Sonstige Arten:													
Drepanocladus aduncus					·	2	1	1			1	·	33
Potamogeton gramineus					1	+	·	·			·	·	16
Agrostis stolonifera					·	+	·	+			·	·	16

Außerdem in Aufn. 1: *Mentha aquatica* 1; Aufn. 5: *Lemna trisulca* 1; Aufn. 7: *Ricciocarpus natans* +; Aufn. 10: *Nymphaea alba minor* +; Aufn. 11: *Taraxacum palustre* +; Aufn. 12: *Campylium stellatum* 1, *Scutellaria galericulata* +.

1	(191)	19. 7. 62	Moorsee, E-Ufer, von Wildgänsen beweidet.
2–4	(209, 206, 207)	20. 7. 62	Moorsee, NE-Ufer, Schwingrasen über Faulschlamm.
5	(196)	20. 7. 62	Moorsee, NE-Ufer zwischen Cicuto-Caricetum und Caricetum elatae.
6–10	(19a–e)	17. 9. 59	NE-Ufer des Moorsees, Schwingrasen.
11–12	(21a, b)	17. 9. 59	NE-Ufer des Moorsees.

Das ist das einzige uns bisher bekannte Vorkommen dieser Art im Gebiet. Es sei dazu bemerkt, daß es sich hier ebenfalls um eine *Juncus subnodulosus*-Gesellschaft von Magnocaricion-Charakter handelt (vgl. FREITAG 1962).

TABELLE 21

Caricetum lasiocarpae

Aufnahme-Nr.	1	2	3	4	5	6	7	8	9	10	11	12	13	14	15	16	17	18	19	20	21	22	23	24	25	26	27	28	29	30	31	32	33	34	35	36	37	38	39	
Artenzahl	2	4	4	8	9	13	11	14	15	15	15	12	11	16	19	20	16	15	15	13	13	19	19	21	16	12	16	17	8	9	15	17	15	20	13	12	11	15	8	
Kennart:																																								
Carex lasiocarpa	3	3	4	4	4	3	3	4	3	3	4	3	4	3	3	4	3	3	3	5	4	3	4	3	3	2	4	4	3	4	2	2	2	2	4	2	3	1	4	100
Trennarten der U. G. und Varianten:																																								
Phragmites communis	1	1	1	1	2	+	+	+	1	1	+	1	+	1	1	+	2	1°	1	+°	2	+	1	2	2	+°	+°	+°	·	·	·	·	·	·	·	·	·	·	·	71
Cladium mariscus	·	+	+	·	·	+	+	+	+	·	+	1	·	1	·	·	·	1	+	+	·	1	1	·	+	·	·	·	·	·	·	·	·	·	·	·	·	·	·	38
Utricularia intermedia	·	·	·	+	+	1	+	+	2	2	1	2	2	3	4	2	1	·	·	·	·	·	·	·	·	·	1	·	+	1	·	·	·	·	·	·	·	·	·	43
Utricularia minor	·	·	·	1	+	1	1	1	1	2	+	1	1	1	1	1	·	1	1	·	·	·	·	·	·	·	·	1	·	·	·	·	·	·	·	·	·	·	·	40
Utricularia vulgaris	·	·	·	·	·	+	·	·	1	·	+	+	+	1	+	1	·	·	1	2	·	·	·	·	·	·	·	·	·	·	·	·	·	·	·	·	(2)	·	·	28
Potamogeton gramineus	·	·	·	·	·	+	+	1	1	+	+	+	·	2	1	+	·	·	·	·	·	·	·	·	·	·	·	·	·	·	·	·	·	·	·	·	·	·	·	25
Potamogeton natans	·	·	·	·	·	·	·	·	·	·	·	·	·	·	·	·	·	1	2	1	+	·	·	·	·	·	·	·	·	·	·	·	·	·	·	·	·	·	·	10
Molinia coerulea	·	·	·	·	·	·	·	·	·	·	·	·	·	·	·	·	·	·	·	·	·	·	·	+	1	·	+	+	1	·	+	1	+	+	1	·	·	1	1	30
Sphagnum auriculatum	·	·	·	·	·	·	·	·	·	·	·	·	·	·	·	·	·	·	·	·	·	·	·	·	·	·	·	·	1	·	2	1	+	1	·	1	·	·	·	15
Sphagnum contortum	·	·	·	·	·	·	·	·	·	·	·	·	·	·	·	·	·	·	·	·	·	·	·	·	·	1	+	1	·	1	·	·	·	·	1	·	2	4	5	20
Drosera rotundifolia	·	·	·	·	·	·	·	·	·	·	·	·	·	·	·	·	·	·	·	·	·	·	·	·	·	·	·	·	·	+	+	1	1	1	+	·	·	·	·	15
Scheuchzerio-Caricetea fuscae-Arten:																																								
Calamagrostis neglecta	·	·	·	2	1	2	2	2	2	2	2	4	3	2	2	1	2	1	+	+	3	1	2	2	1	2	2	2	·	·	+	+	+	·	1	1	2	4	·	80
Scorpidium scorpidioides	·	·	·	·	·	·	·	·	·	·	·	1	+	3	4	3	·	·	3	·	2	4	4	+	3	·	·	·	1	·	3	2	1	1	2	4	1	·	·	49
Comarum palustre	·	·	·	·	·	·	·	·	1	·	+	·	·	·	·	·	·	2	+	+	·	3	·	+	·	·	·	·	·	·	1	+	+	+	·	+	·	2	+	36
Eriophorum angustifolium	·	·	·	·	·	·	·	·	·	·	·	·	·	·	·	·	·	+	·	·	·	·	·	+	·	·	+	+	·	·	1	+	1	2	+	3	+	1	1	33
Hydrocotyle vulgaris	·	·	·	·	·	·	·	·	·	·	·	·	·	·	1	+	·	·	·	·	·	·	·	+	·	+	·	·	·	·	1	+	+	+	·	·	·	·	·	20
Juncus articulatus	·	·	·	·	·	·	·	·	·	·	+	·	·	1	1	r	·	2	·	·	·	1	·	+	·	·	·	·	·	·	·	·	·	·	·	·	·	·	·	17
Campylium stellatum	·	·	·	·	·	·	·	·	·	·	·	·	·	·	·	+	·	4	·	·	·	2	1	3	3	·	·	·	·	·	·	·	·	·	·	·	+	·	·	17
Juncus alpino-articulatus	·	·	·	·	·	·	·	·	·	·	·	·	·	·	·	·	·	·	1	1	·	1	1	·	3	·	·	·	·	·	·	·	·	·	·	·	·	·	·	12
Agrostis canina	·	·	·	·	·	·	·	·	·	·	·	·	·	·	·	·	·	·	·	·	·	·	·	·	·	1	·	·	·	·	·	1	·	1	·	·	1	1	·	12
Carex flava s.l.	·	·	·	·	·	·	·	·	·	·	·	·	·	·	·	·	·	·	2	1	+	·	·	·	·	·	·	·	·	·	+	·	·	1	·	·	·	·	·	12
Rhynchospora alba	·	·	·	·	·	·	·	·	·	·	·	·	·	·	·	·	·	·	·	·	·	·	·	·	·	·	·	·	1	·	·	1	+	+	+	·	·	·	·	12
Campylium elodes	·	·	·	·	·	·	·	·	·	·	·	·	·	1	1	+	·	·	·	·	·	1	·	·	·	·	·	·	·	·	·	·	·	·	·	·	·	·	·	10
Riccardia pinguis	·	·	·	·	·	·	·	·	·	·	·	·	·	·	·	·	·	·	·	·	·	·	·	·	·	·	·	·	·	·	·	+	+	·	·	+	·	·	·	7
Stellaria palustris	·	·	·	·	·	·	·	+	·	+	·	·	·	·	·	·	·	·	·	·	·	·	·	·	·	·	·	·	·	·	·	·	·	·	·	·	·	·	·	5
Ranunculus flammula	·	·	·	·	·	·	·	·	·	·	·	·	·	+	·	·	·	·	·	·	·	·	·	·	+	·	·	·	·	·	·	·	·	·	·	·	·	·	·	5
Drepanocladus intermedius	·	·	·	·	·	·	·	·	·	·	·	·	·	2	+	·	·	·	·	·	·	·	·	·	·	·	·	·	·	·	·	·	·	·	·	·	·	·	·	5
Eleocharis pauciflora	·	·	·	·	·	·	·	·	·	·	·	·	·	·	·	·	·	·	1	·	·	·	·	·	1	·	·	·	·	·	·	·	·	·	·	·	·	·	·	5
Pedicularis palustris	·	·	·	·	·	·	·	·	·	·	·	·	·	·	·	·	·	·	·	·	·	·	·	1	·	·	·	·	·	·	·	·	·	·	·	·	+	·	·	5
Menyanthes trifoliata	·	·	·	·	·	·	·	·	·	·	·	·	·	·	·	·	·	·	·	·	·	·	·	·	·	·	·	+	·	1	·	·	·	·	·	·	·	·	·	5
Drosera intermedia	·	·	·	·	·	·	·	·	·	·	·	·	·	·	·	·	·	·	·	·	·	·	·	·	·	·	·	·	2	2	·	·	·	·	·	·	·	·	·	5
Drosera anglica	·	·	·	·	·	·	·	·	·	·	·	·	·	·	·	·	·	·	·	·	·	·	·	·	·	·	·	·	·	·	·	·	+	+	·	·	·	·	·	5
Taraxacum palustre	·	·	·	·	·	·	·	·	·	·	·	·	·	·	·	·	·	·	·	·	·	·	·	·	·	·	·	·	·	·	+	·	·	+	·	·	·	·	·	5
Carex diandra	·	·	·	·	·	·	·	·	·	·	·	·	·	·	·	·	·	·	·	·	·	·	·	·	·	·	2	1	·	·	·	·	·	·	·	·	·	·	·	5
Sphagnum cuspidatum	·	·	·	·	·	·	·	·	·	·	·	·	·	·	·	·	·	·	·	·	·	·	·	·	·	·	·	·	·	2	·	·	·	·	·	·	·	·	·	2

Phragmitetalia-Arten:																																								
Carex elata	·	·	·	1	2	2	2	1	1	2	2	3	2	2	3	2	·	1	1	2	2	3	2	3	+	2	1°	1°	1	+	·	+	+	·	2	1	3	2	·	80
Peucedanum palustre	·	·	·	·	·	·	·	·	·	+	·	·	·	·	+	+	1	·	·	·	+	·	+	2	·	+	·	+	·	·	+	+	·	+	+	·	·	1	·	36
Lysimachia vulgaris	·	·	·	·	·	·	·	·	·	·	·	·	·	·	+	+	2	·	·	·	1	·	+	·	·	1	·	·	·	·	·	+	+	·	·	·	1	1	·	25
Mentha aquatica	·	·	·	·	·	·	·	·	·	·	·	·	·	+	1	1	·	·	·	·	2	1	+	+	1	·	·	·	·	·	·	·	·	·	·	·	·	·	·	20
Carex disticha	·	·	·	·	·	·	1	1	1	·	·	·	·	·	·	·	·	1	3	+	·	·	·	·	·	·	·	·	·	·	·	·	·	·	·	·	·	·	·	15
Schoenoplectus tabernaemontani	·	·	+	·	·	·	·	·	·	·	·	·	·	·	1	+	1	1	1	·	·	·	+°	·	·	·	·	·	·	·	·	·	·	·	·	·	·	·	·	17
Galium palustre	·	·	·	·	·	·	·	·	·	·	·	·	·	·	+	·	1	·	·	·	1	·	+	·	·	·	+	+	·	·	·	·	·	·	·	·	·	·	·	15
Equisetum fluviatile	·	·	·	·	·	·	·	·	·	·	·	·	·	·	·	·	1	+	·	·	·	1	·	1	·	·	·	·	·	·	·	·	·	·	·	·	·	·	·	10
Lysimachia thyrsiflora	·	·	·	·	·	·	·	·	·	·	·	·	·	·	·	·	1	·	·	·	·	·	·	·	·	·	+	+	·	1	·	·	·	·	·	·	·	·	·	10
Carex acutiformis	·	·	·	1	+	·	·	·	·	+	·	·	·	·	·	·	·	·	·	·	·	·	·	·	·	·	·	·	·	·	·	·	·	·	·	·	·	·	·	7
Lythrum salicaria	·	·	·	·	·	·	·	·	·	·	·	·	·	·	·	·	·	·	·	·	·	·	·	·	+	+	·	·	·	·	·	·	·	·	·	·	·	+	·	7
Lycopus europaeus	·	·	·	·	·	·	·	·	·	·	·	·	·	·	·	·	·	·	·	·	·	·	·	+	·	·	·	·	·	·	·	·	·	·	+	·	·	+	·	7
Calamagrostis canescens	·	·	·	·	·	·	·	·	·	1	·	·	+	·	·	·	·	·	·	·	·	·	·	·	·	·	·	·	·	·	·	·	·	·	·	·	·	·	·	5
Cicuta virosa	·	·	·	·	·	·	·	·	·	·	·	·	+	·	·	·	1	·	·	·	·	·	·	·	·	·	·	·	·	·	·	·	·	·	·	·	·	·	·	5
Eleocharis palustris	·	·	·	·	·	·	·	·	·	·	·	·	·	+	·	·	·	·	·	+	·	·	·	·	·	·	·	·	·	·	·	·	·	·	·	·	·	·	·	5
Sonstige Arten:																																								
Acrocladium cuspidatum	·	·	·	·	·	·	·	·	·	·	·	·	·	·	·	1	+	·	·	·	3	2	4	3	·	·	1	+	·	·	·	·	·	·	·	·	·	1	·	23
Cirsium palustre	·	·	·	·	·	·	·	·	·	·	·	·	·	·	·	·	·	·	·	·	·	·	·	·	·	·	·	·	·	·	+	+	+	+	·	+	·	+	+	15
Carex panicea	·	·	·	·	·	·	·	·	·	·	·	·	·	·	·	·	·	1	·	·	·	2	1	1	2	·	·	·	·	·	·	·	·	·	·	·	·	·	+	12
Caltha palustris	·	·	·	·	·	·	·	·	·	·	·	·	·	·	·	·	·	·	·	·	·	+°	+°	+°	·	·	·	·	·	·	·	·	·	·	·	·	·	·	·	7
Potentilla anserina	·	·	·	·	·	·	·	·	·	·	·	·	·	·	·	·	·	·	·	·	·	+	+	·	+	·	·	·	·	·	·	·	·	·	·	·	·	·	·	7
Bryum spec.	·	·	·	·	·	·	·	·	·	·	·	·	·	·	·	·	·	·	·	·	·	·	·	·	·	·	+	r	·	·	·	·	·	·	·	·	·	·	·	5
Sräucher:																																								
Salix cinerea	·	·	·	+	1	1	+	2	3	2	+	·	·	·	+	+	·	·	·	·	1	·	+	·	·	·	·	·	·	·	·	·	·	·	·	·	·	·	·	30
Salix aurita	·	·	·	·	·	1	1	2	2	3	1	1	+	·	·	·	·	·	·	·	·	·	·	·	·	+	1	·	·	·	·	·	·	·	·	·	·	·	+	28
Betula pubescens	·	·	·	·	·	·	·	·	·	·	·	·	·	·	·	·	·	·	·	·	·	·	·	·	·	+	1	+	·	·	+	·	·	+	+	·	·	·	+	17
Salix repens	·	·	·	·	·	1	·	·	1	1	·	·	·	·	·	·	·	·	·	·	·	·	·	·	·	·	1	·	·	·	·	·	·	·	r	r	·	·	·	15
Salix pentandra	·	·	·	·	·	+	·	2	2	2	+	·	·	·	·	·	·	·	·	·	·	·	·	·	·	·	·	·	·	·	·	·	·	·	·	·	·	·	·	12
Pinus silvestris	·	·	·	·	·	·	·	·	·	·	·	·	·	·	·	·	·	·	·	·	·	·	·	·	·	·	·	·	·	·	+	+	·	+	·	·	·	·	·	7
Rhamnus frangula	·	·	·	·	·	·	·	·	·	·	·	·	·	·	·	·	·	·	·	·	·	+	·	·	·	·	·	·	·	·	·	·	·	·	·	·	·	·	·	2

Nur einmal treten auf: Aufn. 2: *Myriophyllum spicatum* +; Aufn. 5: *Ranunculus lingua* +; Aufn. 8: *Carex fusca* +; Aufn. 11: *Hydrocharis morsus-ranae* +; Aufn. 12: *Lemna minor* +; Aufn. 16: *Chara hispida* +; Aufn. 17: *Scutellaria galericulata* +, *Rumex hydrolapathum* +, *Carex pseudocyperus* +, *Riccia fluitans* 1; Aufn. 20: *Schoenoplectus palustris* 1; Aufn. 22: *Carex rostrata* +; *Mnium seligeri* +; Aufn. 24: *Epipactis palustris* +, *Valeriana dioica* 1; Aufn. 25: *Carex flacca* 2; Aufn. 28: *Sphagnum plumulosum* +; Aufn. 34: *Nymphaea alba* var. *minor* +, *Juncus bulbosus* 1; Aufn. 36: *Fossombronia dumortieri* 1; Aufn. 38: *Juncus effusus* +; Aufn. 39: *Andromeda polifolia* +. Außerdem in Aufn. 34 und 36: *Epilobium palustre* +.

1–3 (130, 132, (133) 18. 7. 62 E-Ufer des Hofsees, 0,80–1,0 m, Sand.
4–5 (99, 100) 17. 7. 62 SE-Ufer d. Gr. Speckersees, ca. 80 m breite Zone, 0,50 m.
6–10 (102–106) 17. 7. 62 S-Ufer d. Gr. Specker Sees, 0,50 m.
11–13 (107–109) 17. 7. 62 S-Ufer d. Gr. Specker Sees, 0,50 m.
14–16 (181–183) 20. 7. 62 E-Ufer der Müritz w Müritzhof, 0,20–0,30 m.
17 (197) 20. 7. 62 E-Ufer des Moorsees z. Teufelsbruch.
18 ($5 b_3$, F) 6. 8. 58 E-Ufer der Müritz w Müritzhof, 0,08 m.
19 (11 b, F) 6. 8. 58 E-Ufer d. Müritz w Müritzhof, 0,12 m.
20 (13 b, F) 6. 8. 58 E-Ufer d. Müritz w Müritzhof, 0,05 m.
21 ($17 a_2$, F) 6. 8. 58 E-Ufer d. Müritz wsw Müritzhof, 0,05–0,10 m.
22 (7 b, F) 6. 8. 58 E-Ufer d. Müritz sw Müritzhof, 0,03 m.
23 (16 b, F) 6. 8. 58 E-Ufer d. Müritz sw Müritzhof, 0,02 m.
24 (13 a, F) 6. 8. 58 E-Ufer d. Müritz sw Müritzhof, 0,05 m.
25 (330, F) 8. 8. 58 E-Ufer d. Müritz w Warensche Wold, Ton.
26 (226) 24. 9. 62 NE-Teil des Teufelsbruches.
27–30 (350, 356, 351, 360) 25. 9. 62 Teufelsbruch, NW Teil.
31–34 (32 a–d) 18. 9. 59 Teufelsbruch, Torfstichgelände.
35–36 (39, 35) 18. 9. 59 Teufelsbruch.
37 (256) 24. 9. 62 Teufelsbruch, im Kontakt mit Nymphaeetum minoris.
38 (275) 25. 9. 62 Teufelsbruch, am Ufer des Torfstiches im NE.
39 (246) 24. 9. 62 Teufelsbruch, „flache Bulte“.

21. Das Fadenseggenmoor, Caricetum lasiocarpae (Tab. 21)

Wie bereits beim Steifseggenried erwähnt, ist im Naturschutzgebiet eine auffällige „Affinität“ zwischen *Carex elata* und der Fadensegge festzustellen. Diese enge Verzahnung ist möglicherweise eine Folge der Wasserspiegelschwankungen. Die Aufnahmeflächen der Bestände unseres Caricetum lasiocarpae bewegten sich zwischen 5 und 20 m^2. Es ist jedoch zu beobachten, daß *Carex lasiocarpa* die zwischen den *Carex elata*-Horsten entstehenden Schlenken besiedelt. Wählte man die Aufnahmeflächen genügend klein, so würde sich dieser „Mosaikkomplex“ schärfer in eine *Carex elata*- und in eine *Carex lasiocarpa*-Gesellschaft trennen lassen.

VOLLMAR (1947) beschreibt aus dem Murnauer Moor ein „Caricetum lasiocarpae-Caricetosum elatae“ und bemerkt, dieses sei ein häufiges Entwicklungsstadium, das eine Mischung beider Assoziationen enthalte. Im gleichen Sinne möchten wir zumindest unsere Subassoziation von *Cladium mariscus* (Aufn. 4—23) deuten. Hier sind in einem Teil der Aufnahmen die Kennarten des Scorpidio-Utricularietum konstante Trennarten einer besonderen Variante, neben der die Aufnahmen 1—3 als Initialphase des tiefen Wassers (bei 1 m) vor dem Scirpio-Phragmitetum auf der Ostseite des Hofsees aufgenommen wurden. *Potamogeton natans* differenziert u. U. eine Subvariante (Aufn. 18—21).

Neben der *Cladium*-Subassoziation tritt im Gebiet eine durch *Molinia* gekennzeichnete Ausbildung auf. Diese dürfte im großen und ganzen mit dem Typicum der Assoziation übereinstimmen. Während die *Cladium*-Subassoziation auf Sand und Tonböden stockt, stammt der größte Teil der Aufnahmen der *Molinia*-Subassoziation von Torfböden. Als Trennarten bieten sich *Sphagnum contortum* und *Sphagnum auriculatum* an. Daneben tritt auch *Drosera rotundifolia* auf.

Entsprechend der Ausbildung des Caricetum lasiocarpae lassen sich die verschiedensten Entwicklungstendenzen beobachten. Die Initialphase wird wahrscheinlich von *Phragmites* abgebaut, soweit das aus der räumlichen Anordnung geschlossen werden darf.

Die *Cladium*-Subassoziation dürfte z. T. von einer Weidengesellschaft abgelöst werden (vgl. bes. Aufn. 8—10), oder sie entwickelt sich in Richtung auf Caricion davallianae-Gesellschaften weiter. Im Müritzufer tritt sie mit der noch zu besprechenden *Eleocharis pauciflora*-Gesellschaft in Kontakt (vgl. Aufn. 20—25).

Die *Molinia*-Subassoziation geht schließlich in Zwischenmoorgesellschaften über; vergleiche das *Sphagnum auriculatum*-, *Sphagnum plumulosum*- und *Sphagnum subbicolor*-Stadium (Tab. 26).

22. Die Fettkraut-Simsen-Gesellschaft, *Pinguicula vulgaris-Eleocharis pauciflora*-Gesellschaft (Tab. 22)

Auf den Kalktonböden am Ostufer der Müritz tritt westlich von Müritzhof bis zur Binnenmüritz eine eigenartige Schlenkengesellschaft auf, die wir provisorisch als *Pinguicula vulgaris- Eleocharis pauciflora*-Gesellschaft bezeichnen.

Schon innerhalb des Cladietum finden sich Schlenken, in denen bei höherem Wasserstand das Scorpidio-Utricularietum wächst. Unter flacher Wasserbedeckung bzw. trocken liegend nehmen *Eleocharis pauciflora*, *Pinguicula vulgaris*, *Juncus alpino-articulatus* und eine Reihe anderer Scheuchzerio-Caricetea fuscae-Arten diese Flächen ein. Diese „Schlenken“ gehen zum Teil wohl auf die extensive Beweidung der Fläche zurück. Auch Wildwechsel scheinen für deren Entstehung von Bedeutung zu sein.

Neben den Caricion davallianae-Arten, von denen besonders *Juncus alpino-articulatus* bestandbildend auftritt, sind für den Gesellschaftsaufbau Molinietalia-Arten von ausschlaggebender Bedeutung und kennzeichnen die Entwicklungstendenz. Die Aufnahmen ließen sich in eine feuchte (Aufn. 1 und 2), eine mittere (Aufn. 3—7) und eine trockenere Variante (Aufn. 8—10) gliedern.

Es erscheint uns unsicher, ob sich aus solchem mehr oder weniger „natürlichen“ Stadium autochthone Molinieten entwickeln, bevor sich die Waldpioniere einfinden. Vielleicht lassen sich vor den dichteren Gehölzbeständen schmale Gürtel einer *Molinia*-Gesellschaft finden, die dann als natürliches Sukzessionsstadium zwischen Scheuchzerio-Caricetea fuscae- und Waldgesellschaften tritt. FUKAREK (1961) hält gewisse Molinieten im Zuge der Boddenverlandung ebenfalls für ursprüngliche Vegetationstypen.

Die Pfeifengraswiesen des Naturschutzgebietes sowie die Feuchtwiesen und Weiden sollen in einer späteren Arbeit behandelt werden.

Mehr am Rande sei bemerkt, daß diese *Pinguicula-Eleocharis*-Gesellschaft einige floristisch interessante Arten beherbergt, die z. T. in den Aufnahmen unserer Tabelle nicht enthalten sind. Erwähnt seien der Moor-Enzian, *Gentiana amarella* ssp. *uliginosa*, der sich hier reich entwickeln kann, und das Moos *Preissia quadrata* mit anderen Kalkbodenarten wie *Ctenidium molluscum*. Auch *Epipactis palustris* und *Dactylorchis incarnata* sind hier verbreitet.

23. Die Gesellschaft des Schwarzen Kopfriedes, Schoenetum nigricantis (Tab. 23)

An wenigen Stellen am Ostufer der Müritz westlich des Gehöftes Warensche Wold geht aus der *Pinguicula vulgaris-Eleocharis pauciflora*-Gesellschaft ein Schoenetum nigricantis hervor. Diese Kopfried-Gesellschaft gehört heute zu den seltensten Vegetationstypen Mecklenburgs.

Als Trennarten gegen die *Eleocharis*-Gesellschaft fungieren eine Reihe von Waldpionieren. Insbesondere *Salix repens* und *Juniperus communis* leiten die Bewaldung dieser Standorte, die an der Grenze des mittleren jährlichen Hochwassers liegen, ein. In der trockeneren Variante (Aufn. 4—6) gesellen sich noch *Pinus silvestris* und *Rhamnus frangula* hinzu.

Der Boden besteht aus unterschiedlich starken Fein- bis Mittelsandlagen über Ton, oder auch aus reinem Ton. Die Humusauflagen sind allgemein sehr gering. Die Bestände machten 1959 keinen besonders vitalen Eindruck; das kann jedoch

TABELLE 22

Pinguicula vulgaris-Eleocharis pauciflora-Gesellschaft

Aufnahme-Nr.	1	2	3	4	5	6	7	8	9	10	
Artenzahl	13	16	13	16	16	14	15	21	18	21	
Kennarten:											
Eleocharis pauciflora	2	3	2	2	3	3	2	2	3	3	100
Juncus alpino-articulatus	2	3	3	4	·	1	2	2	3	2	90
Pinguicula vulgaris	·	·	·	·	2	2	1	2	·	2	50
Trennarten der Varianten:											
Potamogeton natans	1	1	·				·	·	·	·	20
Potamogeton gramineus	2	·	·				·	·	·	·	10
Utricularia intermedia	·	1	·				·	·	·	·	10
Briza media	·	·	·				·	+	+	+	30
Prunella vulgaris	·	·	·				·	+	1	1	30
Leontodon nudicaulis	·	·	·				·	·	+	+	20
Scheuchzerio-Caricetea fuscae-Arten:											
Campylium stellatum	·	1	3	3	·	1	3	4	·	·	60
Carex flava	2	2	·	·	·	+	2	+	+	·	60
Parnassia palustris	·	·	·	·	+	1	·	+	+	+	50
Campylium elodes	+	·	·	·	3	+	·	·	4	4	50
Taraxacum palustre	·	·	·	+	+	+	·	·	+	+	50
Scorpidium scorpidioides	2	·	·	3	·	1	3	2	·	·	50
Fissidens adiantoides	·	·	3	·	·	·	·	3	+	2	40
Drepanocladus vernicosus	·	·	·	·	3	2	·	·	2	1	40
Carex fusca	·	·	·	·	·	·	2	·	2	+	30
Triglochin palustre	+	+	·	·	·	·	·	·	·	·	20
Dactylorchis incarnata	·	·	·	·	·	·	1	·	·	·	10
Eriophorum angustifolium	·	1	·	·	·	·	·	·	·	·	10
Phragmitetalia-Arten:											
Phragmites communis	+	2^{0}	1^{0}	2^{0}	$+^{0}$	1^{0}	1	$+^{0}$	1^{0}	1^{0}	100
Cladium mariscus	1^{0}	$+^{0}$	3^{0}	·	$+^{0}$	·	$+^{0}$	1^{0}	·	·	60
Mentha aquatica	·	1	+	1	·	·	·	+	1	·	50
Lythrum salicaria	·	·	+	+	·	·	·	·	+	·	30
Carex elata	1^{0}	2^{0}	·	·	·	·	·	·	·	·	20
Peucedanum palustre	·	·	+	·	·	·	+	·	·	·	20
Molinietalia-Arten:											
Carex panicea	·	1	2	1	1	2	3	+	3	2	90
Molinia coerulea	·	·	3	2	1	·	2	2	3	2	70
Potentilla erecta	·	·	1	+	+	+	1	+	·	+	70
Juncus articulatus	1	·	·	·	1	+	·	·	+	+	50
Carex flacca	·	·	·	2	·	·	·	2	1	+	40
Acrocladium cuspidatum	·	+	·	·	·	·	·	·	1	2	30
Equisetum palustre	·	·	·	1	1	·	·	·	+	·	30
Linum catharticum	·	·	·	·	1	·	·	+	·	·	20
Potentilla anserina	·	·	·	·	·	·	$+^{0}$	·	+	·	20
Inula britannica	·	·	·	+	·	·	·	·	+	·	20
Sträucher:											
Betula pendula				+				·		·	10
Salix cinerea				1				·		·	10
Salix repens				·				1		·	10

auch an der damaligen großen Trockenheit gelegen haben. Später war ein Besuch des Standortes leider nicht wieder möglich. Das ganze Gelände wird sehr unregelmäßig beweidet.

Die *Pinguicula vulgaris-Eleocharis pauciflora*-Gesellschaft möchten wir nicht mit dem Schoenetum nigricantis vereinigen (Tüxen 1937, Schlüter 1957), sondern wir glauben ihm einen größeren Selbständigkeitsgrad zuerkennen zu müssen. Vielleicht ist es eine Gesellschaft im Range einer Assoziation (vgl. Knapp & Thiele 1953; Eleocharetum pauciflorae).

Eleocharis pauciflora-Gesellschaften findet man in Mecklenburg hauptsächlich auf Seeterrassen in Endmoränennähe.

Die *Pinguicula vulgaris-Eleocharis pauciflora*-Gesellschaft und das Schoenetum nigricantis sind im Vergleich zu den aus Mitteleuropa beschriebenen Caricion davallianae-Gesellschaften (vgl. Kovacs 1962) verhältnismäßig arm an Verbandskennarten, selbst im Vergleich zu dem Schoenetum in den Nordostmecklenburgischen Tälern, die mit *Primula farinosa, Carex hostiana, Swertia perennis, Liparis loeselii, Juncus subnodulosus, Drosera anglica, Eriophorum latifolium* u. a. zahlreiche Arten enthalten, die den Beständen im Müritzgebiet fehlen. Wir neigen deshalb dazu, diese als relativ junge Pioniersiedlungen ohne voll entwickelte Artengarnitur zu deuten. Die Standorte der *Eleocharis pauciflora*-Gesellschaft und des Schoenetum nigricantis wurden erst nach der letzten Müritzabsenkung von 1837 geschaffen. Älter als 120 Jahre können diese Gesellschaften also kaum sein. Nach der Absenkung fielen sicher auf dem Ostufer der Müritz stellenweise breite tonige Uferzonen trocken. Auf diesen zunächst vegetationsfreien Flächen konnten sich dann konkurrenzschwächere Spezialisten, wie unser *Schoenus nigricans*, ansiedeln und bis heute halten. Die Gesellschaft ist gegenwärtig augenscheinlich im Absterben begriffen. Dem Druck der übrigen Arten (hauptsächlich Molinietalia-Arten) hält das auf Störungen des Wasserhaushaltes empfindlich reagierende Schoenetum nicht lange stand. Libbert (1932) beschreibt von einem ähnlichen Standort (Ufer eines künstlich abgesenkten Sees) ein Schoenetum nigricantis, das mit dem hiesigen größte Übereinstimmung zeigt. Die Gesellschaft der Flußtäler (mit *Schoenus ferrugineus* auf Flachmoortorf) wäre vermutlich als Primulo-Schoenetum balticum zu fassen.

Tabelle 22 (Fortsetzung)

Außerdem treten nur einmal auf: Aufn. 1: *Carex rostrata* +; Aufn. 2: *Calamagrostis neglecta* 1, *Schoenoplectus tabernaemontani* +; Aufn. 5: *Gentiana amarella* ssp. *uliginosa* +, *Marchantia polymorpha* 1; Aufn. 7: *Mentha arvensis* 1; Aufn. 8: *Carex disticha* 1°, *Helodium blandowii* 1; Aufn. 9: *Sieglingia decumbens* +, *Agrostis stolonifera* 2, *Deschampsia caespitosa* +, *Ranunculus acer* +°, *Leontodon autumnale* +; Aufn. 10: *Centaurea jaçea* +.

1	(9b, F)	6. 8. 58	E-Ufer d. Müritz w Müritzhof, 0,10 m.
2	(15b, F)	6. 8. 58	E-Ufer d. Müritz sw Müritzhof, 0,02 m.
3–4	(106, 107, F)	8. 8. 58	E-Ufer d. Müritz, w Warensche Wold, Ton.
5	(12a, F)	5. 8. 58	E-Ufer d. Müritz w Müritzhof.
6	(4b, F)	6. 8. 58	E-Ufer d. Müritz w Müritzhof, lehmiger Sand.
7	($4b_2$, F)	6. 8. 58	E-Ufer d. Müritz am Rederangkanal.
8	(105, F)	8. 8. 58	E-Ufer d. Müritz wsw Müritzhof, Ton.
9–10	(103, 104, F)	8. 8. 58	E-Ufer d. Müritz w Warensche Wold und Müritz.

TABELLE 23

Schoenetum nigricantis

Aufnahme-Nr.	1	2	3	4	5	6	
Artenzahl	20	24	25	22	28	29	
Kennarten:							
Schoenus nigricans	3	+	2	3	2	2	100
Gentiana amarella ssp. *uliginosa*	+	·	·	+	·	·	33
Tofieldietalia-Arten:							
Parnassia palustris	+	1	+	+	1	1	100
Juncus alpino-articulatus	1	3	+	1	1	·	83
Eleocharis pauciflora	·	1	·	+	1	1	66
Taraxacum palustre	·	·	+	·	+	1	50
Campylium elodes	1	+	2	1	3	3	100
Fissidens adiantoides (et *cristatus*)	·	+	(+)	2	+	1	83
Drepanocladus intermedius	1	·	1	·	2	3	66
Scorpidium scorpidioides	·	1	·	1	·	·	33
Phragmitetalia-Arten:							
Phragmites communis	·	$+^0$	$+^0$	$+^0$	1^0	1^0	83
Mentha aquatica	+	·	+	+	1	+	83
Lythrum salicaria	·	+	·	·	·	·	16
Galium palustre (et *uliginosum*)	(+)	·	+	(+)	·	(+)	16 (50)
Molinietalia-Arten:							
Molinia coerulea	3	3	2	2	3	3	100
Carex panicea	1	3	1	+	2	2	100
Potentilla erecta	1	+	1	1	1	2	100
Valeriana dioica	+	·	+	1	+	+	83
Cirsium palustre	+	1	+	·	+	+	83
Briza media	·	1	+	1	+	2	82
Acrocladium cuspidatum	1	·	+	·	·	2	50
Festuca ovina capillata	·	·	·	1	+	+	50
Prunella vulgaris	·	·	·	+	+	1	50
Trifolium pratense (et *repens*)	·	·	(r)	·	+	+	50
Sieglingia decumbens	·	·	·	·	+	1	33
Leontodon nudicaulis	·	·	·	·	+	+	33
Agrostis stolonifera	·	·	·	·	+	+	33
Sonstige Arten:							
Centaurea jacea	+	·	+	·	+		50
Carex flacca	2	1	·	1	·		50
Waldpioniere:							
Salix repens	1	2	2	2	2	2	100
Juniperus communis	+	1	1	+	1	+	100
Betula pendula et *pubescens*	·	1	1	·	·	·	83
Rhamnus frangula	·	+	·	·	+	+	50
Pinus silvestris	·	·	·	·	+	+	33
Salix aurita	+	·	·	·	·	·	16
Salix cinerea	·	+	·	·	·	·	16

Nur einmal treten auf: Aufn. 1: *Epilobium palustre* 1; Aufn. 2: *Campylium stellatum* 3, *Lotus uliginosus* +, *Inula britannica* +; Aufn. 3: *Bryum pseudotriquetrum* 1, *Drepanocladus sendtneri* +, *Deschampsia caespitosa* r; Aufn. 2: *Triglochin palustre* +; Aufn. 6: *Blysmus compressus* 1.

1 (16)	16. 9. 59	E-Ufer d. Müritz w Warensche Wold.
2 (107, F)	8. 8. 59	E-Ufer d. Müritz w Warensche Wold, Ton.
3 (3)	6. 5. 59	E-Ufer d. Müritz sw Warensche Wold.
4 (17)	16. 9. 59	E-Ufer d. Müritz sw Warensche Wold.
5–6 (102, 101, F)	7. 8. 58	E-Ufer d. Müritz ca. 2 km sw Warensche Wold.

24. Der Hundsstrauß-Grauseggensumpf, Carici-Agrostidetum caninae (Tab. 24)

Am Gr. u. Kl. Rattenpfuhl und am Nordostufer des Moorsees konnten wir diese Zwischenmoor-Gesellschaft studieren, die allem Anschein nach ein wichtiges Sukzessionsglied zwischen Flachmoor und Hochmoor darstellt.

Die Aufnahmen 1 und 2 der Tabelle nehmen eine Sonderstellung ein. Die Kennarten des Carici-Agrostidetum fehlen. Auch Caricetalia fuscae-Arten sind kaum vorhanden.

Carex rostrata ist Hauptbestandsbildner zusammen mit *Sphagnum squarrosum* (Aufn. 1) und *Sphagnum recurvum* (Aufn. 2). Diese Bestände stehen am Kl. Rattenpfuhl zwischen einem Cicuto-Caricetum (Subass. v. *Thelypteris palustris*) und einer *Eriophorum vaginatum-Sphagnum recurvum*-Gesellschaft. Dieser Tatbestand erleichtert die Erklärung der Artenkombination. *Calla* und *Thelypteris* sind offenbar Relikte des Cicuto-Caricetum, während die Sphagnen zur Ledetalia palustris-Gesellschaft überleiten. Ähnliche Bestände teilten Jeschke (1961) aus NE-Mecklenburg und Passarge (1961) aus Nordpolen mit.

Die Aufnahmen 3—5 stammen vom Gr. Rattenpfuhl und stehen hier in einem ähnlichen Zonationskomplex wie die am Kl. Rattenpfuhl. Im Gegensatz zu diesen enthalten sie aber die vollständige Artenkombination des Carici-Agrostidetum.

Die Aufnahmen 3 und 4 wären zur Subassoziation von *Polytrichum commune* zu stellen, während die übrigen Bestände zu der bereits von Tüxen 1933 beschriebenen Subassoziation von *Carex rostrata* gehören.

In den Aufnahmen vom Gr. Rattenpfuhl ist die Nähe des Cicuto-Caricetum unverkennbar, während sich in den Aufnahmen vom Moorsee der Hochmooreinfluß durch *Vaccinium oxycoccus*, *Eriophorum vaginatum*, *Aulacomnium palustre* und wohl auch durch *Pinus silvestris* kundtut. In allen Aufnahmen ist *Sphagnum recurvum* vorhanden.

Eine Bewaldungsphase des Carici-Agrostidetum (Aufn. 12—17) verdient besondere Beachtung. Ein lichter Moorbirken-Bestand (augenscheinlich handelte es sich um die ssp. *carpatica*) kann von etwa 50 m² bis über 50% bedecken. In diesen lichten Birkengehölzen erscheinen *Calamagrostis neglecta* sowie einige Phragmitetalia-Arten und differenzieren möglicherweise eine eigene Untergesellschaft.

Das Carici-Agrostidetum steht räumlich zwischen einem Weidengebüsch (Salicetum pentandro-auritae) und einem Ledo-Pinetum in einer *Betula pubescens*-Initialphase des Ledo-Pinetum.

25. Die Schnabelried-Schlenke, Rhynchosporetum albae (Tab. 25)

Eine nicht weniger interessante Gesellschaft des Zwischenmoores ist das Rhynchosporetum albae, das ausschließlich im Teufelsbruch vorkommt. Bemerkenswerterweise lassen die Bestände eine erstaunliche Mannigfaltigkeit erkennen.

TABELLE 24

Carici-Agrostidetum caninae

Aufnahme-Nr.	1	2	3	4	5	6	7	8	9	10	11	12	13	14	15	16	17	
Artenzahl	7	8	16	13	16	14	10	12	11	14	11	16	12	14	17	19	20	
Kennarten:																		
Carex canescens			2	1	2	2	1	1	1	1	+	2	1	2	1	1	2	88
Agrostis canina			1	1	2	1	1	·	·	+	+	·	·	1	1	1	1	64
Trennarten der U. G. u. Varianten:																		
Juncus effusus	1	+	1	+	1	·	·	·		·	·	·	·		·	·	·	29
Epilobium palustre	+	+	+	·	+	·	·	·		·	·	·	·		·	·	·	23
Thelypteris palustris	·	+	+	+	+	·	·	·	·	·	·	·	·		·	·	·	23
Calla palustris	+	1	r	·	+	·	·	·	·	·	·	·	·		·	·	·	23
Calamagrostis canescens	·	·	+	+	·	·	·	·	·	·	·	·	·		·	·	·	11
Sphagnum squarrosum	5	·	·	·	·	·	·	·	·	·	·	·	·	·	·	·	·	5
Sphagnum recurvum	·	5	5	5	5	5	5	5	5	5	5	5	5	5	5	5	5	94
Polytrichum commune	·	·	2	1	·	·	·	·	·	·	·	·	·	·	·	·	·	11
Carex rostrata	3	3	·	·	1	1	2	4	5	3	4	1	2	1	1	2	2	88
Drosera rotundifolia	·	·	1	+	·	1	1	+	+	1	+	1	+	+	+	+	+	82
Vaccinium oxycoccus	·	·	·	·	·	1	1	1	+	1	+	+	+	+	+	+	1	70
Eriophorum vaginatum	·	·	·	·	·	·	·	·	·	·	·	+	1	+	·	·	·	17
Aulacomnium palustre	·	·	·	·	·	·	·	·	·	1	·	·	·	·	·	1	1	17
Scheuchzerio-Caricetea fuscae-Arten:																		
Eriophorum angustifolium	·		2	1	+	+	·	+	1	·	·	·	1	1	1	+	1	64
Comarum palustre	·		1	1	2	1	+	1	+	2	·	1	·	1	1	3	2	76
Menyanthes trifoliata	·		·	·	+	1	+	1	+	1	+	2	2	3	1	1	1	76
Calliergon stramineum	1		+	1	+	·	·	1	1	1	1	1	·	·	·	+	1	64
Calamagrostis neglecta	·		·	·	·	+	·	·	·	·	·	1	+	1	3	3	2	41
Viola palustris	·		·	·	1	·	·	·	·	·	·	·	·	·	·	·	·	5
Carex lasiocarpa	·		·	·	·	·	·	·	·	·	·	·	·	·	+	·	·	5
Phragmitetalia-Arten:																		
Lysimachia thyrsiflora	1	1	+		1	+	+			1		1	·	·	·	1	+	58
Carex elata	·	·	·		·	·	·			+		+°	1	·	+	+	+	35
Peucedanum palustre	·	·	·		·	+	·			·		·	·	+	2	1	+	29
Equisetum fluviatile	·	·	·		·	+	·			·		·	·	·	+	+	+	23
Lysimachia vulgaris	·	·	·		·	·	·			·		·	·	·	2	1	+	17
Sträucher:																		
Betula pubescens 0,5–1 m und 1–3 m h			+	+		1	1	+	+	1	+	1	2	2	4	3	3	82
Pinus silvestris bis 1 m h			+	+		·	·	+	+	+	r°	1	+	·	·	·	+	53
Salix aurita			·	·		·	·	·	·	·	·	·	·	·	·	·	+	5

Außerdem Aufn. 11 und 12: *Sphagnum centrale* 1; Aufn. 5: *Cirsium palustre* +; Aufn. 12: *Molinia coerulea* +; Aufn. 5: *Carex fusca* +; Aufn. 8: *Phragmites communis* +°; Aufn. 2: *Typha latifolia* +.

Die Aufnahmen 1—9 verkörpern den Typus der Assoziation. Allein hier ist die gute Assoziationskennart *Drosera intermedia* konstanter und z. T. sogar dominanter Bestandteil des Rhynchosporetum. Von den übrigen Scheuchzerio-Caricetea fuscae-Arten ist auch *Drosera anglica* auf diese Ausbildung beschränkt, die in engem Kontakt mit dem Caricetum lasiocarpae in z. T. nackten Torfschlam-Schlenken auftritt.

Nicht mehr zum Optimum des Rhynchosporetum zählen wir die *Sphagnum dusenii*-Variante (Aufn. 11—15) und die *Sphagnum plumulosum*-Variante (Aufn. 16—19). Beide Varianten wären eventuell zu einer *Sphagnum plumulosum*-Subassoziation zu vereinigen, in der Oxycocco-Sphagnetea-Arten wie z. B. *Vaccinium oxycoccus* und *Andromeda* wiederum zu Hochmoorgesellschaften vermitteln.

Die *Sphagnum plumulosum*-Subassoziation des Rhynchosporetum steht im Teufelsbruch in Kontakt mit einer *Sphagnum auriculatum*-Schlenke (Stadium), in der die Scheuchzerio-Caricetea fuscae-Arten jedoch so abgenommen haben, daß wir diese Stadien gesondert betrachten möchten (vgl. Tab. 26).

26. Die *Sphagnum auriculatum*-Schlenke (Tab. 26)

Die *Sphagnum auriculatum*-Schlenken findet man in der Regel zwischen flachen *Sphagnum plumulosum*-Bulten. Die Bulte jedoch können andererseits zwischen *Sphagnum subbicolor*- (=*centrale*-)Bulten als Schlenken entwickelt sein. Alle Aufnahmen mit dominierendem *Sphagnum plumulosum* (Aufn. 6—10) wurden als *Sphagnum plumulosum*-Stadium in Tabelle 26 zusammengefaßt.

Sphagnum subbicolor bedeckt im mittleren Teil des Teufelsbruches größere Flächen in einer Zone zwischen den Gesellschaften der Scheuchzerio-Caricetea fuscae (Caricetum lasiocarpae und Rhynchosporetum) und Ledetalia palustris (Sphagnetum magellanici u. a.). Unseres Wissens sind solche Gesellschaften bisher noch nicht publiziert worden. Gerade aus ihrem Studium lassen sich wichtige Erkenntnisse über die möglichen Sukzessionsschritte vom Flachmoor zum Hochmoor gewinnen.

Die gesamte Folge der Sukzessionsschritte findet man auch an einzelnen Bulten verwirklicht, die sich im Rhynchosporetum typicum entwickeln. Der Fuß solcher Bulten besteht aus *Sphagnum auriculatum*; darüber beginnt eine *Sphagnum plumulosum*-Zone, und die Kuppe des Bultes nimmt schließlich *Sphagnum subbicolor* ein mit *Andromeda*, *Ledum palustre* und einer kleinen Moorkiefer. Einen ähnlichen Stufenaufbau, allerdings mit *Sphagnum papillosum*, schildert Ilschner 1959; den südwestdeutschen Mooren fehlt anscheinend auch *Sphagnum plumulosum*.

Legende zu Tab. 24:

1 – 2	(13 – 14)	16. 9. 59	Kleiner Rattenpfuhl, Schwingrasen.
3 – 5	(9 – 11)	16. 9. 59	SW-Seite d. Gr. Rattenpfuhl hinter dem Cicuto-Caricetum.
6 – 7	(41 – 42)	18. 9. 59	N-Ufer des Moorsees.
8 – 9	(320 – 321)	25. 9. 62	NE-Ufer des Moorsees.
10 – 12	(318, 319, 322)	25. 9. 62	NE-Ufer des Moorsees.
13 – 17	(313 – 317)	25. 9. 62	NE-Ufer des Moorsees, Schwingrasen.

TABELLE 25

Rhynchosporetum albae

Aufnahme-Nr.	1	2	3	4	5	6	7	8	9	10	11	12	13	14	15	16	17	18	19	
Artenzahl	8	12	10	9	9	8	8	10	12	10	5	7	6	11	20	13	14	10	8	
Kennarten:																				
Rhynchospora alba	+	1	2	5	3	1	+	1	1	1	+	+	1	1	+	2	3	1	1	100
Drosera intermedia	4	1	·	·	+	2	4	3	3	·	·	·	·	·	·	·	·	·	·	36
Trennarten der U. G. und Varianten:																				
Utricularia intermedia	2	+⁰	2	1	2	+	2	·	·	·	·	·	·	·	·	·	·	·	·	36
Scorpidium scorpidioides	·	1	·	1	2	1	·	2	1	·	·	·	·	·	·	·	·	·	·	31
Sphagnum dusenii	·	·	·	·	·	·	·	·	·	·	5	5	5	3	3	·	·	·	·	26
Sphagnum plumulosum	·	·	·	·	·	·	·	·	·	(+)	1	+	·	2	·	5	3	5	5	42
Scheuchzerio-Caricetea fuscae-Arten																				
Carex lasiocarpa	2	·	1	+	1	2	2	1	+	+	2	1	1	·	1	+	+	1	2	89
Eriophorum angustifolium	·	2	+	1	+	·	·	1	1	1	+	1	+	·	1	2	1	1	+	78
Sphagnum auriculatum	1	2	2	·	·	1	1	·	·	5	·	·	·	3	2	·	2	·	·	47
Sphagnum contortum	1	·	·	1	1	·	+	·	·	·	·	·	·	1	·	·	·	·	·	26
Drosera anglica	·	1	3	2	2	·	·	+	·	·	·	·	·	·	·	·	·	·	·	26
Menyanthes trifoliata	+	·	·	·	·	·	+	·	1	·	·	·	·	·	·	+	·	·	·	21
Calamagrostis neglecta	·	·	1	·	·	·	·	·	·	+	·	·	·	·	·	·	+	·	·	15
Drepanocladus vernicosus	·	·	·	·	·	·	·	·	·	·	·	·	·	·	1	1	+	·	·	15
Campylium stellatum	·	2	·	·	·	·	·	·	·	·	·	·	·	·	·	·	·	·	·	5
Riccardia pinguis	·	2	·	·	·	·	·	·	·	·	·	·	·	·	·	·	·	·	·	5
Riccardia sinuata	·	·	·	·	·	·	·	·	2	·	·	·		·	·	·	·	·	·	5
Oxycocco-Sphagnetea-Arten:																				
Drosera rotundifolia		·	·	+				2	1	·		·	1	1	1	1	1	1	1	52
Vaccinium oxycoccus		1	·	·				·	·	+		r	·	1	1	1	1	1	·	42
Andromeda polifolia		·	·	·				·	1	·		·	·	·	1	1	+	+	·	26
Sphagnum subbicolor		·	2	·				·	·	·		·	·	2	3	·	·	+	+	26

Übrige Arten:																			
Molinia coerulea	·	·	·	·	·	1	1	1	1	·	r	·	1	2	·	·	+	+	47
Carex elata	r^0	·	·	·	·	1^0	·	$+^0$	1	$+^0$	·	·	$+^0$	·	·	+	·	·	36
Phragmites communis	·	·	·	·	·	·	·	·	$+^0$	·	·	r^0	·	1^0	·	·	$+^0$	r^0	26
Drepanocladus fluitans	·	·	+	·	·	·	·	·	·	1	·	·	1	1	·	·	·	·	21
Carex panicea	·	3	·	1	+	·	·	·	·	·	·	·	·	·	·	·	·	·	15
Carex rostrata	·	·	·	·	·	·	·	·	·	·	·	·	·	·	+	+	·	·	10
Sphagnum recurvum	·	·	·	·	·	·	·	·	·	·	·	·	·	2	·	·	·	·	5
Waldpioniere:																			
Pinus silvestris Keimpfl.														1	+	+			15
Pinus silvestris bis 3 m hoch														+	·	·			5
Calluna vulgaris														2	+	+			15

Außerdem in Aufn. 2: *Agrostis canina* 1; Aufn. 3: *Utricularia minor* 1; Aufn. 8: *Sphagnum teres* 1; Aufn. 10: *Lysimachia vulgaris* 1; Aufn 15: *Calliergon stramineum* 1, *Aulacomnium palustre* +, *Cephalozia connivens* 1; Aufn. 16: *Comarum palustre* +.

1	(361)	25. 9. 62	Teufelsbruch.
2	(242)	24. 9. 62	Teufelsbruch.
3–5	(265, 260, 259)	24. 9. 62	Teufelsbruch.
6	(351)	25. 9. 62	Teufelsbruch.
7	(361)	25. 9. 62	Teufelsbruch.
8	(40)	18. 9. 59	Teufelsbruch.
9	(28)	17. 9. 59	Teufelsbruch.
10	(295)	25. 9. 62	Teufelsbruch.
11–13	(37a–c)	18. 9. 59	Teufelsbruch.
14	(296)	25. 9. 62	Teufelsbruch.
15	(283)	25. 9. 62	Teufelsbruch.
16–19	(279, 27b, 38a, 38b)	17. 9. 59	Teufelsbruch.

TABELLE 26

Die *Sphagnum auriculatum*-Schlenke
Sphagnum auriculatum-Stadium (Afn. 1–5), *Sphagnum plumulosum*-Stadium (Aufn. 6–10)
und *Sphagnum subbicolor*-Stadium (Aufn. 11–25)

Aufnahme-Nr.	1	2	3	4	5	6	7	8	9	10	11	12	13	14	15	16	17	18	19	20	21	22	23	24	25	
Artenzahl	6	5	6	8	8	6	7	4	7	5	8	10	8	10	11	10	13	10	11	10	10	12	11	13	15	
Scheuchzerio-Caricetea fuscae-Arten:																										
Carex lasiocarpa	r	·	+	+	+	·	·	·	·	·	·	+		2	1	+	1	·	+	1	1	1	+	+	+	64
Rhynchospora alba	·	·	·	·	·	+	·	+	+	1	+	·		·	·	·	+	+	+	+	+	+	·	+	·	52
Eriophorum angustifolium	+	+	·	+	1	·	·	·	·	·	·	1		·	·	·	·	1	·	1	+	+	·	·	+	40
Drepanocladus fluitans	1	1	1	1	1	·	·	·	·	·	+	1		·	·	·	·	·	·	·	+	·	·	·	·	32
Calliergon stramineum	·	·	·	·	·	·	·	·	·	·	1	·		1	1	1	1	·	·	·	·	·	·	·	·	20
Comarum palustre	·	·	·	·	·	+	+	·	·	·	·	·		·	·	·	·	·	·	·	·	·	·	·	·	8
Oxycocco-Sphagnetea-Arten:																										
Drosera rotundifolia		·	·	·	·	1	2	1	1	1	1	1	r	2	2	2	1	1	1	1	+	+	+		1	84
Vaccinium oxycoccus		·	+	+	·	·	1	·	·	1	·	2	2	2	3	3	3	2	1	2	3	2	1	2	·	72
Andromeda polifolia		·	·	·	+	·	·	·	·	·	+	·	1	·	·	·	2	1	1	·	·	+	+	1	+	40
Ledum palustre		·	·	·	·	·	·	·	+	·	·	·	·	·	·	·	·	·	·	·	·	·	+	+	+	16
Trennarten der Schlenken-Stadien:																										
Sphagnum auriculatum	5	5	5	5	5	·	·	·	·	·	·	·	·	·	·	·	·	·	·	·	·	·	·	·	·	20
Sphagnum plumulosum	·	·	·	1	·	5	5	5	5	5	2	1	·	·	·	·	·	·	·	·	·	·	·	·	1	36
Sphagnum subbicolor	·	·	·	·	·	·	·	·	·	·	5	5	5	5	5	5	5	5	5	5	5	5	5	4	5	60
Sonstige Arten:																										
Molinia coerulea	·	·	·	·	·	2	2	1	4	3	1	·	4	2	3	3	1	1	2	2	1	1	3	3	2	76
Phragmites communis	1°	1°	+°	r°	+°	·	+°	·	·	·	·	1°	·	·	·	·	+°	·	·	·	+°	+°	1°	r°	1°	52
Carex elata	·	r°	1°	r°	·	·	·	·	·	·	·	+°	·	1°	+°	+°	+°	+°	+°	·	·	·	·	+°	+°	52
Lysimachia vulgaris	r	·	·	·	·	·	·	·	·	·	·	2	·	1	+	·	·	·	·	·	·	·	·	·	·	16
Peucedanum palustre	·	·	·	·	·	·	·	·	·	·	·	·	r	·	·	·	·	·	·	·	·	·	·	·	+	8
Waldpioniere:																										
Pinus silvestris bis 3 m hoch							r							2	3	1	1	2	+	1		+	2	3	2	48
Betula pubescens bis 3 m hoch							·							2	1	2	·	2	1	+		+	2	1	3	40
Calluna vulgaris							·							·	·	·	1	·	·	·		+	2	1	+	20
Salix aurita							·							·	+	·	·	·	·	·		·	·	·	·	4

Außerdem in: Aufn. 5: *Carex rostrata* +; Aufn. 9: *Pinus silvestris* Keimlinge +; Aufn. 6: *Agrostis canina* 1; Aufn. 13: *Carex panicea* +; Aufn. 17: *Eriophorum vaginatum* +; Aufn. 13: *Potentilla erecta* r; *Sphagnum recurvum* 1; Aufn. 9: *Viola palustris* +.

1–5 (289–292, 294) 25. 9. 62 Teufelsbruch.
6–10 (261–265) 24. 9. 62 Teufelsbruch.
11 (27) 25. 9. 62 Teufelsbruch.
12–13 (293, 242) 24. 9. 62 Teufelsbruch, einzeln stehender Bult im Rhynchosporetum.
14–17 (278, 271, 280, 281) 25. 9. 62 Teufelsbruch, zwischen *Carex elata*-Horsten.
18–25 (36a–h) 8. 9. 59 Teufelsbruch, flache Bulte am Rande des „Hochmoorkomplexes".

Sphagnum plumulosum scheint zumindest eine subozeanische Art zu sein, während *S. subbicolor* im Osten häufiger wird (vgl. JENSEN 1952 und GAMS 1957). Das *Sphagnum subbicolor*-Stadium ist möglicherweise als eine vikariierende Assoziation zum Sphagnetum papillosi SCHWICKERATH 1940 des maritimeren Westens zu betrachten.

Aus Mecklenburg und dem angrenzenden Brandenburg ist ein fragmentarisches Rhynchosporetum albae kürzlich von FISCHER (1960) beschrieben worden. PASSARGE (1962) gibt eine Liste eines typischen Bestandes aus SW-Mecklenburg, dort mit *Rhynchospora fusca* und anderen subozeanischen Arten.

27. Das *Sphagnum subbicolor-Rhynchospora alba*-Stadium (Tab. 27)

Neben den durch eine Reihe von Scheuchzerio-Caricetea fuscae-Arten gekennzeichneten Stadien des Zwischenmoorbereiches beobachteten wir auch im „Hochmoorkomplex“ des Teufelsbruches eine *Rhynchospora alba*-Gesellschaft, in der die Oxycocco-Sphagnetea-Arten das Bild bestimmen.

Auf einer verhältnismäßig kleinen Fläche am SW-Rand des Teufelsbruches beim Übergang zur Verlandungsvegetation des Moorsees ist in der Tat heute ein Hochmoorrest vorhanden, der sich aus Teilen der alten Mooroberfläche, die ein Ledo-Pinetum tragen, und sehr schön regenerierten ausgetorften Flächen mit Ledetalia palustris-Gesellschaften zusammensetzt. Zwischen diesen Bultgesellschaften (Sphagnetum magellanici, Sphagnetum fusci und Eriophoro-Sphagnetum recurvi) erscheint unser *Rhynchospora alba-Sphagnum subbicolor*-Stadium als Schlenkengesellschaft und vertritt hier gewissermaßen das Scheuchzerio-Caricetum limosae LIBBERT 1932/33. Es läßt sich eine *Sphagnum cuspidatum*-Variante und eine *Sphagnum rubellum-Sphagnum magellanicum*-Variante, die deutlich zum Sphagnetum magellanici vermittelt, unterscheiden.

Rhynchospora alba-reiche Vegetationstypen als Kontaktgesellschaften zu Ledetalia palustris-Gesellschaften sind bereits häufiger beschrieben worden (vgl. OSWALD 1923; HUECK 1925, 1929, 1931); jedoch fehlt diesen Aufnahmen *Sphagnum subbicolor*. Die endgültige Beurteilung unseres *Sphagnum subbicolor-Rhynchospora*-Stadiums wird erst nach weiteren Arbeiten und durch Vergleich mit ähnlichen Beständen aus den mecklenburgischen Hochmooren möglich sein.

28. Die Hochmoor-Gesellschaften (Eriophoro-Sphagnetum recurvi, Sphagnetum magellanici, Sphagnetum fusci) (Tab. 28)

Wie bereits angedeutet, kommen im Naturschutzgebiet auch Hochmoorgesellschaften vor, die, wie das Vorhandensein von *Eriophorum angustifolium* beweist, noch unter Mineralbodenwassereinfluß stehen. Für das Wachstum eines ombrogenen Hochmoors dürften die klimatischen Verhältnisse bereits zu ungünstig sein.

Der Hochmoorkomplex setzt sich aus 4 Gesellschaften zusammen, dem eben besprochenen *Sphagnum subbicolor-Rhynchospora alba*-Stadium, dem Eriophoro-Sphagnetum recurvi, das auf den Pseudohochmooren unter Umständen beherrschend auftreten kann und das im Teufelsbruch nur als schmale Übergangszone

TABELLE 27

Sphagnum subbicolor-Rhynchospora alba-Stadium

Aufnahme-Nr.	1	2	3	4	5	6	7	8	9	
Artenzahl	5	4	6	7	8	8	11	11	13	
Kennarten:										
Rhynchospora alba	+	+	2	3	2	2–3	3	4	3	100
Sphagnum subbicolor	1	3	·	+	5	5	5	5	1	88
Trennarten der Varianten:										
Sphagnum cuspidatum	5	4	5	5	·	·	·	·	·	55
Sphagnum magellanicum	·	·	·	·	·	1	2	2	1	44
Sphagnum rubellum	·	·	·	·	2	·	·	·	5	22
Oxycocco-Sphagnetea-Arten:										
Vaccinium oxycoccus	·		+	1	1	1	2	1	2	77
Drosera rotundifolia	·		+	1	1	1	1	1	1	77
Andromeda polifolia	+		·	·	+	+	1	1	1	66
Sphagnum recurvum s. l.	·		1	1	·	·	1	3	1	55
Aulacomnium palustre	·		·	·	·	·	·	1	1	22
Polytrichum strictum	·		·	·	·	·	·	·	1	11
Übrige Arten:										
Eriophorum angustifolium	1	2	2	+	1	+	1	1	2	100
Pinus silvestris Keimlinge	·	·	·	·	·	r	+	+	1	44
Molinia coerulea	·	·	·	·	+	·	+	·	+	33
Carex elata	·	r°	·	·	·	·	·	·	·	11
Betula pubescens Keimlinge	·	·	·	·	·	·	+	·	·	11
Potentilla erecta	·	·	·	·	·	·	·	r°	·	11

1–4	(364–367)	26. 9. 62	Teufelsbruch, Schlenken im Sphagnetum magellanici-Komplex.
5–8	(297–300)	25. 9. 62	Teufelsbruch, Schlenken und flache Bulte im Sphagnetum magellanici-Komplex.
9	(303)	25. 9. 62	Teufelsbruch.

zu den Bultgesellschaften entwickelt ist, dem Sphagnetum magellanici und dem Sphagnetum fusci. Das Sphagnetum magellanici ist mit *Ledum palustre* und *Pinus silvestris* zu einer subkontinentalen Rasse zu zählen. Wir halten PASSARGES (1961) Sphagnetum medii balticum, worunter unser Eriophoro-Sphagnetum recurvi sowie das eigentliche Sphagnetum magellanici und das Sphagnetum fusci zu verstehen ist, für keine glückliche Lösung. Mit Aufnahmeflächen bis zu 90 m² erfaßt man auf einem Hochmoor einen Assoziationskomplex, der sich in der Regel aus verschiedenen Bult- und Schlenken-Assoziationen zusammensetzt und durch die Eigenart des Hochmoorwachstums im Bult-Schlenken-Rhythmus bedingt ist (vgl. insbes. KULCZYNSKI 1949). Die von PASSARGE (1961) vorgeschlagene Gliederung ist sicherlich unvollständig. Neben einem Sphagnetum magellanici pinetosum, das sich zu Ledo-Pinion-Gesellschaften weiter entwickelt und einem Typicum, in dem *Calluna vulgaris* die Scheitel der *Sphagnum magellanicum*-Bulte besiedelt, ist eine Initialphase als Subassoziation von *Carex limosa* oder *Rhyn-*

TABELLE 28

Hochmoor-Gesellschaften
Eriophoro-Sphagnetum recurvi (Aufn. 1–3)
Sphagnetum magellanici (Aufn. 4–8)
Sphagnetum fusci (Aufn. 9–10)

Aufnahme-Nr.	1	2	3	4	5	6	7	8	9	10
Artenzahl	9	11	10	9	10	9	13	15	13	15
Kennarten:										
Sphagnum magellanicum	·	·	·	4	2	5	5	2	+	1
Sphagnum rubellum	·	·	·	·	3	·	·	5	+	1
Sphagnum fuscum	·	·	·	·	·	·	·	·	5	4
Sphagnum mucronatum	4	3-4	4	·	·	·	·	·	·	·
Oxycocco-Spagnetea-Arten:										
Eriophorum vaginatum	3	3	4	1	1	1	2	1	1	2
Vaccinium oxycoccus s. l.	1	1	2	2	1	1	2	1	2	3
Drosera rotundifolia	1	1	+	1	1	1	1	1	2	1
Andromeda polifolia	+	+	1	+	+	·	1	+	+	+
Aulacomnium palustre	2	1	1	2	1	·	1	2	·	+
Polytrichum strictum	·	2	·	·	·	3	·	·	·	·
Sphagnum angustifolium	·	·	·	1	1	1	1	1	1	1
Ledum palustre	·	·	·	·	·	1	+	+	+	2
Mylia anomala	·	·	·	·	·	·	1	1	1	2
Cephalozia connivens	·	·	·	·	·	·	1	·	1	1
Calypogeia sphagnicola	·	·	·	·	·	·	1	+	·	·
Scheuchzerio-Caricetea fuscae-Arten:										
Eriophorum angustifolium	+	1	+	1	+	r	1	2	+	
Calliergon stramineum	1	1	1	·	·	·	·	·	·	·
Waldpioniere:										
Calluna vulgaris	·	·	·	1-2	3	·	1	1	1	1
Betula pubescens bis 1 m hoch	·	·	·	·	·	1	·	·	+	1
Betula pubescens bis 0,3 m h.	1	+	1	·	·	·	·	·	·	·
Pinus silvestris bis 1,5 m h.	·	·	·	·	·	·	·	2	·	1
Pinus silvestris 10 cm hoch	·	+	·	·	·	·	·	·	r	·
Molinia coerulea	·	·	+	·	·	·	·	1	·	·
Pleurozium schreberi	·	·	·	·	·	·	·	·	·	1

1–3 (369–371) 26. 9. 62 Teufelsbruch.
4–5 (375–376) 26. 9. 62 Teufelsbruch.
6–8 (301–303) 25. 9. 62 Teufelsbruch.
9–10 (362–363) 25. 9. 62 Teufelsbruch.

chospora alba zu unterscheiden (vgl. Tüxen 1958, Krisai 1960, Jeschke 1961, Görs 1961, Jahns 1962). Die Aufnahmen 5–9 unseres *Sphagnum subbicolor-Rhynchospora alba*-Stadiums könnten hierzu gerechnet werden.

Dem Sphagnetum magellanici pinetosum entspräche Aufnahme 2. Eine besondere Note erhält der Hochmoorkomplex des Teufelsbruches durch einige schöne *Sphagnum fuscum*-Bulte. *Sphagnum fuscum* vermag sehr dichte und verhältnismäßig hohe Bulte zu bilden, die sich dadurch auch von den breiteren und oft auch flacheren *Sphagnum magellanicum-* und *Sphagnum rubellum*-Bulten unterscheiden.

Beide Bultgesellschaften, das Sphagnetum magellanici und das Sphagnetum fusci, besitzen in *Sphagnum angustifolium* eine gute Trennart. Besonders in den älteren Bultscheiteln leiten Lebermoose die Zerstörung der Bulte ein (vgl. GAMS & RUOFF 1929).

E. Die Zonations- und Mosaikkomplexe der Wasser- und Sumpfvegetation

Das Zusammentreten bestimmter Pflanzengesellschaften zu mehr oder weniger regelmäßig aufgebauten Komplexen ist besonders für die Hochmoorvegetation eine schon lange bekannte Tatsache, für welche DU RIETZ (1930) die Termini Mosaikkomplex und Zonationskomplex einführte. Im folgenden sollen die Komplexe der Wasser- und Sumpfvegetation des Naturschutzgebietes „Ostufer der Müritz" zusammenfassend beschrieben werden (vgl. auch Bilder 1—8 auf den Tafeln V—VIII).

1. Der Zonationskomplex des Ostufers der Müritz

Die Vegetationszonierung am Ostufer der Müritz ist besonders südwestlich Warensche Wold typisch entwickelt und relativ unbeeinflußt (Abb. 3). Auf ein schütteres Scirpo-Phragmitetum[1]) (*Phragmites*-Variante) folgt landwärts, auf einem typischen Strandwall, das Caricetum ripariae-acutiformis. Auf jungen Strandwällen kann u. U. eine Bidention-Gesellschaft auftreten; auf älteren Strandwällen findet man bereits Weidengebüsche.

In der auf den Strandwall folgenden „Lagune" ist ein Caricetum elatae oder auch ein typisches Cladietum marisci entwickelt. Das Cladietum überzieht bedeutende Flächen im Verlandungsgürtel der Müritz, unterbrochen von Pioniergehölzen auf trockeneren sandigen Rücken (auch Strandwallbildungen ?).

Landwärts in flacherem Wasser findet sich die *Mentha aquatica*-Subassoziation des Cladietum marisci öfter unterbrochen von Siedlungen des Caricetum elatae oder sogar des Caricetum lasiocarpae. Alle Gesellschaften dieser Zone werden vom Scorpidio-Utricularietum überlagert.

Schließlich wird das Caricetum elatae und das Caricetum lasiocarpae von der *Pinguicula vulgaris-Eleocharis pauciflora*-Gesellschaft abgelöst, auf die an der Hochwassergrenze Reliktsiedlungen des Schoenetum nigricantis folgen. In diesem Bereich spielt das Pfeifengras bereits eine große Rolle und bildet hier am Übergang zu den Pionierwäldern aus *Juniperus*, *Pinus silvestris* und *Betula* möglicher-

[1]) Die Submersvegetation in der Müritz ist in der vorliegenden Arbeit nicht berücksichtigt; sie soll eine im Zusammenhang mit einer Vegetationsbeschreibung der ganzen Müritz gesonderte Darstellung erfahren.

Bild 1. Ostufer der Müritz, südwestlich Warensche Wold. Cladietum marisci; im Hintergrund Pioniergehölze.

Bild 2. Ostufer des Großen Specker Sees. Vegetationszonierung.

Bild 3. Moorsee. Trocken gefallene Faulschlammflächen mit Initialstadien des Cicuto-Caricetum. Im Vordergrund *Typha latifolia*-Jungpflanzen.

Bild 4. Moorsee. Verlandungskomplex am Nordufer. Carici-Agrostidetum mit lichtem Moorbirken-Gebüsch (*Betula pubescens* ssp. *carpatica*).

Bild 5. Großer Rattenpfuhl. Im Vordergrunde links: Cicuto-Caricetum (*Thelypteris*-Subass.); Mitte: *Nymphaea alba*-Bestand (Potamo-Nupharetum); Hintergrund: Cicuto-Caricetum und *Calla*-Erlensumpf.

Bild 6. Teufelsbruch. Nymphaeetum minoris in Schlenken zwischen Cladietum und Caricetum elatae.

Bild 7. Teufelsbruch. Vegetationskomplex des Flach- und Zwischenmoores. Vordergrund: Cladietum, umgeben von schmalem Caricetum elatae; Mittelgrund: Bult-Schlenken-Komplex des Zwischenmoores mit Rhynchosporetum albae, Caricetum lasiocarpae und *Sphagnum plumulosum*- bzw. *Sphagnum subbicolor*-Bulten.

Bild 8. Teufelsbruch. Hochmoorkomplex, *Sphagnum subbicolor-Rhynchospora alba*-Stadium; unter den Kiefern rechts: Sphagnetum magellanici pinetosum; Hintergrund: Ledo-Pinetum.

weise ein natürliches Molinietum. Die sich in der Regel landwärts an den „Müritzstrandwall“ anschließende Lagune kann auch größer sein, so daß seeähnliche Bildungen („Lagunenseen“, SCHMIDT 1962 b) entstehen, wie z. B. Spukloch und Binnenmüritz. Der Boden dieser Gewässer ist mit einem Charetum asperae ausgefüllt; stellenweise treten Fragmente einer Laichkrautgesellschaft mit *Potamogeton gramineus* auf. An den Rändern steht die übliche Gesellschaftsfolge Cladietum—Caricetum elatae—Caricetum lasiocarpae. Nur am Spukloch ist diese durch die Beweidung gestört. Hier konnte man einen typischen *Eleocharis palustris*-Gürtel anstelle der Magnocaricion-Gesellschaft beobachten.

2. *Der Zonationskomplex der Specker Seen*

Eine ähnliche Zonierung findet man auch am SE-Ufer des Gr. Specker Sees, nur daß hier auf einen schmalen *Cladium*-Gürtel sofort ein Komplex aus Caricetum elatae und Caricetum lasiocarpae (in der *Cladium*-Subass.) folgt, welche durch *Salix*-Arten abgebaut werden. Am Ostufer des Gr. Specker Sees ist in das Scirpo-Phragmitetum noch das Nymphaeetum minoris (*Myriophyllum spicatum*-Subass.) eingeschaltet, während im tieferen Wasser ein Potametum lucentis und Relikte des Charo-Nitellopsidetum obtusae auftreten.

Eine andere Zonenfolge ist am W-Ufer des Priesterbäker Sees und auch am W-Ufer des Hofsees verwirklicht. Im tiefen Wasser gedeiht das Potametum lucentis (*Chara*-Gesellschaften fehlen). Es wird von der typischen Ausbildung des Potamo-Nupharetum abgelöst. Landwärts können reine *Equisetum fluviatile*-

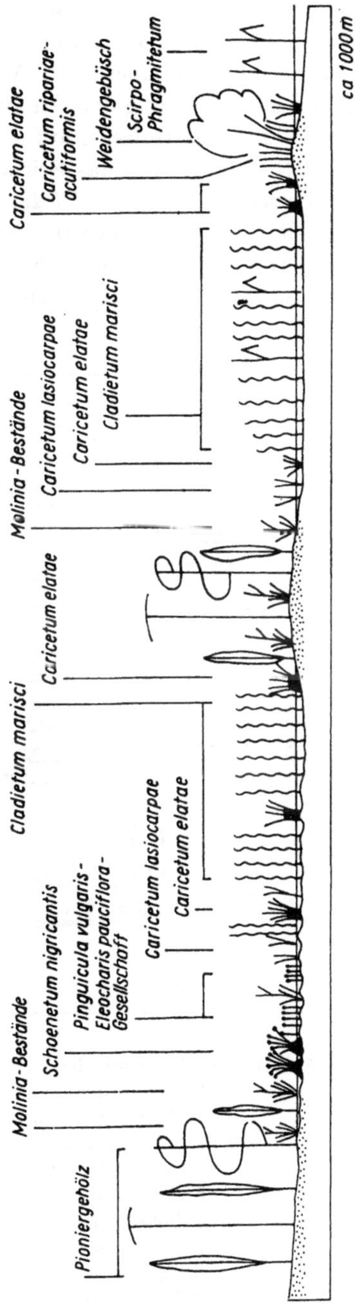

Abb. 3. Vegetationsprofil durch das Ostufer der Müritz südwestlich Warensche Wold.

oder auch *Sparganium erectum*-Bestände an die Stelle des typischen Scirpo-Phragmitetum treten. Häufig ist die *Typha angustifolia*-Variante anzutreffen, die in die *Phragmites*-Variante und noch weiter landwärts in ein Cladietum oder ein Caricetum elatae überleitet. Vom festen Lande her dringen Weidengebüsche vor, die hier regelmäßig den Alnion-Gesellschaften vorausgehen.

Am Südufer des Hofsees, auf stärkeren Faulschlammschichten, ist neben der *Typha latifolia*-Variante das Scirpo-Phragmitetum bzw. neben Initialstadien des Cicuto-Caricetum mit viel *Thelypteris palustris* ein *Equisetum fluviatile*-Gürtel entwickelt, auf den seewärts Potamo-Nupharetum und Potametum lucentis folgen (Abb. 4). Zwischen Cicuto-Caricetum und *Equisetum fluviatile*-Zone können Siedlungen des Hydrocharitetum (in der *Stratiotes*-Phase) eingeschaltet sein.

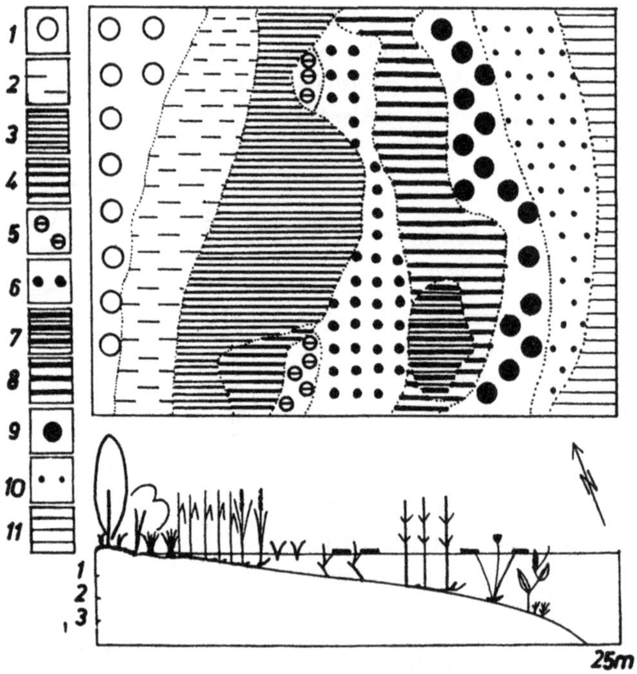

Abb. 4. Ausschnitt aus den Verlandungszonen am Südwestufer des Hofsees:
1 Erlenbruch,
2 Weidengebüsch und Caricetum elatae,
3 Scirpo-Phragmitetum, *Phragmites*-Var.,
4 Scirpo-Phragmitetum, *Typha latifolia*-Var.,
5 *Stratiotes aloides*,
6 Potamo-Nupharetum, *Potamogeton natans*-Phase,
7 *Schoenoplectus lacustris*,
8 *Equisetum fluviatile*,
9 Potamo-Nupharetum, typ. Ausbildung,
10 Potametum lucentis,
11 Vegetationsfreie Tiefenregion.

In der NW-Ecke des Gr. Specker Sees im nördlichen Restsee („Lübow“) nimmt ein Myriophyllo-Nupharetum die gesamte Wasserfläche ein. Er ist umgeben vom Scirpo-Phragmitetum in der *Typha angustifolia*-Variante (W-Seite) und dem Cicuto-Caricetum (E-Seite). Zum Lande hin schließen sich jeweils Caricetum elatae und Weidengebüsche an (Abb. 5).

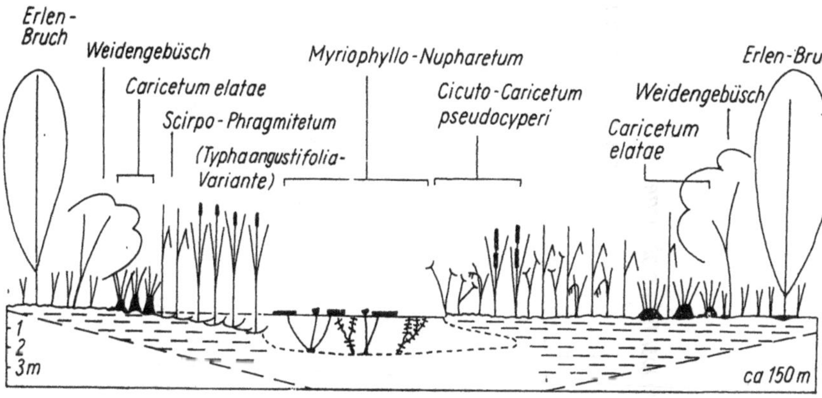

Abb. 5. Vegetationsprofil durch den Restsee im NW des Gr. Specker Sees.

3. *Der Zonationskomplex des Rattenpfuhls*

Im Großen Rattenpfuhl, einem sauren Moorgewässer, stockt eine arme *Nymphaea*-Ausbildung des Potamo-Nupharetum. Dem Cicuto-Caricetum (*Thelypteris*-Subass. *Calla*-Var.) sind oft Fragmente des Hydrocharitetum vorgelagert. Im Südwesten ist zwischen dem nassen Wollgras-Kiefernwald das Carici-Agrostidetum caninae (*Polytrichum commune*-Subass.) entwickelt. An den übrigen Ufern ersetzt ein *Calla*-Erlensumpf das Carici-Agrostidetum.

4. *Der Zonationskomplex des Rederangsees*

Die Zonenfolge am Rederangsee wird in Abb. 6 wiedergegeben. Die Aufeinanderfolge von Charo-Nitellopsidetum obtusae, Potametum lucentis, Charetum asperae, *Phragmites*-Variante des Scirpo-Phragmitetum, Cladietum, Caricetum elatae, Weidengebüsche, Bruchwald, ist sehr deutlich ausgeprägt. Am NW-Ufer kann auch ein Nymphaeetum minoris und die *Schoenoplectus*-Variante des Scirpo-Phragmitetum auftreten (Abb. 7).

5. *Die Zonationskomplexe des Moorsees und des Warnker Sees*

Die Vegetationszonierung am Moorsee und im Teufelsbruch ist auf Abb. 8 zur Darstellung gebracht. Die Übersichtsskizze zeigt die Aufeinanderfolge verschiedener Vegetations-Komplexe vom SW-Ufer des Moorsees bis zum NW-Rand des

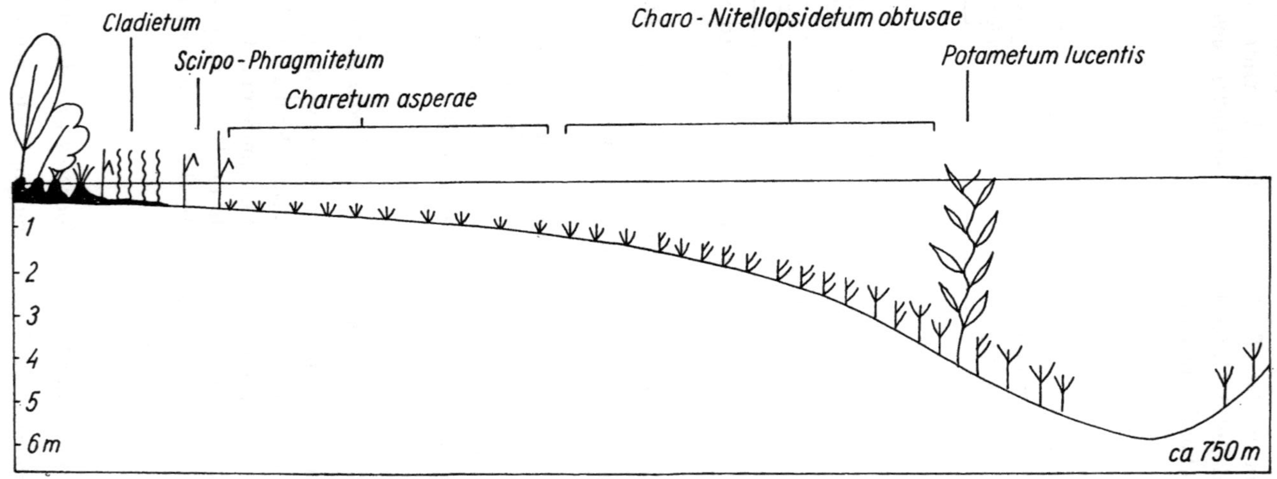

Abb. 6. Vegetationsprofil durch das Nordwestufer des Rederangsees.

Teufelsbruches. Etwa im Zentrum des Teufelsbruches wird die größte Tiefe des Moorseebeckens mit 7,5 m erreicht (STEUSLOFF 1905). Nach STEUSLOFF lagern im Teufelsbruch über 2,5 m mächtigen Seekreideschichten bis zu 3 m Sphagnumtorf. Im Moorsee selbst sind keine Torfe angetroffen worden; das flache, nach NW tiefer werdende Becken ist fast gänzlich mit Faulschlamm ausgefüllt.

Im SE des Moorsees ist ein schmaler Verlandungskomplex aus Scirpo-Phragmitetum, Caricetum elatae, Caricetum lasiocarpae (meist Fragmente) und ein Wei-

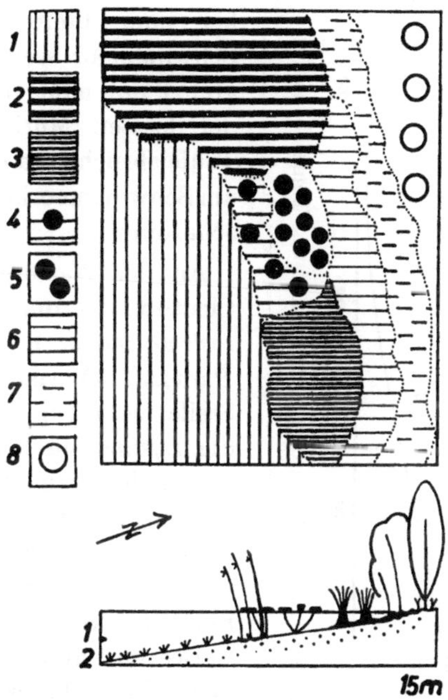

Abb. 7. Verlandungszonen in einer Bucht am Nordufer des Rederangsees:
1 Charetum asperae,
2 Scirpo-Phragmitetum, *Phragmites*-Var.,
3 *Typha angustifolia* und *Schoenoplectus lacustris*, vereinzelt *Carex rostrata*,
4 *Schoenoplectus lacustris* und *Nymphaea alba minor*,
5 Nymphaeetum minoris,
6 Caricetum elatae,
7 Weidengebüsch,
8 Erlenbruch.

den-Birkengebüsch entwickelt, hier auf flachen Torfschichten wachsend. Sehr ähnlich ist die Zonierung auch am Warnker See. Hier kann allerdings das Cladietum stärker in den Vordergrund treten (Abb. 9). Neben einem Caricetum elatae wurden hier auch Siedlungen des Caricetum paniculatae beobachtet. Am Südufer des Warnker Sees ersetzt das *Eleocharis palustris-Schoenoplectus tabernaemontani*-Stadium andere Phragmitetalia-Gesellschaften. *Chara*-Gesellschaften sind infolge

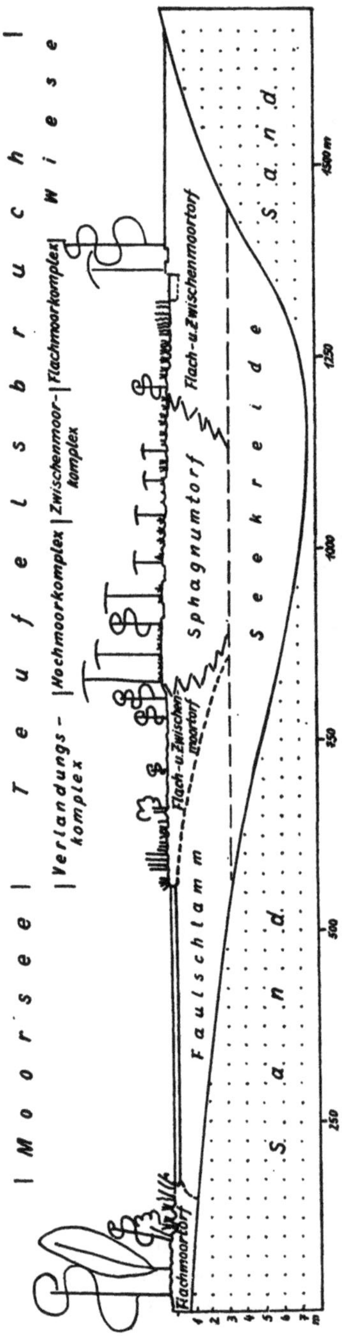

Abb. 8. Vegetationsprofil durch den Moorsee und das Teufelsbruch.

der geringen Sichttiefe nur in Fragmenten vorhanden; ebenso scheint das Potametum lucentis (nur aus einer Art bestehend) zu kümmern. Am NW-Ufer stocken vereinzelt Siedlungen des Potamo-Nupharetum.

Ein ganz anderes Bild bietet der Verlandungskomplex im N und NW des Moorsees. Hier schiebt sich vom Teufelsbruch her eine breite Verlandungszone als Schwingmoor weit in den See vor. Sie grenzt mit einer deutlichen Stufe (Folge der letzten Müritzabsenkung?) an das Teufelsbruch. Im einzelnen beteiligen sich am Schwingmoorkomplex folgende Gesellschaften:

An der Wassergrenze findet man das Cicuto-Caricetum pseudocyperi (*Carex rostrata*-Subass.), das landwärts in die *Phragmites*-Variante übergeht. An dessen Stelle, oder von diesem umschlossen, ist die *Lysimachia thyrsiflora-Carex rostrata*-Gesellschaft am Übergang zum Caricetum elatae eingeschaltet. Das Caricetum elatae kann auch, so besonders im Osten und Westen (wo offenbar nährstoffreicheres Wasser zufließt), durch das Caricetum appropinquatae ersetzt sein. Schon hier oder erst im folgenden Caricetum lasiocarpae können *Salix*-Arten ein Weidengebüsch aufbauen. Dieses Weidengebüsch umschließt als Ring den N-Teil des Moorsees.

Auf das Weidengebüsch können verschiedene Gesellschaften folgen: Im NW und N sind es mesotrophe Birkenbruchwälder, während im Zentrum dieses Verlandungskomplexes die Moorbirken so locker stehen, daß wir diese Zone zum Carici-Agrostidetum caninae stellen. Erst an der Grenze zum Teufelsbruch tritt ein nasser Wollgras-Birkenwald (Ledo-Pinetum?) auf, hier an ein typisches Ledo-

Pinetum grenzend. Dieser im ganzen auf stark wasserhaltigem Faulschlamm schwimmende Verlandungskomplex ist sicherlich für die Schlammfüllung des Moorsees verantwortlich zu machen. In dem Maße, wie dieser Vegetationskomplex vermöge seiner Stoffproduktion Torf bildet, wird er tiefer in den Faulschlamm absinken und jenen in das freie Wasser des Sees drücken.

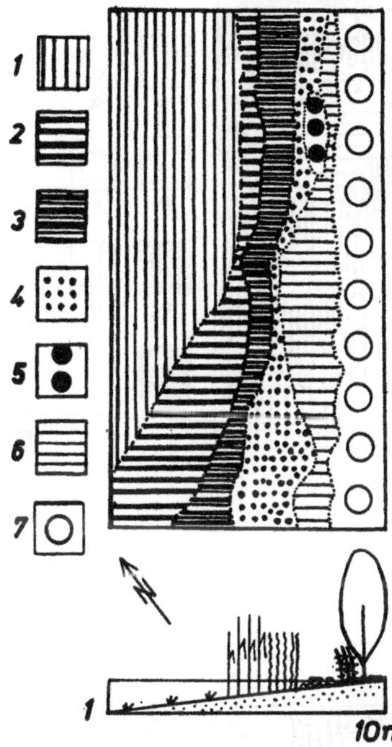

Abb. 9. Vegetationszonierung am Südufer des Warnker Sees:
1 Fragmente des Charetum asperae,
2 Scirpo-Phragmitetum,
3 Cladietum marisci,
4 Cladietum marisci, abgestorben (überflutet),
5 Hydrocharitetum morsus-ranae,
6 *Thelypteris palustris*-Bestände,
7 Erlenbruch.

6. *Der Zonations- und Mosaikkomplex des Teufelsbruchs*

Das Teufelsbruch kann grob in einem Flachmoorkomplex, einen Zwischenmoor- und einen Hochmoorkomplex gegliedert werden (vgl. Abb. 8). Der Flachmoorkomplex umfaßt die Gesellschaften des Nymphaeetum minoris, Cladietum marisci, Caricetum elatae sowie einige Bruchwaldtypen. Dazu kommen in den Schlenken das Caricetum elatae, das *Utricularia vulgaris*-Stadium sowie Initialphasen des Scorpidio-Utricularietum und gewisse Bestände des Caricetum lasiocarpae. Der Mosaikkomplex ist in Abbildung 10 dargestellt.

Der Zwischenmoorkomplex wird vom Rhynchosporetum, bestimmten Subassoziationen des Caricetum lasiocarpae sowie den verschiedenen *Sphagnum*-

Abb. 10. Vegetationsmosaik im Flachmoorkomplex des Teufelsbruches:

1 Nymphaeetum minoris,
2 *Utricularia vulgaris*-Schlenke,
3 Scorpidio-Utricularietum, *Chara*-Subass.,
4 Cladietum marisci,
5 Caricetum elatae.

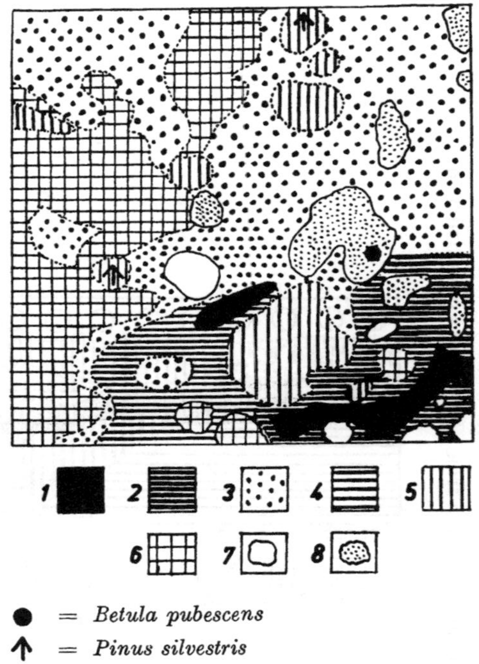

Abb. 11. Vegetationsmosaik im Zwischenmoorkomplex des Teufelsbruches:

1 Scorpidio-Utricularietum, *Sphagnum*-Subass.,
2 Rhynchosporetum albae,
3 *Sphagnum auriculatum*-Stadium,
4 Caricetum lasiocarpae,
5 *Sphagnum plumulosum*-Stadium,
6 *Sphagnum subbicolor*-Stadium,
7 *Carex elata*-Horste,
8 *Molinia*-Horste.

Schlenken (*Sphagnum auriculatum-Sphagnum plumulosum-Sphagnum subbicolor*-Stadium) aufgebaut. Einen Eindruck vom Gesellschaftsmosaik vermittelt die Abbildung 11.

Zum Hochmoorkomplex rechnen wir das *Sphagnum subbicolor-Rhynchospora alba*-Stadium, das Eriophoro-Sphagnetum recurvi, die Bultgesellschaften: Sphagnetum magellanici und Sphagnetum fusci sowie das Ledo-Pinetum. Die räumliche Verzahnung dieses Komplexes ist in Abbildung 12 dargestellt.

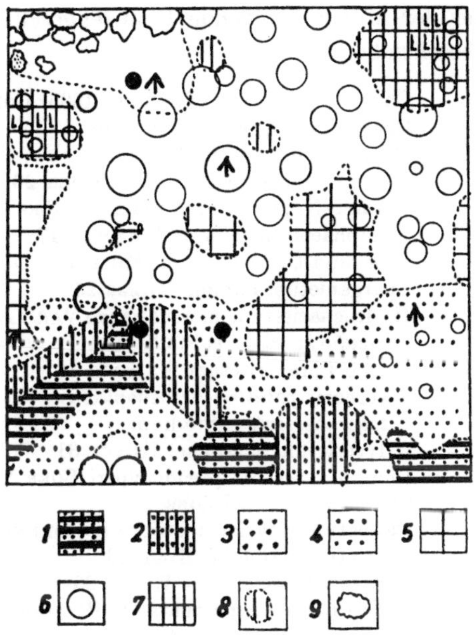

↑ = *Pinus silvestris*
● = *Betula pubescens*
L = *Ledum palustre*

Abb. 12. Vegetationsmosaik im Hochmoorkomplex des Teufelsbruches:
1 *Rhynchospora alba* und *Sphagnum cuspidatum*,
2 *Rhynchospora alba* und *Sphagnum subbicolor*,
3 *Rhynchospora alba* und *Sphagnum recurvum*,
4 *Rhynchospora alba* und *Sphagnum magellanicum*,
5 Sphagnetum magellanici,
6 Eriophoro-Sphagnetum recurvi,
7 Sphagnetum fusci,
8 *Polytrichum strictum*-Bulte,
9 *Molinia*-Horste.

Das Teufelsbruch ist ein weitgehend ausgetorftes Moor. Wie weit der Hochmoorkomplex ursprünglich reichte, ist schwierig festzustellen. Heute beschränkt er sich auf das Zentrum des Moores. Bei allen Gesellschaften des Teufelsbruches handelt es sich um Regenerationsstadien, wie hier nochmals ausdrücklich betont sei.

F. Zusammenfassung

Auf Grund von annähernd 400 Vegetationsaufnahmen werden aus dem Naturschutzgebiet „Ostufer der Müritz" folgende Pflanzengesellschaften der Sümpfe und Gewässer kurz beschrieben[1]):

(Charion ?)	Charetum asperae (KLEBAHN 1895) CORILLION 57
	Charo-Nitellopsidetum obtusae
Potamion	Potametum lucentis HUECK 31
Nymphaeion	Myriophyllo-Nupharetum W. KOCH 26
	Potamo-Nupharetum MÜLLER & GÖRS 60
	Nymphaeetum minoris VOLLMAR 47
Scorpidio-Utricularion	Scorpidio-Utricularietum MÜLLER & GÖRS 60
	Sparganietum minimi SCHAAF 25
Lemnion	Hydrocharitetum morsus-ranae VAN LANGENDONCK 35
	Utricularia vulgaris-Stadium
Phragmition	Scirpo-Phragmitetum W. KOCH 26
	Eleocharis palustris-Schoenoplectus tabernaemontani-Stadium
	(Glycerietum maximae) HUECK 31
	Cicuto-Caricetum pseudocyperi BOER & SISSING 42
Magnocaricion	Cladietum marisci ZOBR. 35
	Caricetum ripariae-acutiformis KOBENDZA 30
	Caricetum elatae W. KOCH 26
	Caricetum paniculatae WANG. 26
	Caricetum appropinquatae v. ROCHOW 51
	Lysimachia thyrsiflora-Carex rostrata-Ges. (TX. 37)
	Juncus subnodulosus-Ges.
Rhynchosporion	Rhynchosporetum albae W. KOCH 26 (und *Sphagnum auriculatum*-, *Sphagnum plumulosum*- und *Sphagnum subbicolor*-Stadium)
Eriophorion gracilis	Caricetum lasiocarpae W. KOCH 26
Caricion canescentis-fuscae	Carici-Agrostidetum caninae TX. 37
Caricion davallianae	*Pinguicula vulgaris-Eleocharis pauciflora*-Ges.
	Schoenetum nigricantis W. KOCH 26
Sphagnion fusci	*Sphagnum subbicolor-Rhynchospora alba*-Stadium
	Eriophoro-Sphagnetum recurvi HUECK
	Sphagnetum magellanici KÄSTN. et coll. 33
	Sphagnetum fusci LUQU. 26

Wir hoffen mit dieser Arbeit nachgewiesen zu haben, daß das Naturschutzgebiet „Ostufer der Müritz" nicht nur eine bedeutendes Tierschutzgebiet ist (vgl. URBAHN 1962, SCHRÖDER 1962), sondern auch in vegetationskundlicher Hinsicht eines strengen Schutzes würdig ist. Das gilt besonders auch hinsichtlich der Einrichtung eines Systems von Gewässer- und Moorschutzgebieten in der DDR.

[1]) Die Zuordnung der Verbände erfolgt nach OBERDORFER (1957) bzw. MÜLLER & GÖRS (1960).

G. Literatur

Balátová-Tuláčková, E. & A. Zapletal, 1959: Der zweite Beitrag zur Typologie der Wiesen in Schlesien. Přír. Cas. Slesky **20** (4).

Bauch, G., 1956: Norddeutsche, „fischereilich eutrophe" Flachseen. Z. Fischerei N.F. **5**.

Braun-Blanquet, J., 1929/1951: Pflanzensoziologie. Wien.

Deppe, A. J. & H. Prill, 1958: Ein Beitrag zur Geschichte der Müritz. Arch. Nat. Mecklenburg **4**.

Donselaar, J. van, 1961: On the vegetation of the former River Beds in the Netherlands. Wentia **5**.

du Rietz, E., 1930: Vegetationsforschung auf sozionsanalytischer Grundlage. In Abderhalden, Handb. biol. Arbeitsmeth., Abt. 9, **5**, 293–480.

Fischer, W., 1960: Pflanzengesellschaften der Heiden und oligotrophen Moore der Prignitz. Wiss. Z. Päd. Hochsch. Math.-Nat. R. Potsdam **6** (1/2).

Freitag, H., 1962: Flora und Vegetation des Stechlin-Sees. (Vorläufige Mitteilung). Mitt. flor.-soz. Arbeitsgem., N.F. **9**.

Freitag, H., Chr. Markus & J. Schwippel, 1958: Die Wasser- und Sumpfpflanzengesellschaften im Magdeburger Urstromtal südlich des Fläming. Wiss. Z. Päd. Hochsch. Potsdam, Math.-Nat. R. **4**.

Fukarek, F., 1961: Die Vegetation des Darß und ihre Geschichte. Pflanzensoziologie **12**, Jena.

Gams, H., 1957: Kleine Kryptogamenflora von Mitteleuropa. IV. Band. Moos- und Farnpflanzen. Stuttgart.

Gams, H. & S. Ruoff, 1929: Geschichte, Aufbau und Pflanzendecke des Zehlaubruches. Schr. Phys. ökonom. Ges. Königsberg **56**.

Geinitz, E., 1922: Geologie Mecklenburgs. Rostock.

Görs, S., 1961: Das Pfrunger Ried. Veröff. Landesst. Natursch. Baden-Württemberg **27/28**.

Hobusch, E., 1960: Hat sich der Wasserspiegel der Müritz verändert? Natur und Heimat **9** (5).

Hueck, K., 1925: Vegetationsstudien auf brandenburgischen Hochmooren. Beitr. Naturdenkmalpfl. **10**.

– 1929: Die Vegetation und Entwicklungsgeschichte des Hochmoores am Plötzendiebel (Uckermark). Beitr. Naturdenkmalpfl. **13**.

– 1931: Erläuterungen zur vegetationskundlichen Karte des Endmoränengebietes von Chorin. Beitr. Naturdenkmalpfl. **14** (2).

Ilschner, G., 1959: Die Pflanzengesellschaften des Wurzacher Riedes. Diss. Tübingen.

Jahns, W., 1962: Zur Kenntnis der Pflanzengesellschaften des Großen und Weißen Moores bei Kirchwalsede. Mitt. flor.-soz. Arbeitsgem. N.F. **9**.

Jensen, N., 1952: Die Moosflora von Schleswig-Holstein. Mitt. Arbeitsgem. Flor. Schleswig-Holstein und Hamburg **4**.

Jeschke, L., 1959: Pflanzengesellschaften einiger Seen bei Feldberg (Mecklenburg). Feddes Rep., Beih. **138**.

– 1961: Die Vegetation des Naturschutzgebietes „Mümmelken-Moor". Arch. Natursch. Landschaftsforsch. **1** (1).

– 1962a: Die Vegetation der Stubnitz (NSG Jasmund) auf der Insel Rügen. Diss. Greifswald.

– 1962b: Zur Flora des Naturschutzgebietes „Ostufer der Müritz". In: Beiträge zur Erforschung Mecklenburgischer Naturschutzgebiete I. Greifswald.

– 1963: Zur Pflanzengeographie und Vegetation Mecklenburgs. In: Atlas der Bezirke Rostock, Schwerin und Neubrandenburg. Schwerin.

KÄSTNER, M. & W. FLÖSSNER, 1933: Die Pflanzengesellschaften der erzgebirgischen Moore. Veröff. Landesver. sächs. Heimatsch. 2. Teil, Dresden.
KLIEWE, H., 1951: Die Klimaregionen Mecklenburgs. Diss. Greifswald.
Klimaatlas für das Gebiet der DDR. Herausg. Meteorol. und Hydrol. Dienst der DDR, 1953. Berlin.
KOCH, W., 1926: Die Vegetationseinheiten der Linthebene. Jahrb. St. Gall. Naturw. Ges. **61**.
KRISAI, R., 1960: Pflanzengesellschaften aus dem Ibner Moor. Jahrb. Oberösterr. Musealverein **105**.
KNAPP, R. & H. C. THIELE, 1953: Über Mollusken- und Pflanzengesellschaften in Kalksümpfen. Arch. Hydrobiol. **48**.
KOVÁCS, M., 1962: Die Moorwiesen Ungarns. Die Vegetation ungarischer Landschaften, Bd. **3**. Budapest.
KUHN, L., 1954: Die Verlandungsgesellschaften des Federseerieds bei Buchau in Oberschwaben. Diss. Tübingen.
KULOZYNSKI, S., 1949: Peat bogs of Polesie. Mém. Acad. Polon. Sci. Lettr. Cracovie.
LIBBERT, W., 1932: Die Vegetationseinheiten der neumärkischen Staubeckenlandschaft. 1. Teil. Verh. bot. Ver. Brandenbg. **74** (1).
— 1933: Die Vegetationseinheiten der neumärkischen Staubeckenlandschaft. 2. Teil. Verh. bot. Ver. Brandenbg. **74** (2).
MEUSEL, H., 1960: Verbreitungskarten mitteldeutscher Leitpflanzen, 9. Reihe. Wiss. Z. Univ. Halle, Math.-Nat. R. **9** (1).
MIYAWAKI, A. & J. TÜXEN, 1960: Über Lemnetea-Gesellschaften in Europa und Japan. Mitt. flor.-soz. Arbeitsgem., N.F. **8**.
MÜLLER, TH., 1962: Die Fluthahnenfußgesellschaften unserer Fließgewässer. Veröff. Landesst. Natursch. Baden-Württemberg **30**.
MÜLLER, TH. & S. GÖRS, 1960: Pflanzengesellschaften stehender Gewässer in Baden-Württemberg. Beitr. naturk. Forsch. SW-Deutschl. **19** (1).
OBERDORFER, E., 1949: Pflanzensoziologische Exkursionsflora. Ludwigsburg.
— 1957: Süddeutsche Pflanzengesellschaften. Pflanzensoziologie **10**. Jena.
OLSEN, S., 1944: Danish Charophyta. Kgl. Danske Vidensk. Selsk., Biol. Skrifter **3** (1).
OSVALD, H., 1923: Die Vegetation des Hochmoores Komosse. Svenska växtsociol. Sällsk. Handl. **1**.
PASSARGE, H., 1959: Pflanzengesellschaften zwischen Trebel, Grenz-Bach und Peene (O-Mecklenburg). Feddes Rep., Beih. **138**.
— 1961: Beobachtungen über Pflanzengesellschaften der Moore im Bezirk Gdansk (Danzig). Feddes Rep., Beih. **139**.
— 1962: Ein bemerkenswertes Heidegebiet im Kreis Hagenow. Naturschutzarb. in Mecklenburg **5** (1/2).
PFEIFER, H., 1961: Soziologische Stellung, Gesellschaftshaushalt und Entwicklung des gefährdeten Cladietum marisci. Feddes Rep., Beih. **139**.
Reichsamt für Wetterdienst: Klimakunde des Deutschen Reiches. II. **1939**. Berlin.
ROCHOW, M. v., 1951: Die Pflanzengesellschaften des Kaierstuhles. Pflanzensoziologie **8**. Jena.
ROTHMALER, W., 1961: Exkursionsflora von Deutschland. Berlin.
SCAMONI, A., 1960: Waldgesellschaften und Waldstandorte. Berlin.
SCHLÜTER, H., 1957: Das Naturschutzgebiet Strausberg. Feddes Rep., Beih. **135**.
SCHMIDT, H., 1962a: Zur Geologie und Morphologie des Naturschutzgebietes „Ostufer der Müritz". In: Beiträge zur Erforschung Mecklenburgischer Naturschutzgebiete I. Greifswald.
— 1962b: Ein Beitrag zur Hydrographie des Naturschutzgebietes „Ostufer der Müritz". In: Beiträge zur Erforschung Mecklenburgischer Naturschutzgebiete I. Greifswald.
SCHRÖDER, H., 1962: Über die Vogelwelt im Naturschutzgebiet „Ostufer der Müritz". In: Beiträge zur Erforschung Mecklenburgischer Naturschutzgebiete I. Greifswald.

SCHWICKERATH, M., 1940: Aufbau und Gliederung der europäischen Hochmoorgesellschaften. Bot. Jahrb. **71** (2).
SIMON, T., 1960: Die Vegetation der Moore in den Naturschutzgebieten des nördlichen Alföld. Acta Bot. Hung. Acad. Sci. **6** (1/2).
SOÓ, R. v., 1957: Systematische Übersicht der pannonischen Pflanzengesellschaften I. Acta Bot. Hung. Acad. Sci. **3** (3/4).
STEFFEN, H., 1931: Vegetationskunde von Ostpreußen. Pflanzensoziologie **1**. Jena.
STEUSLOFF, V., 1905: Torf und Wiesenkalkablagerungen im Rederang und Moorseebecken. Arch. Nat. Mecklenburg.
TÜXEN, R., 1937: Die Pflanzengesellschaften Norddeutschlands. Mitt. flor.-soz. Arbeitsgem. **3**.
— 1953: *Sagittaria sagittifolia-Sparganium simplex*-Ass. Mitt. flor.-soz. Arbeitsgem., N.F. **4**.
URBAHN, E., 1962: Die Falterwelt im Naturschutzgebiet „Ostufer der Müritz". In: Beiträge zur Erforschung Mecklenburgischer Naturschutzgebiete I. Greifswald.
VOLLMAR, F., 1947: Die Pflanzengesellschaften des Murnauer Moores. Ber. Bayer. Bot. Ges. **27**.

Nachtrag

Während der Drucklegung der Arbeit erhielt der Verfasser durch einen Hinweis von Herrn Dr. H.-D. KRAUSCH, Potsdam, Kenntnis von der grundlegenden Characeen-Arbeit CORILLIONS [Bull. Soc. sci. Bretagne **32** (1957), 1—499]; ebenso wurde ihm DAMBSKAS Arbeit [Pozn. Towarz. Pryjaciol. Nauk, Pr. Biologicnej **23** (1961)] auch leider erst nach Abschluß dieser Arbeit zugänglich. Beide Veröffentlichungen konnten daher bei der Darstellung der Characeen-Gesellschaften im NSG „Ostufer der Müritz" nicht berücksichtigt werden.

Es wären nunmehr, wie mir auch Herr Dr. KRAUSCH riet, die Aufnahmen 5 und 6 der Tabelle 1 sowie die Aufnahmen 1 bis 3 der Tabelle 2 (S. 482) zu einem Charetum tomentosae (SAUER 37) CORILLION 57 zu vereinigen. In der Tabelle 2 verbleiben dann die Aufnahmen des Nitellopsidetum obtusae (SAUER 37) DAMBSKA 61.

Schließlich sei auf die Arbeiten von M. JASNOWSKI [Fragm. Flor. et Geobot. **6** (1960) und Badania Ficjogr. Polska Zachodnia **10** (1962)] verwiesen, die ebenfalls nicht mehr verwendet werden konnten.

Anschrift des Verfassers:
Dr. rer. nat. LEBRECHT JESCHKE
Greifswald, Goethestraße 11

Limnologica (Berlin)	1	5	1963	547–560

Buchbesprechungen

Beiträge zur Meereskunde. Herausgegeben von ERICH BRUNS. Berlin: Akademie-Verlag.

Herausgeber der neuen Schriftenreihe ist der Direktor des Instituts für Meereskunde in Rostock-Warnemünde, das 1960 aus dem Verband des Seehydrographischen Dienstes der DDR ausgeschieden ist und seitdem als Forschungsinstitut der Forschungsgemeinschaft der naturwissenschaftlichen, technischen und medizinischen Institute der Deutschen Akademie der Wissenschaften zu Berlin arbeitet. In seinem Geleitwort weist der Herausgeber darauf hin, daß die in der ganzen Welt zu beobachtende Erweiterung auf dem Gebiet der Ozean- und Meereskunde, die nicht zuletzt durch die internationale Zusammenarbeit während des Internationalen Geophysikalischen Jahres 1957/58 intensiviert wurde, eine Konzentrierung der umfangreichen Veröffentlichungen in besonderen Publikationsorganen erfordert, wie sie von den meereskundlichen Institutionen mancher Länder bereits seit geraumer Zeit herausgegeben werden. Die neue Schriftenreihe, die nach Bedarf in unregelmäßigen Abständen erscheint, ist in gewisser Hinsicht eine Fortführung der in den Jahren 1951 bis 1958 mit neun Heften erschienenen „Annalen für Hydrographie" des Seehydrographischen Dienstes der DDR.

Heft 1 (1961). 63 S., 12 Abb., 3 Kartenbeilagen, brosch. DM 12,—. E. BRUNS berichtet über das Zustandekommen, die Thematik und den Verlauf der 7 Fahrten des auf der Neptun-Werft in Rostock erbauten und mit 5960 Wasserverdrängungstonnen größten sowjetischen Forschungsschiffes „Michail Lomonossow" in den Jahren 1957 bis 1960. An 6 dieser Fahrten im Nord- und Südatlantik nahm jeweils auch eine Arbeitsgruppe des Instituts für Meeresforschung in Warnemünde teil. G. SAGER gibt für das Gebiet der Nordsee, des Englischen Kanals und der Irischen See eine Karte der Maximalwerte der Gezeitenströme zur mittleren Springzeit mit ausführlichen Erläuterungen. O. KOLP und C. ENZENROSS berichten über einige Laborerfahrungen bei der Kennzeichnung von Meersand mit lumineszenten Farbstoffen, die für die Erkundung der untermeerischen Sandumlagerung von Interesse ist. G. WOLF schließt aus den Ergebnissen einer Terminfahrt der Forschungsschiffe „Joh. L. Krüger" und „F. C. Gauß" in der westlichen Ostsee während einer Einstromperiode im November 1953, daß das salzreiche Tiefenwasser nur während der vorangegangenen Ausstromlage zum Arkonabecken vorgedrungen sein kann; durch den Coriolis-Effekt bewirkte Besonderheiten dieser Bewegungsvorgänge werden besprochen. D. BÖHL entwickelt in Ergänzung einer 1957 in den „Annalen für Hydrographie" erschienenen Arbeit von G. SAGER über die Methode der Fix- und Schleppelektroden als neuen Weg in der Messung von Meeresströmungen den allgemeinen funktionellen Zusammenhang zwischen den Widerständen der Meßanordnung, den zwischen den Elektroden strömenden Wassermassen und den Rückleitungen unter Berücksichtigung der dort induzierten Spannungen. Strömungsmessungen, die von der deutschen Gruppe an Bord der „M. Lomonossow" auf einer atlantischen Ankerstation am Äquator auf 30° im Mai 1959 durchgeführt wurden, ergaben in den oberen 200 m eine entgegen der allgemeinen Ansicht nach Ost setzende kräftige Strömung, von der K. VOIGT annimmt, daß es sich um eine meist als Unterstrom ausgebildete Gegenströmung im Südäquatorialstrom handelt, wie sie in jüngster Zeit von amerikanischer Seite bereits im Pazifik entdeckt und untersucht wurde. Rezensionen des Buches von G. SAGER „Gezeiten und Schiffahrt" sowie des von E. BRUNS neubearbeiteten, ergänzten und in deutscher Sprache herausgegebenen Werkes von W. W. SCHULEJKIN „Theorie der Meereswellen" beschließen das Heft.

Heft 2/3 (1961). 112 S., 53 Abb., brosch. DM 22,50. Das Heft ist Professor Dr.-Ing. habil. Erich Bruns zu seinem 60. Geburtstag gewidmet. Die dem Heft vorangestellte Widmung seiner Mitarbeiter schildert den Werdegang und die bisherige wissenschaftliche Leistung des Gefeierten, dessen bisher 41 Titel umfassende Veröffentlichungen am Schluß des Heftes zusammengestellt sind. G. Sager veröffentlicht zu der bekannten Karte der Linien gleichen Springtidenhubs für die Nordsee, den Ärmelkanal und die Irische See ergänzende Daten, die den mittleren Tidenhub zur Nippzeit und zu beliebigen anderen Zeitpunkten abzuschätzen gestatten. G. Wolf berichtet über Farbmessungen nach dem Spektralverfahren mit dem Pulfrich-Photometer, das sich in besonderem Maße für optische Serienuntersuchungen an Bord eignet. R. Helm beschreibt drei neue Strömungsmeßgeräte des Instituts für Meereskunde, ein selbstregistrierendes Gerät mit rein mechanischem Registrierwerk für 4 Stunden Meßdauer im Bereich von 4 cm/sec bis 200 cm/sec, einen selbstregistrierenden Serienströmungsmesser für Bojenstationen bis 100 m Wassertiefe bei einer maximalen Auslegezeit von 14 Tagen und einen fernregistrierenden Strömungsmesser für den Meßbereich von 2 cm/sec bis 100 cm/sec mit optisch-elektrischem Meßprinzip und einer maximalen Registrierdauer von 25 Stunden. E. Werner beschreibt den Aufbau eines neuartigen Meßgeräts zur kontinuierlichen Erfassung von Salzgehalt, Temperatur und Tiefe, das erstmalig 1958 während einer Atlantikexpedition erfolgreich eingesetzt wurde. K. Voigt beschreibt den fernregistrierenden Hochseepegel des Warnemünder Instituts und teilt Erfahrungen bei seiner Erprobung in der Ostsee mit. Das Gerät arbeitet nach dem Prinzip einer Druckwaage und hat eine Ansprechempfindlichkeit von 3 bis 4 mm, so daß bei Kenntnis des Verlaufs der vertikalen Dichteverteilung im Seewasser und des Luftdrucks die Meßgenauigkeit $\pm$ 1 cm beträgt. P. Hupfer teilt die Ergebnisse einer Untersuchungsfahrt im Juli 1957 mit, bei der auf der Linie Arkona-Becken—Landorttief (tiefste Stelle der Ostsee) an 12 Stationen eines Längsprofils durch die Ostsee die Vertikalverteilung der hydrographischen Faktoren ermittelt wurde. Die wiedergegebenen Vertikalschnitte für Wassertemperatur (mit Deckblatt der Strömungsverhältnisse), Salzgehalt und Sauerstoffsättigung ergänzen ähnliche Untersuchungen von Wattenberg und Wüst. D. Böhl untersucht in Hinblick auf die Untertafelung astronomischer Ephemeriden, welche Fehler auftreten, wenn eine quadratische Interpolation durch eine stückweise lineare ersetzt wird; sämtliche Möglichkeiten der näherungsweisen Darstellung einer Funktion durch zwei oder drei Geradenstücke werden diskutiert und die optimalen Steigungskoeffizienten der einzelnen Geradenstücke angegeben. K.-H. Till beschreibt Aufbau und Wirkungsweise des „Seemagnetographs", eines neuen Schleppgeräts zur Messung der horizontalen und vertikalen Komponente des erdmagnetischen Feldes auf See, das nach dem Prinzip der Messung magnetischer Felder mit Hilfe von Saturationskernsonden arbeitet.

Heft 4 (1961). 55 S., 17 Abb. im Text und auf 1 Beilage, brosch. DM 13,20. Den Hauptinhalt des Heftes bildet die Dissertation von G. Sager über die numerische Bestimmung des Einflusses periodischer Wasserstandsstörungen auf Registrierpegel. Nach einem Überblick über die historische Entwicklung der Schachtpegel seit den frühesten überlieferten Anlagen (Nilometer von Kairo im alten Ägypten!) wird auf die neueren Geräte eingegangen, deren jüngste Entwicklung der Differential-Pegel ist, der als System gekoppelter Pegel mit unterschiedlicher Dämpfung neben der eigentlichen Wasserstandskurve gesondert auch die Seiches verzeichnet. Mit den Einzelheiten des Problems der Dämpfung befaßt man sich erst seit der Jahrhundertwende; die neueren Arbeiten zur Bestimmung der Dämpfung bzw. des Durchmessers des Verbindungsrohrs zwischen Außenwasser und Pegelschacht werden diskutiert. In Anlehnung an eine frühere Arbeit des Verfassers werden der Fall eines einmaligen Ausgleichs des inneren an den äußeren Wasserstand, eine lineare Störung und eine periodische Störung des äußeren Wasserstandes untersucht und im Ergebnis die Formel von Balay korrigiert. Im Hauptteil der Arbeit wird die Berechnung des Innenwasserspiegels bei periodischer äußerer Störung auf verschiedene Amplituden, Perioden und Dämpfungsverhältnisse ausgedehnt. Die Ergebnisse werden in Tabellen und Kurven dargestellt, bei deren Interpretation die Tatsache des gleichen inneren Verhaltens bei konstantem Produkt aus Dämpfung und Periode der Störung von erstrangiger Bedeutung ist.

E. BRUNS gedenkt in Nachrufen der im Jahre 1961 verstorbenen Meereskundler G. SCHOTT (Hamburg) und J. W. PREOBRASCHENSKIJ (Leningrad) und bespricht das in polnischer Sprache erschienene Buch „Ozeanografia dla Marnarzi" (Ozeanographie für Nautiker) von K. ZAGRODZKI. SCHRÄDER

HEINRICH WALTER: Die Vegetation der Erde in ökologischer Betrachtung. Bd. I: Die tropischen und subtropischen Zonen. Jena: VEB Gustav Fischer Verlag 1962. XV + 538 S., 393 Abb., 106 Tab., 9 Taf. Lw. DM 68,10.

Seit dem Erscheinen der letzten größeren ökologischen Pflanzengeographie in deutscher Sprache, der von FABER bearbeiteten 3. Auflage des SCHIMPER, haben Ökologie und Vegetationskunde einen großen Aufschwung genommen und eine Fülle von Material aus vielen Teilen der Erde erbracht. Eine erneute Gesamtübersicht war daher geboten. Diese Aufgabe wurde von HEINRICH WALTER übernommen, der durch seine führende Rolle in der ökologisch-pflanzengeographischen Forschung wie auch durch seine weltweiten Forschungsreisen wie kein anderer dazu berufen war, diese gewiß nicht leichte Arbeit zu leisten. Von seiner auf 2 Bände berechneten „Vegetation der Erde in ökologischer Betrachtung" liegt nunmehr der erste Band vor, der die tropischen und subtropischen Zonen umfaßt. Ein zweiter Band wird die gemäßigten und arktischen Zonen behandeln, und als Fortsetzung ist schließlich noch eine Anzahl von Vegetationsmonographien der einzelnen Großräume und Weltmeere vorgesehen.

In der Einleitung des ersten Bandes wird zunächst kurz auf die der Darstellung zugrunde liegenden Prinzipien der Vegetationsgliederung und -Darstellung eingegangen. Hinsichtlich der Pflanzengesellschaften schließt sich WALTER weder der eigentlichen Pflanzensoziologie noch einer entgegengesetzten Richtung an, welche die Pflanzendecke als ein aus dauernd wechselnden, nicht oder nur schwer abgrenzbaren Kombinationen aufgebautes Kontinuum betrachtet; er versucht vielmehr einen Mittelweg zu gehen. Für das Zustandekommen von Pflanzengesellschaften wird dem Wettbewerb eine große Rolle zugesprochen. Das Klima bedingt eine Zonierung der Vegetation; zur Charakterisierung der für die Vegetation entscheidenden Klimaverhältnisse dienen die von WALTER selbst entwickelten Klimadiagramme, die hier noch einmal erläutert und dann im Text weitgehend herangezogen werden.

Indem WALTER die in Nordamerika begründete und dort auch heute noch in großem Umfange vertretene Sukzessionslehre ablehnt, kommt er zugleich zu einer Ablehnung des aus dieser Lehre hervorgegangenen Klimaxbegriffes. Statt dessen verwendet er die aus der russischen pflanzengeographischen Literatur übernommenen Begriffe der zonalen, azonalen und extrazonalen Vegetation. Zwar gebraucht WALTER diese Begriffe in seinen einschlägigen Arbeiten schon des längeren und hat auch erst vor einigen Jahren dazu eingehend Stellung genommen; doch ist eine Klärung und weitgehende Abstimmung in diesen Fragen bisher noch nicht erfolgt, so daß die Diskussion hierüber wohl noch nicht als abgeschlossen gelten kann.

Im Hauptteil des Buches werden sodann in jeweils eigenen Abschnitten der tropische Regenwald, andere Vegetationstypen der immerfeuchten tropischen Zone, die tropischen halbimmergrünen und regengrünen Wälder, die natürlichen Savannen und die Vegetation der subtropischen ariden Gebiete behandelt. Die Darstellung der letzteren nimmt, entsprechend den speziellen Interessen des Verfassers, einen besonders großen Raum ein und es werden hier nicht nur allgemeine Ausführungen über die Vegetation der subtropischen ariden Gebiete, sondern auch spezielle Darstellungen der wichtigsten Wüstengebiete der Erde geboten (Sonora-Wüste, Namib-Nebelwüste, Chilenisch-peruanische Küstenwüste, Karroo, Trockengebiete Zentral-Australiens, Sahara und Ägyptisch-arabische Wüste).

Entsprechend dem Titel des Buches liegt der Schwerpunkt der Darstellung auf der Betrachtung der ökologischen Verhältnisse der Pflanzengemeinschaften und Einzelpflanzen in den einzelnen Vegetationsgebieten. Die Vegetation selbst wird jeweils nur kurz umrissen und findet nur dort eine breitere Darstellung, wo es zum Verständnis ökologischer Zusammenhänge erforderlich ist; eine eingehendere Behandlung der Vegetationseinheiten ist offenbar den geplanten Vegetationsmonographien der einzelnen Großräume zugedacht worden. Bei der Darstellung der ökologischen Verhältnisse stehen die für das Pflanzenwachstum entscheidenden Wasser- und Temperaturfaktoren naturgemäß im Vordergrund. Angesichts der Fülle des ausgebreiteten Materials kann auf Einzelheiten hier nicht eingegangen werden. Die umfangreiche Verwendung bisher unveröffentlichten Untersuchungsmaterials hebt das Werk über eine rein zusammenfassende Darstellung der bisherigen Veröffentlichungen hinaus und verleiht ihm besondere Originalität. Nicht alle Vegetationsgebiete und -Typen der Tropen und Subtropen freilich konnten in gleicher Ausführlichkeit behandelt werden, da die Intensität der bisherigen ökologischen Durchforschung dieser Gebiete zu unterschiedlich ist. So bleibt vorerst eine gewisse Unausgewogenheit zwischen den einzelnen Abschnitten unvermeidlich, was u. a. auch in der schon erwähnten stärkeren Berücksichtigung der Wüstengebiete zum Ausdruck kommt.

Die hier besonders interessierende Wasser- und Sumpfvegetation erfährt daher auch nur eine relativ knappe Behandlung, die jedoch insofern in Kauf genommen werden kann, als hierüber umfangreiche neuere Untersuchungen von F. Gessner vorliegen, auf die Walter selbst ausdrücklich verweist. Die Wasserpflanzengesellschaften der tropischen Gebiete sind durch das Auftreten zahlreicher thermophiler Elemente deutlich von denen der gemäßigten Zonen geschieden; doch bestehen im Gegensatz zu den Pflanzengesellschaften trockener Standorte manche Gemeinsamkeiten durch das Vorkommen einer Reihe weltweit verbreiteter Kosmopoliten wie *Ceratophyllum demersum*, verschiedener *Myriophyllum*-, *Potamogeton*- und *Lemna*-Arten, *Typha*, *Cladium*, *Phragmites* und *Sagittaria*. Wie bei uns gibt es in den Tropen an den Flüssen Überschwemmungswälder, die in ihrer Ökologie unseren Auenwäldern, und auf Naßstandorten Sumpfwälder, die unseren Bruchwäldern entsprechen, jedoch beide floristisch völlig anders zusammengesetzt sind. Wegen ihrer Unzugänglichkeit sind sie bisher noch wenig bekannt. Ohne Gegenstück in den gemäßigten Zonen sind dagegen die Mangroven, Saumwälder an den Meeresküsten, die hinsichtlich ihrer Ökologie besonders interessant sind und bei Walter daher eine relativ umfangreiche Darstellung finden. Sie gedeihen nur an geschützten Stellen hinter Riffen und Inseln oder an Flußmündungen. An den offenen Meeresküsten der Tropen ist meist ein breiter Sandstrand mit Dünen und einer in den Tropen weit verbreiteten Strand- und Dünenvegetation ausgebildet. In den Trocken- und Wüstengebieten treten glykische Wasser- und Sumpfpflanzengesellschaften naturgemäß stark zurück. In den Wasserbecken der Sahara-Oasen mit salzarmem Wasser findet sich eine weitgehend gleichmäßige Vegetation mit vielen auch in Mitteleuropa vorkommenden Arten wie *Potamogeton, Ceratophyllum, Utricularia, Lemna, Typha, Phragmites* und *Scirpus*. Sonst sind die Naß- und Feuchtstandorte der Trockengebiete meist versalzen und tragen eine Halophytenvegetation.

Von den mannigfachen Begriffsbestimmungen und -Klärungen möchten wir hier nur die Bemühungen des Verfassers um die Klärung der Begriffe „Steppe“ und „Savanne“ anführen, die in der bisherigen namentlich geographischen Literatur recht uneinheitlich waren. Der auf eine russische Bezeichnung zurückgehende Begriff „Steppe“ wird den Grasländern der außertropischen Zonen vorbehalten; baumfreie Grasbestände in den Randgebieten der tropischen und subtropischen Wüsten sollen zweckmäßig als „Grasland“ bezeichnet werden. Unter „Savanne“ versteht Walter in Übereinstimmung mit Schimper und Drude „die natürliche, homogene zonale Vegetation der tropischen Sommerregenzone mit einer geschlossenen Grasschicht und darin gleichmäßig verteilten Holzpflanzen (Sträucher und Bäume)“.

Die hervorragende Ausstattung des Buches mit zahlreichen eindrucksvollen Fotos, darunter 19 technisch gut wiedergegebenen Farbaufnahmen, sowie vielen Zeichnungen, Karten und Diagrammen verdient besonders hervorgehoben zu werden. Die heutige Situation erfordert es auch, sowohl dem VEB Gustav Fischer Verlag in Jena als auch dem in Stuttgart-Hohenheim tätigen Verfasser besonderen Dank zu sagen für die Veröffentlichung eben an dieser Stelle, wodurch allen deutschen Botanikern die Anschaffung dieses Werkes ermöglicht wird.

Abschließend ist festzustellen, daß die „Vegetation der Erde in ökologischer Betrachtung“ zweifellos zu den Standardwerken der Pflanzengeographie gehört. Wir müssen es als einen glücklichen Umstand ansehen, daß es dem Verfasser möglich war, seine umfangreichen Kenntnisse und weltweiten Beobachtungen in diesem Werke zusammenfassend niederzulegen. Den weiteren Bänden sieht man mit großer Erwartung entgegen.

KRAUSCH

HORST ANDREAE: Hydrometrische Verfahren und Fernmeßgeräte, ihre Aufgaben im Dienste der Landeskultur. Berlin: VEB Deutscher Verlag der Wissenschaften 1961. XVI + 96 S., 34 Abb., geb. DM 14,70.

Die vom gleichen Verfasser 1959 erschienene Schrift „Grundwassermessungen, ihre Aufgaben und Verfahren im Dienste der Landeskultur" war schon nach kurzer Zeit vergriffen. Diese Tatsache charakterisiert den großen Mangel an einschlägiger Literatur. Es ist daher begrüßenswert, daß der neue Titel als Teil I den Text der „Grundwassermessungen" wieder enthält. Als Teil II liegt hier die Beschreibung der inzwischen vom Verfasser und mehreren Mitarbeitern am Hydrologischen Institut der Humboldt-Universität zu Berlin neuentwickelten bzw. weiterentwickelten Geräte vor.

Zunächst muß zur Klarstellung gesagt werden, daß der Titel „Hydrometrische Verfahren" umfangreicher erscheint als das tatsächlich Gebotene; denn die geschilderten Verfahren sind ausschließlich Neuentwicklungen des Verfassers und seiner Mitarbeiter, so daß die herkömmlichen hydrometrischen Verfahren fast nicht behandelt werden. Ebenso liegt das Schwergewicht entsprechend dem früheren Titel auf der Behandlung des Grundwassers. Auch das Literaturverzeichnis spiegelt das einseitig wider, wobei insbesondere die Beziehungen zur Landeskultur zu vermissen sind. Das unbestrittene und anerkennenswerte Verdienst des Verfassers ist es aber, modernste technische Möglichkeiten für die Belange der Hydrologie nutzbar zu machen, nachdem die technische Entwicklung bisher erstaunlicherweise lange Zeit für hydrologische Geräte ungenutzt blieb. So kommt es, daß bisher mit alten, oft unhandlichen Geräten gearbeitet wird, deren geringe Meßgenauigkeit höchstens durch sehr lange Meßreihen überbrückbar ist. Aber diese Methode der Mittelwertbildung scheidet für viele Probleme — und gerade für limnologische Fragestellungen — weitgehend aus. So ist jede Geräteneuentwicklung, die wie die vorliegenden schnellere und exaktere Messungen ermöglicht, nur zu begrüßen. Im Einzelnen handelt es sich um folgende Geräte:

Aus der ersten Veröffentlichung:

1. Elektrisches Temperaturfernmeßverfahren mit automatischer Fernregistrierung,
2. Elektr. Sonde zur Messung des Grundwasserstandes,
3. Elektr. Grundwasserstandsfernmeßgerät und das vollautomatische Grundwasserstandsfernregistriergerät,
4. UKW-Wasserstandsfernregistriergerät,
5. Elektr. Strömungsgeschwindigkeitsmesser,
6. Elektr. Meßgerät zur Feststellung der Fließrichtung und -Geschwindigkeit des Grundwassers.

Die neue Veröffentlichung bietet außer technischen Verbesserungen der bisher genannten Geräte noch folgende Neuentwicklungen:

7. Niederschlagsfernregistriergerät,
8. Grundwasserhandbohrgerät,
9. Einsickerungsregistrierung,
10. Gerät zur Feststellung tiefer Grundwasserstände,
11. Grundwasserstands-Minimalschwankungsmesser.

Auch diese Aufzählung zeigt, wie weit das Schwergewicht der Arbeit dem Grundwasser zugewandt ist, eine Tendenz, die bei der ständig steigenden wirtschaftlichen Bedeutung des Grundwassers verständlich ist. Es zeigt sich aber auch, daß der Verfasser und seine Mitarbeiter bemüht waren, neben neuen modernen Meßgeräten für die herkömmlichen Aufgaben in der Hydrologie gerade völlig neue Geräte zu entwickeln, mit denen bisher undurchführbare Messungen erst ermöglicht werden (z. B. Grundwasserstands-Minimalschwankungsmesser). Bei der zu erwartenden Weiterentwicklung und Vervollkommnung der Geräte wäre auch manche Kombination wünschenswert; beispielsweise würde die Einsickerungsregistrierung durch gleichzeitige Bodentemperaturmessung erheblich an Wert gewinnen. Leider ist die im Buch angekündigte Produktion der Geräte durch den VEB Prüfgerätewerk Medingen bisher wohl nicht erfolgt, so daß die praktischen Bewährungsproben nicht über die Originalgeräte hinausgehen.

Die im Teil II C zur „Situation in der Hydrologie" geschilderten Aufgaben eines zentralen hydrologischen Forschungsinstituts der DDR verdienen Beachtung, dürften aber insbesondere auf chemischem und biologischem Gebiet zu weit gestellt sein und so leicht Widersprüche auslösen. Es bleibt zu hoffen, daß die neuen Geräte, deren Entwicklung sehr zu begrüßen ist, recht bald einem größeren Interessentenkreis zur Erprobung und Anwendung zugänglich werden. KREY

HELMUT LIETH (Herausgeber): Die Stoffproduktion der Pflanzendecke. Vorträge und Diskussionsergebnisse des internationalen ökologischen Symposiums in Stuttgart-Hohenheim vom 4.—7. Mai 1960. Stuttgart: Gustav Fischer Verlag 1962. IV + 156 S., 42 Abb., 1 Farbtaf., 1 Bildnistaf. Brosch. DM 39,50.

Die Stoffproduktion der Pflanzendecke bildet die Grundlage auch des menschlichen Daseins; ihre Erforschung hat neben der rein wissenschaftlichen daher auch eine große wirtschaftliche Bedeutung. Ein unter Leitung von H. WALTER in Stuttgart-Hohenheim durchgeführtes Symposium war vor allem den Problemen der Bestimmung der potentiellen Produktivität der Pflanzendecke gewidmet. Die Mehrzahl der hier gehaltenen Referate einschließlich kurzer Zusammenfassungen der Diskussionen wurde jetzt, von H. LIETH redigiert, in Buchform herausgegeben. Unter den zwei schon an anderer Stelle veröffentlichten und in diesem Bande daher nicht mehr enthaltenen Vorträgen befindet sich auch der einzige limnologische Beitrag (F. GESSNER, Die Primärproduktion der Hydrophytengesellschaften in Binnengewässern und in Meeren), so daß sich die vorliegenden Ausführungen überwiegend mit der Stoffproduktion von Landpflanzengesellschaften befassen. Das Buch ist dem dänischen Botaniker P. BOYSEN-JENSEN gewidmet, der in seiner 1932 veröffentlichten Arbeit „Die Stoffproduktion der Pflanzen" die Richtlinien für diese ganze Forschungsrichtung gegeben hat. Mit seinem Leben und Wirken beschäftigt sich der einführende Beitrag von D. MÜLLER. Ein folgender Abschnitt gilt der Definition und der Klärung einschlägiger Begriffe.

Einen sehr wesentlichen Teil der ganzen Produktionsforschung stellt die Kalkulation dar, mit deren Problemen sich die beiden Referate des zweiten Abschnitts befassen. Ein dritter Abschnitt mit neun Beiträgen ist der Bestimmung der Stoffproduktion mittels direkter und indirekter Methoden gewidmet. Gegenstand der Untersuchungen sind vor allem Grünlandgesellschaften und Wälder. Der vierte Abschnitt bringt im wesentlichen tabellarische Daten der Stoffproduktion, wie sie in der bisherigen Literatur enthalten sind. Ein fünfter und letzter Abschnitt enthält zwei Beiträge zur Kausalanalyse der Stoffproduktion. Allen Abschnitten sind jeweils kurze Einleitungen des Herausgebers vorangestellt und recht ausführlich gehaltene Literaturverzeichnisse beigegeben. Das vorliegende Buch gibt daher nicht nur einen bloßen Bericht über das Symposium, sondern zugleich eine erste Einführung in die Probleme der Stoffproduktion der Pflanzendecke.

KRAUSCH

WALTER ZIMMERMANN (Herausgeber): Der Federsee. Die Natur- und Landschaftsschutzgebiete Baden-Württembergs, Bd. 2. Stuttgart: Verlag des Schwäbischen Albvereins 1961. XII + 412 S., 135 Abb., 3 Farbtaf., 2 Farbkartenbl., 18 Tab. und Diagrammtaf. Lw. DM 30,—.

An dem in der oberschwäbischen Moränenlandschaft zwischen Donau und Bodensee gelegenen Federsee sind, wie der Herausgeber einleitend betont, „geschichtliches Werden und Wandeln der Landschaft und der lebendigen Natur sichtbar verknüpft wie auf kaum einem anderen Erdenfleck“. Diese hervorragende Stellung hat den schon seit langem als Naturschutzgebiet gesicherten See und seine Umgebung zu einem geradezu klassischen Forschungsobjekt der verschiedensten landeskundlichen Disziplinen werden lassen, deren Ergebnisse schon einmal vor 40 Jahren in einer monographischen Zusammenfassung vorgelegt wurden. Seitdem nahmen die Arbeiten am Federsee unter sich ständig erweiternden Methoden und Gesichtspunkten ihren Fortgang. Das jetzt vorliegende Federseebuch stellt eine erneute Zwischenbilanz dar. Es bietet nicht nur eine kritische Sichtung des bisher gewonnenen Materials, sondern vermittelt durch neue Problemstellungen zugleich wieder zahlreiche Anregungen zur Lösung der noch offenen Fragen. Somit wird auch die zweite Federseemonographie keinen Abschluß, sondern einen neuen Ausgangspunkt zu weiteren Forschungen bilden.

Besondere Verdienste um die Federseeforschung haben sich die biologischen Institute der Universität Tübingen erworben, auf deren Veranlassung im Schloß Buchau eine biologische Station eingerichtet wurde, und die durch Vergabe entsprechender Dissertationsthemen die Forschungsarbeiten wesentlich förderten. Einem Teil der Beiträge dieses Buches liegen derartige Dissertationen zugrunde. Dankbar vermerkt werden müssen vor allem die Bemühungen von Prof. Dr. Walter Zimmermann, Ordinarius für Spezielle Botanik an der Universität Tübingen und zugleich Landesbeauftragter für Naturschutz, durch dessen Initiative das vorliegende Buch zustande kam. Einleitend behandelt Leonore Kuhn die makrophytischen Verlandungsgesellschaften des Federseerieds. Durch die bis in das Spätglazial zurückreichenden Verlandungsvorgänge, die durch zwei Seespiegelabsenkungen in der Neuzeit wesentlich gefördert wurden, ist der heutige Federsee ein flacher 136 ha großer Restsee, der nur noch einen geringen Teil des ursprünglichen Federseebeckens einnimmt. Die Vegetation dieses eutrophen Sees umfaßt eine in seltener Vollständigkeit ausgebildete Folge von Verlandungsgesellschaften, unter denen die noch in schöner Ausbildung vorhandenen Kalkflachmoore des Caricion davallianae-Verbandes die besondere Aufmerksamkeit auf sich ziehen. Die einzelnen Gesellschaften werden durch z. T. sehr umfangreiche Gesellschaftstabellen mit Einzelaufnahmen gut belegt. Verschiedene Vegetationsprofile und zwei farbige Vegetationskarten vermitteln einen anschaulichen Eindruck von Zonierung und Gefüge des Verlandungskomplexes.

Wenn die artenreiche Wasserfauna eines Gewässers von einem einzigen Bearbeiter bewältigt werden soll, so bleibt das immer ein schwieriges Unterfangen. So gelangt auch die Wasserfauna des Federsees von D. P. Baur nicht über eine knappe faunistische Aufzählung der im Federsee beobachteten Tierarten hinaus; doch weist der Verfasser selbst auf die Lückenhaftigkeit seines Beitrages hin, den er mehr als Anregung und als Grundlage für weitere spezielle Untersuchungen aufgefaßt wissen will. Wesentlich umfangreicher und auch tiefer in die Materie eindringend ist der Beitrag von G. Haas über die Vögel des Federseegebietes nach ihrem jahreszeitlichen Vorkommen. Den Hauptteil der Arbeit bildet eine alle Vogelarten umfassende Tabelle, in der Häufigkeit und jahreszeitliches Auftreten in optisch eindrucksvoller Weise veranschaulicht werden. Dem Verhalten der Lachmöve im Brutgebiet ist der folgende Beitrag von A. Bossler gewidmet. Der Beitrag von W. Zimmermann über die Algen des Federseegebietes ist nur eine kurze Zusammenfassung einer Dissertation von M. Liede über die Algenbiozönosen im Federseegebiet. Insgesamt wurden hier 718 Formen aufgefunden. In großer Ausführlichkeit berichtet E. Huss über das Klima des Federseegebietes, das als typisches Muldenklima mit niederen Temperaturen und höherer Luftfeuchtigkeit sich scharf aus dem Klima der umgebenden Moränenlandschaft heraushebt.

Das geologische Werden des Federsees zeichnet G. Wagner nach. Wenn auch die großen Linien des Werdeganges heute gesichert sein dürften, so sind doch viele Rätsel noch ungelöst und harren noch der weiteren Untersuchung. In umfangreichen und vielfach bis in die kleinsten Einzelheiten hinabreichenden Ausführungen gibt sodann E. Wall eine Darstellung des Federsees von der Eiszeit bis zur Gegenwart, der auch ein Überblick über die überaus reichhaltige vorgeschichtliche Besiedlung des Federseegebietes beigefügt ist.

Seine zahlreichen stratigraphischen Befunde dürften wesentlich zur Klärung der bisher noch zu wenig bekannten Stratigraphie des Federseegebietes beitragen. Die Ergebnisse dieser Forschungen werden durch pollenanalytische Untersuchungen zur Geschichte des Federsees und zur vorgeschichtlichen Besiedlung der Federseerieder von G. GRONBACH und durch Untersuchungen über Unstetigkeiten in der Verlandung des vorgeschichtlichen Federsees von W. BLANK wesentlich ergänzt und erweitert. Moorkundliche Untersuchungen zum Zwecke der Landeskultur erbrachten weitere Beiträge zur Stratigraphie und Entwicklungsgeschichte des Federseemoores, die von K. GÖTTLICH vorgelegt werden. Der Südteil des Federseebeckens, das Steinhauser oder Wilde Ried, war bis zum 18. Jahrhundert eine schwer zugängliche und nur extensiv genutzte Moorlandschaft. Über die seitdem durchgeführten Kultivierungsmaßnahmen, in deren Verlauf der Federsee durch zweimalige Absenkungen um rund 2 m abgesenkt wurde, berichten A. KASPER und E. WALL. Auszüge aus den Verordnungen über die Naturschutzgebiete Federsee und Wildes Ried beschließen das Buch.

Nicht unerwähnt bleiben darf die reiche Ausstattung des Buches durch viele vortreffliche Fotos, die auf dem guten Kunstdruckpapier hervorragend zur Geltung kommen, und zahlreiche Tabellen, Diagramme und Karten. Trotz dieser aufwendigen Ausstattung konnte infolge der von vielen Seiten erfolgten verdienstvollen Förderung der Preis des Werkes erstaunlich niedrig gehalten werden. KRAUSCH

HANS BURGEFF: Mikrobiologie des Hochmoores mit besonderer Berücksichtigung der Erikazeen-Pilz-Symbiose. Stuttgart: Gustav Fischer Verlag 1961. X + 197 S., 121 Abb., geb. DM 48,—.

Das vorliegende Buch ist das Ergebnis siebzehnjähriger Studien an den Chiemseemooren, die von der Arbeitsgemeinschaft „Chiemseemoore und Bergener Becken“ unter der Leitung des Autors durchgeführt wurden. Nach einleitenden Bemerkungen über das Untersuchungsgebiet und die Stratigraphie dieses Hochmoores wird eine Übersicht über die im Verlaufe der Arbeiten isolierten Erikazeen-Symbionten und andere hier nachgewiesenen Pilze und Bakterien gegeben; die Pilzsymbionten fanden sich nur im Bereich der Erikazeenwurzeln. Es folgen eingehende histologische und cytologische Untersuchungen an nicht infizierten Erikazeenwurzeln, die vor allem *Calluna vulgaris* betreffen. Damit war es möglich, die bei der Pilzinfektion ausgelösten Veränderungen zu beurteilen. Da lebende gerbstoffhaltige Zellen bevorzugt befallen werden, wird eine chemotropische Anlockung der Pilze in Betracht gezogen. Nach dieser Analyse der Symbiosepartner schildert der Autor die Bemühungen zu ihrer Synthese. Um unter möglichst natürlichen Bedingungen zu arbeiten, wurde eine besondere Arbeitstechnik des „Hochmoor im Glas“ entwickelt. Es konnte nachgewiesen werden, daß *Sphagnum*sporen nur in Anwesenheit von lebenden *Mortierella*-, *Penicillium*- oder *Verticillium*-Kulturen zur Entwicklung kommen. Somit konnte die Entwicklung der Erikazeen-Pflänzchen auf lebendem und auf totem (sterilisierten) *Sphagnum* verfolgt werden. Bei Vorbewuchs des Substrats mit den Symbionten und erst später erfolgender Anzucht der Erikazeen entwickelten sich die Pflanzen wesentlich besser; woraus auf eine direkte Zuleitung von Nährstoffen aus dem Pilznetz geschlossen wird. Eine Assimilation atmosphärischen Stickstoffs durch Erikazeen oder ihre Symbionten war nicht nachzuweisen. Zur Orientierung über die Verteilung von Sauerstoff und Schwefelwasserstoff wurde eine Pyrogallol-Sonde entwickelt, die parallel mit einem Silberstab verwendet wurde. Im Rahmen von Untersuchungen über das Stoffwechselgeschehen in der aeroben und in der anaeroben Zone wurden der Abbau von Pektin, Zellulose und Eiweiß sowie die Sulfatreduktion berücksichtigt, wobei Bakterien nur zum Teil einbezogen wurden. Mehrfach konnte ein synergistischer Einfluß der Pilze auf die Bakterienflora nachgewiesen werden. Es folgen einige Mitteilungen über die Verteilung des Gerbstoffes bei *Calluna vulgaris* sowie zur Chemie und Physiologie des Catechin-Gerbstoffes. Weitere Kapitel berichten über Bau und Funktion der Mykorrhiza sowie ihre Verbreitung. Einige Schaubilder vermitteln eine zusammenfassende Darstellung der wichtigsten mikrobiologischen Prozesse. Abschließend berichtet der Autor von der Entwicklung und der Tätigkeit der Arbeitsgemeinschaft und den oft widrigen äußeren Umständen, mit denen sie zu kämpfen hatte.

Das Buch ist ein sinnfälliger Beweis dafür, wie ungemein wertvoll die intensive und vielseitige Bearbeitung eines Biotops für das Verständnis allgemeiner ökologischer Probleme ist. Die oft bis ins Detail gehende Schilderung der Arbeiten mit vielen methodischen Raffinessen wird das Buch, auch wenn das für seine Lesbarkeit nicht immer förderlich war, über seine spezielle Fragestellung hinaus anregend wirken lassen. Referent bedauert, daß bakteriologische Probleme nur am Rande behandelt werden und daß auch auf die Einbeziehung chemischer Vergleichsdaten weitgehend verzichtet wurde, so daß in dieser Hinsicht die an den Haupttitel des Buches geknüpften Erwartungen nicht ganz erfüllt werden. Die verlegerische Ausstattung des Buches ist vorbildlich. BABENZIEN

REINHOLD SCHAEDE: Die pflanzlichen Symbiosen. 3. Aufl., neu bearbeitet von FRANZ H. MEYER. Stuttgart: Gustav Fischer Verlag 1962. VIII + 238 S., 165 Abb., Lw. DM 29,50.

Unsere Kenntnis vom Wesen pflanzlicher Symbiosen hat sich in den letzten Jahrzehnten insbesondere durch exaktere stoffwechselphysiologische Untersuchungen wesentlich erweitert. Es ist daher sehr zu begrüßen, daß FRANZ H. MEYER die vor 15 Jahren erschienene 2. Auflage des SCHAEDEschen Buches überarbeitet und auf den neuesten Stand gebracht hat.

Einleitend werden die Grundbegriffe der Symbioseforschung sehr präzise erörtert. Ausgehend von der Definition DE BARYs der Symbiose als eines Miteinanderlebens ungleichartiger Organismen werden die verschiedenen Möglichkeiten der Beziehungen beider Partner zueinander abgewogen. Den Inhalt des Buches bilden die als Eusymbiosen zusammengefaßten Erscheinungen des toleranten Parasitismus und des Allelo-Parasitismus, nicht auch die Dyssymbiosen. Es wird deutlich, wie wenig die alte teleologische Fassung des Symbiose-Begriffs als einer beabsichtigten gegenseitigen Förderung (Mutualismus) ihrem wirklichen Wesen gerecht wird, daß die Symbiose vielmehr als ein „Kampfgleichgewicht" zu verstehen ist.

Die folgenden sechs Kapitel behandeln die Symbiosen der Bakterien, Actinomyceten und Blaualgen sowie die Flechten, die Mykorrhizen und die Pilzsymbiose der *Lolium*-Arten. Unter den Bakterien-Symbiosen liegt das Schwergewicht der Darstellung naturgemäß bei den Verhältnissen der Leguminosen, deren Darstellung von den klassischen Arbeiten (BEIJERINCK, HELLRIEGEL und WILFAHRT sowie PRAZMOWSKI) bis zur modernen biochemischen Fragestellung reicht. Im Rahmen dieses Abschnitts werden auch behandelt: *Chloronium mirabile*, die Symbiosen der Rubiaceen, bei *Ardisia crispa* und bei *Dioscorea macroura*. Für die Actinomyceten-Symbiosen wird eine Übersicht über die morphologischen, histologischen und taxonomischen Befunde gegeben; auch die neueren Untersuchungen zur Frage der Stickstoff-Assimilation (BOND und Schüler) werden berücksichtigt. Die Darstellung der Blaualgen-Symbiosen umfaßt die Syncyanosen und Endocyanosen (in Anlehnung an PASCHER und GEITLER), sowie einige Fälle bei Lebermoosen, Cycadeen und *Gunnera*. Hinsichtlich der Stoffwechselbeziehungen fehlen hier noch genaue Kenntnisse. Bei der Behandlung der Flechten wird ein reiches Material anatomischer Studien geboten. Die Sonderstellung der Flechten unter den Symbiosen führt zur Erörterung grundsätzlicher Fragen wie der des Wirt-Gast-Verhältnisses. Experimentelle Probleme werden weniger berücksichtigt. Etwa die Hälfte des Buches ist den Mykorrhizen gewidmet; dies ist durch die Vielzahl der Objekte und ihre wirtschaftliche Bedeutung gerechtfertigt. Ein Überblick behandelt die Entwicklung des Begriffes der Mykorrhiza von seiner ursprünglichen Begrenzung auf Eusymbiosen zwischen höheren Pflanzen und Pilzen — wobei die Wurzeln die Organe des Zusammenlebens darstellen — zu der heutigen allgemeineren Fassung als einer Symbiose zwischen Pilzen und absorbierendem, im allgemeinen chlorophyllfreiem Gewebe höherer Pflanzen. Es folgen Angaben über Vorkommen und Anatomie der Mykorrhizen, die Reaktionen der Wirtsorgane auf die Verpilzung und die

Pilzverdauung. Die systematische Darstellung gliedert sich in die Mykorrhizen kohlenstoff-autotropher und die kohlenstoff-heterotropher Pflanzen; sie vermittelt ein außerordentlich geschlossenes Bild der oft verwickelten Beziehungen. Abschließend wird noch über die merkwürdigen Verhältnisse beim Taumellolch (*Lolium temulentum*) berichtet. Jedem Kapitel ist ein ausführliches Literaturverzeichnis beigefügt. Die zahlreichen Illustrationen, Fotografien und Zeichnungen, sind sorgfältig ausgewählt.

Das in flüssigem Stil geschriebene Buch gibt einen ausgezeichneten Einblick in die Mannigfaltigkeit der Erscheinungen und ihrer inneren Zusammenhänge. Trotz der großen Materialfülle bleibt es dabei stets übersichtlich. Daß auf methodische Fragen wenig eingegangen wird, ist in der Zielsetzung des Buches begründet und bedeutet keine Einschränkung. Dem Verlag ist für mustergültige Ausstattung dieser gelungenen Neuauflage zu danken. BABENZIEN

Beiträge zur Erforschung des Naturschutzgebietes „Ostufer der Müritz". Beiträge zur Erforschung Mecklenburgischer Naturschutzgebiete I. Greifswald 1962. 251 S., zahlreiche Abb. und Karten. Zu beziehen durch: Müritz-Museum, Waren/Müritz. Brosch. DM 15,—.

Die von der Zweigstelle Greifswald des Instituts für Landesforschung und Naturschutz (Halle/Saale) der Deutschen Akademie der Landwirtschaftswissenschaften zu Berlin gemeinsam mit dem Rat des Bezirkes Neubrandenburg, Bezirksnaturschutzverwaltung, herausgegebene Schriftenreihe stellt für Mecklenburg eine Wiederaufnahme der monographischen Bearbeitung von Naturschutzgebieten dar, wie sie vor dem Zweiten Weltkrieg in den „Beiträgen zur Naturdenkmalpflege" erschienen sind. Der vorliegende erste Band beschäftigt sich mit dem Naturschutzgebiet am Ostufer der Müritz, des größten Sees Mecklenburgs. Er enthält die Zusammenfassung des umfangreichen Beobachtungs- und Untersuchungsmaterials, das die Mitarbeiter und Gäste des Müritz-Museums in Waren, der seit 1954 im Naturschutzgebiet bestehenden Zentralen Schulungsstätte für Naturschutz, und der ebenfalls im Naturschutzgebiet gelegenen Außenstelle des Instituts für Forstzoologie der Berliner Humboldt-Universität im Laufe der Jahre zusammengetragen haben. Als eine erste Bestandsaufnahme soll der Band die Grundlage für weitere intensive Forschungsarbeit bilden.

Die umfangreiche Skala der Beiträge zeigt deutlich die großen Forschungsmöglichkeiten und die vielfältigen Probleme, die das Müritzgebiet den verschiedensten Fachrichtungen bietet. Nach einem einleitenden Überblick von TH. HURTIG über die weitere Umgebung des Naturschutzgebietes, die Großseen-Landschaft Mecklenburgs, berichtet H. SCHMIDT in drei Beiträgen über Geologie und Morphologie, Hydrologie und Makroklima. Große Flächen des heutigen Naturschutzgebietes waren in früherer Zeit Teile der Müritz und wurden erst infolge von Seespiegelsenkungen zu Beginn des 19. Jahrhunderts und darauffolgende Verlandung landfest; noch heute haftet dem größten Teil des Naturschutzgebietes ein amphibischer Charakter an. Die Böden des Gebietes untersuchte H. HURTTIG. Es folgt eine von L. JESCHKE zusammengestellte Liste der bisher im Naturschutzgebiet beobachteten Moose und höheren Pflanzen mit Fundorts- und Häufigkeitsangaben. Die weiteren Beiträge sind der reichhaltigen Fauna gewidmet. Auf einen Überblick über die zoologische Forschung im Naturschutzgebiet von H. GÄBLER werden folgende Tiergruppen in Einzelbeiträgen behandelt: Libellen (H. GÄBLER), Mikro- und Mesofauna (W. BASSUS), Wanzen (H. GÄBLER), Käfer (CH. PALLY), Schmetterlinge (E. URBAHN), Dipteren (G. MORGE), Lurche und Kriechtiere (H. GÄBLER), Vögel (H. SCHRÖDER) und Säugetiere (H. GÄBLER). Von diesen Beiträgen ist, wie bei dem außergewöhnlichen Reichtum der Avifauna und den entsprechend intensiven ornithologischen Beobachtungen nicht anders zu erwarten, der Beitrag über die Vogelwelt mit 83 Seiten der weitaus umfangreichste und auch wohl am meisten erschöpfende. Ein kurzer Aufsatz von J. RICHTER über die Bedeutung des Naturschutzgebietes und seiner Umgebung als Wildforschungsgebiet beschließt den Band. Der Text wird durch eine große Anzahl von hervorragenden und z. T. einzigartigen Fotos illustriert, die wenigstens auf den auf Kunstdruckpapier gedruckten Bogen voll zur Wirkung kommen.

Der Band trägt nicht nur sehr wesentlich zur Kenntnis eines der bedeutendsten deutschen Naturschutzgebiete bei, sondern ist mit seinen vielfältigen Angaben auch für die allgemeine landeskundliche Forschung von großem Wert. Man kann nur wünschen, daß auch in anderen Bezirken der DDR bald ähnliche Bearbeitungen von Naturschutzgebieten folgen mögen. KRAUSCH

Vom Wasser. Ein Jahrbuch für Wasserchemie und Wasserreinigungstechnik. Band XXVIII (1961). Weinheim/Bergstraße: Verlag Chemie 1962. 340 S., 84 Abb., 41 Tab., Hlw. DM 35,—.

Der neue Band der von der Fachgruppe Wasserchemie in der Gesellschaft Deutscher Chemiker unter der Schriftleitung von Prof. Dr.-Ing. W. HUSMANN herausgegebenen Jahrbücher enthält die auf der Jahrestagung 1961 in Würzburg gehaltenen Fachvorträge, ergänzt durch einige weitere Beiträge namhafter Fachleute. In seiner Betrachtung über die Dynamik des Energie- und Stoffhaushaltes in Flüssen verwendet W. SCHMITZ die Fließzeit des fließenden Wasserkörpers als Bezugsgröße. Im Gegensatz zu den meist üblichen Beobachtungen von einem festen Beobachtungsort am Fluß aus ergibt dieses Verfahren einen sehr eingehenden quantitativen Einblick in den biochemischen Stoffhaushalt des Fließwassers. An zahlreichen Beispielen wird die Dynamik der energetischen und chemischen Veränderungen im Wasser mit Orientierung auf das mitbewegte Bezugssystem dargestellt. K. HABERER berichtet über die anorganischen Hauptinhaltsstoffe des Oberrheins, die etwa 98% des Glührückstandes ausmachen. K. HABERER, P. SPINDLER & J. HOLLUTA untersuchten die Entfernung radioaktiver Stoffe bei der Trinkwasser-Aufbereitung. Bei 7 Trinkwassertalsperren, deren Wässer durch Flockung mit Aluminiumsalzen und nachfolgende Filtration aufbereitet werden, ergaben sich Dekontaminierungsgrade zwischen 17% und 69%, im Gesamtmittel 49%; das entspricht etwa den Untersuchungsergebnissen an amerikanischen Wasserwerken, bei denen eine Reduzierung der Fallout-Aktivität um den Faktor 2 bis günstigstenfalls 4 festgestellt wurde. A. KAESS berichtet über orientierende Untersuchungen des Jodgehalts der Luft, von Niederschlägen, Wässern und Abwässern sowie von Abwasserschlämmen im Stadtgebiet von Düsseldorf. K.-E. QUENTIN & F. PACHMAYR behandeln analysentechnische Fragen der colorimetrischen Sulfidbestimmung im Wasser über Methylenblau. In zwei Beiträgen beschäftigen sich H. GOCKEL und E. ASENDORF mit Theorie und Praxis der Schlammstoff-Ausfällung. W. FÜRHOFF stellte in Versuchen zur biologischen Behandlung von Molkereiabwasser fest, daß der Abbau des Abwassers in nur einem Becken bis zu 98% gelingt, wenn das Becken in bestimmter Weise ausgeführt wird und sein Inhalt etwa der doppelten Tagesmenge des Abwassers entspricht. K. KNIE & H. MUHR berichten über die Entgiftung der nach einem geschlossenen Karbidofen anfallenden cyanhaltigen Abwässer und begründen die im gegebenen Fall vorgeschlagenen Richtwerte für die aufbereiteten Abwässer. W. KADNER beschäftigt sich mit der nach dem heutigen Stande der Technik möglichen Reinigung und Aufbereitung von extrem eisenhaltigen Grubenwässern aus dem Niederlausitzer Braunkohlengebiet. F. ROSENDAHL referiert über Versuche zur Entphenolung von Abwässern mit Braunkohlenkoks, bei denen es gelang, sofern Braunkohlen-Hochtemperaturkoks in Gestalt von Staub verwendet wurde, phenolhaltige Dünnwässer von Phenol zu befreien und außerdem die verwendeten Adsorptionsmittel zu regenerieren. F. v. AMMON prüfte verschiedene chemische Untersuchungsverfahren auf ihre Eignung zur chemischen Beurteilung von Klärschlamm und Gewässerschlamm. Beim Schlamm aus oberbayrischen Seen unterschiedlicher Typen waren auch eindeutige Zusammenhänge zwischen dem Vorkommen von Tubificiden und dem Gehalt an organischem Kohlenstoff vorhanden; die jeweiligen Zahlenverhältnisse galten jedoch immer nur für einen bestimmten See. J. KAEDING berichtet über mehrjährige Versuche zur Flotation von Abwasserschlämmen. K. SCHILLING beschäftigt sich in zwei Beiträgen mit dem Mangan in der Wasserchemie und der Auswirkung eines Mangangehalts im Trink- und Brauchwasser. G. AXT diskutiert die Kohlensäure-Gleichgewichte in Theorie und Praxis und weist darauf hin, daß zur Beschreibung des Verhaltens von Wasser gegenüber festem $CaCO_3$ mindestens zwei Kenngrößen notwendig sind, für die die Begriffe „Kalklösungskapazität" und „Kalkaggressivität" vorgeschlagen werden; die verbreitete Vorstellung, daß die Kapazität mit der kalkaggressiven Kohlensäure nach TILMANS identisch sei, versagt bei sehr weichen Wässern, die unter Umständen mehr $CaCO_3$ aufnehmen können als sie Kohlensäure enthalten. E. HERRE berichtet über Wasserbeeinflussung und Stromdichten beim kathodischen Innenschutz mit Magnesium-Anoden. Auf 99 Druckseiten gibt F. SIERP wiederum ein kritisches Referat der Amerikanischen Rückschau auf die Abwasserliteratur, diesmal für das Jahr 1960; der Stoff gliedert sich wie bisher in die Abschnitte über analytische Methoden, über häusliches Abwasser, über industrielle Abwässer, über radioaktive Industrieabwässer und über Wasserverschmutzung. Ein ausführliches Sachverzeichnis beschließt den neuen Band der Jahrbücher, der wie seine Vorgänger geeignet ist, die Fachwelt über die neuesten Erkenntnisse auf wichtigen Gebieten der Wasser- und Abwasserchemie und der Wasser- und Abwasserreinigungstechnik zu unterrichten. SCHRÄDER

HANS LIEBMANN: Handbuch der Frischwasser- und Abwasser-Biologie. Biologie des Trinkwassers, Badewassers, Fischwassers, Vorfluters und Abwassers. Band I. 2. Aufl. Jena: VEB Gustav Fischer Verlag 1962 (Lizenzausgabe aus dem R. Oldenbourg Verlag München). XV + 588 S., 458 Abb., 21 Taf., Lw. DM 78,—.

Kurz nach dem Erscheinen des zweiten Bandes des LIEBMANNschen Handbuches (1960) liegt nunmehr der erste Band in zweiter Auflage vor, gegenüber der Erstauflage von 1951 um rund 60 Seiten, 22 Abbildungen und 3 Tafeln erweitert. Der erste Hauptabschnitt über die Methodik der Wasseruntersuchung wurde weitgehend überarbeitet; neue Einfügungen betreffen die Methodik der Elektrofischerei und die für den Biologen wichtigsten Verfahren zur Bestimmung radioaktiver Substanzen im Wasser. Der den Hauptteil des Buches bildende zweite Hauptabschnitt über die Leitorganismen bei der Untersuchung organischer (fäulnisfähiger) Verunreinigungen des Wassers ist im großen und ganzen unverändert geblieben, was für manche Kapitel dieses wichtigsten Teiles des vorliegenden Bandes sehr zu bedauern ist. Das Kapitel „Biologisch-systematische Übersicht des Pflanzen- und Tierreiches", das dem weniger Geübten das Einarbeiten in die Organismen des Saprobiensystems erleichtern soll, ist zumindest hinsichtlich der Gliederung des Tierreiches nicht nur ganz veraltet, sondern auch ziemlich konfus. Wer sich nach den sieben durch Sperrdruck herausgehobenen Überschriften der Abschnitte orientiert, muß die Rotatorien für Protozoen halten, da sie unter „System der Protozoen" gleichrangig nach den Klassen und Ordnungen der Protozoen aufgeführt werden; ferner stehen z. B. unter „Arthropoda (Gliedertiere)" nur die Crustacea (Krebse) aufgeführt, während die Insekten erst später folgen, von den übrigen Gliedertieren durch die Mollusken getrennt. Auch der textliche Inhalt dieser biologisch-systematischen Übersicht ist weitgehend unbefriedigend, denn er bringt vielfach für den Praktiker in der Wasserwirtschaft völlig überflüssigen Ballaststoff, während viel Wesentlicheres fehlt. Was soll z. B. im Rahmen des vorliegenden Handbuchs etwa bei den Rotatorien der Hinweis auf den Bau ihres Nervensystems und die verschiedenen Ganglien? Viel wichtiger wäre für den Praktiker ein Hinweis auf eine zweckmäßige Fixierung und Konservierung der illoricaten Formen gewesen. Und wenn schon der Bau des Kauapparates behandelt und durch Abbildungen des malleaten und forcipaten Typs erläutert wird, dann hätte wenigstens in einem Satz auf die Technik der Isolierung des für die Bestimmung der Formen so wichtigen Kauers hingewiesen werden sollen.

Die von KOLKWITZ & MARSSON 1908 bzw. 1909 veröffentlichte knappe Ökologie der pflanzlichen bzw. der tierischen Saprobien war eine Pionierleistung der Abwasserbiologie, wenn auch selbstverständlich wie jedes neue Teilgebiet einer Wissenschaft ein erster Anfang. Es war daher zweifellos das Hauptverdienst der ersten Auflage des vorliegenden Buches, dieses Saprobiensystem in der damals vorliegenden letzten Fassung von KOLKWITZ 1935 zu diskutieren, die Notwendigkeit mancher Änderung und Ergänzung auf Grund der inzwischen erzielten Fortschritte zu begründen und ein „revidiertes Saprobiensystem" aufzustellen, in dem bei jeder von LIEBMANN anerkannten Form auch ein Hinweis auf die früheren Einstufungen des betreffenden Organismus bei KOLKWITZ & MARSSON 1908/09 und bei KOLKWITZ 1935 (und teilweise auch bei anderen Autoren) gegeben wurde. Nachdem jedoch KOLKWITZ selbst im Jahre 1950 — also praktisch gleichzeitig mit der ersten Auflage des LIEBMANNschen Handbuches von 1951 — ebenfalls eine nach den inzwischen gemachten Erfahrungen verbesserte und bei aller Knappheit der Darstellung immerhin 64 Druckseiten umfassende „Ökologie der Saprobien" veröffentlicht hat, ist es eigentlich unverständlich, wenn LIEBMANN in der zweiten Auflage seines Buches die, die Revision des Saprobiensystems und seine Darstellungen mit den Hinweisen auf KOLKWITZ 1935 betreffenden Kapitel fast unverändert in die neue Auflage übernimmt und die Bearbeitung des Systems durch KOLKWITZ 1950 mit ein paar eingefügten Bemerkungen abtut, dafür aber auf 12 Druckseiten nach wie vor das Saprobiensystem von KOLKWITZ 1935 als Basis für seine Kritik und Revision abdruckt. Referent hat bereits an anderer Stelle (Int. Revue ges. Hydrobiol. 44, 1959, S. 548) darauf hingewiesen, daß er in der heutigen Zeit, wo sich der Abwasserbiologe mehr und mehr auch mit der Verunreinigung des Epilimnions stehender Gewässer beschäftigen muß, die Vernachlässigung der charakteristischen Zooplankter (Rotatorien und Entomostracen) im LIEBMANNschen Saprobiensystem nicht für eine Verbesserung des ursprünglichen Systems, sondern für einen bedauerlichen Mangel hält, während hier erfreulicherweise das System von KOLKWITZ 1950 in vielen Fällen zu Rate gezogen werden kann, da es nach wie vor auch diese Organismen ausreichend berücksichtigt.

Am Schluß des Bandes wurde ein 22 Seiten umfassender neuer Abschnitt über Methodik und Auswertung der biologischen Wassergütekartierung eingefügt.

Es kann festgestellt werden, daß von den zahllosen Druckfehlern, Flüchtigkeitsfehlern und Schnitzern der Erstauflage (dort waren z. B. in den Hinweisen auf die systematische Stellung der Organismen des Saprobiensystems die Eintagsfliegen durchweg als Dipteren bezeichnet) das meiste korrigiert wurde. Trotzdem enthält auch die zweite Auflage noch manche störenden Unebenheiten, die bei einer etwas sorgfältigeren Korrektur leicht hätten vermieden werden können, wie z. B. die gegenüber der Erstauflage noch vermehrten überzähligen oder auch fehlenden Überschriftszeilen in der Tabelle 1. Es ist höchst bedauerlich, daß dieses umfangreiche Handbuch für ein so wichtiges und aktuelles Gebiet mit so vielen Mängeln behaftet ist, daß es schwer fällt, es dem Praktiker in der Wasserwirtschaft, für den es in erster Linie bestimmt ist, zu empfehlen. SCHRÄDER

ERNST JOSEF FITTKAU: Die Tanypodinae (Diptera: Chironomidae). Abhandlungen zur Larvalsystematik der Insekten Nr. 6. Berlin: Akademie-Verlag 1962. XI + 453 S., 409 Abb., brosch. DM 94,—.

Wer sich auch nur einmal mit der Bodentierwelt von Binnengewässern beschäftigt hat, weiß um die überragende Bedeutung der aquatischen Metamorphose-Stadien der Zuckmücken. Die Dipterenfamilie Chironomidae zeichnet sich nun durch eine ungewöhnliche Uniformität des Imaginal-Stadiums bei gleichzeitig größter Artenanzahl aus; sind doch bisher für Europa über 100 Gattungen mit rund 2000 Arten beschrieben worden. In der umfangreichen Spezialliteratur über die Chironomiden gibt es bisher nur eine einzige zusammenfassende Bearbeitung der Familie in LINDNERS „Fliegen der palaearktischen Region", nach der es aber in der Regel nicht gelingt, eine Imago zu bestimmen. Infolge der weitgehenden und oft außerordentlich feinen ökologischen Differenzierung der morphologisch so ähnlichen Formen bleibt aber die Arbeit auch des Limnologen fragwürdig, wenn er nicht die Möglichkeit hat, die von ihm aufgefundenen Formen zu identifizieren, ja wenn die Systematik der betreffenden Organismengruppe überhaupt noch ungeklärt ist. Speziell für die Chironomiden ist zudem eine Diskrepanz zwischen den Artnamen der Metamorphose-Literatur und den gleichnamigen Arten der Imaginal-Literatur vorhanden, die darauf zurückzuführen ist, daß die Metamorphose-Forscher mit einer viel genaueren Merkmalsanalyse an ihr Material herangegangen sind, vor allem dank der Kenntnis der aquatischen

Larven und Puppen, die durch die Schule THIENEMANNS entwickelt wurde. Um die Inkongruenzen zwischen Larval- und Imaginal-Systematik zu beseitigen, muß daher die Kenntnis der Imaginal-Stadien so weit vorgetrieben werden wie die der Metamorphose-Stadien. Den Erfolg solcher Bemühungen zeigte BRUNDIN bei seiner Revision der Unterfamilie Orthocladiinae (Rep. Inst. Freshw. Res. Drottningholm **37**, 1956, S. 5–185).

E. J. FITTKAU, aus der Schule A. THIENEMANNS hervorgegangen, hat nun die dankenswerte Aufgabe übernommen, die Unterfamilie Tanypodinae neu zu bearbeiten. Sie eignet sich deshalb besonders für eine alle Entwicklungsstadien umfassende Neubearbeitung, weil sie verhältnismäßig klein und scharf abgegrenzt ist. Als Ergebnis einer jahrelangen fleissigen und sorgfältigen Arbeit enthält das vorliegende Werk den ersten, wenn auch umfangreichsten Teil der geplanten Gesamtdarstellung. Auf den rund 70 Seiten des Allgemeinen Teils behandelt FITTKAU die Morphologie der Imago und der Puppe der Tanypodinae sowie die Phylogenie und Systematik der Unterfamilie; den Rest des umfangreichen Buches bildet der Spezielle Teil. FITTKAU kommt zu dem Ergebnis, daß nur etwa die Hälfte der von GOETGHEBUER (1936) im „LINDNER" angegebenen Arten anzuerkennen ist und eindeutig definiert werden kann; die übrigen sind Synonyme oder wegen mangelhafter Beschreibung zu streichen. Die Inkongruenzen bei den Tanypodinae beruhten auf der unzureichenden Kenntnis der Imaginalstadien und wurden in diesem Sinne aufgelöst. Die bisherige Gattung *Anatopynia* wurde in 4, die Gattung *Pentaneura* in 18 Gattungen aufgelöst. Die neuen Gattungen entsprechen weitgehend den Metamorphose-Gruppen nach ZAVŘEL-THIENEMANN; sie sind morphologisch in allen Entwicklungsstadien gegeneinander abgrenzbar. Darüberhinaus zeigen die einzelnen Arten der neuen Gattungen die gleiche ökologische Einstellung. FITTKAU kommt zu einer Gliederung der Unterfamilie Tanypodinae in 5 Tribus, von denen die Anatopyniini, die Macropelopiini (ohne die Gattungen *Procladius* und *Psilotanypus*) und die Pentaneurini im vorliegenden Band abgehandelt werden. Den Bestimmungstabellen für Imagines, Puppen und Larven aller Gattungen der Tanypodinae folgt für die 3 genannten Tribus eine erschöpfende Beschreibung der neu gefaßten Gattungen und, soweit möglich, aller zugehörigen Arten, die auch Angaben zu Verbreitung und Ökologie enthält. Der vorgesehene zweite Band soll als Ergänzung die Gattungen *Tanypus* (Tanypodini), *Coelotanypus* und *Clinotanypus* (Coelotanypodini) sowie *Procladius*, *Psilotanypus* (Rest der Macropelopiini) enthalten, weiterhin eine eingehende Beschreibung sämtlicher Larven und eine zusammenfassende Darstellung ihrer Ökologie und Verbreitung.

Dem Autor gebührt aufrichtiger Dank der Fachwelt, daß er mit dem vorliegenden Werk die Kenntnis einer der wichtigsten Tiergruppen der Binnengewässer wesentlich gefördert hat; dem Verlag gebührt Anerkennung für die Herausgabe dieses umfangreichen Spezialwerks in der vorliegenden schönen Ausstattung. SCHRÄDER

Bei Fragen zur Produktsicherheit wenden Sie sich bitte an:
If you have any questions regarding product safety,
please contact:

Walter de Gruyter GmbH
Genthiner Straße 13
10785 Berlin
productsafety@degruyterbrill.com